直升机旋翼螺旋尾迹的物理稳定性和数值计算方法研究

吕维梁　徐国华　著

科学出版社

北　京

内 容 简 介

　　直升机旋翼螺旋尾迹的物理稳定性和数值计算方法是直升机空气动力学领域具有挑战性的研究内容。本书的内容主要涉及悬停及前飞状态下拉格朗日形式旋翼尾迹系统稳定性分析，轴向飞行状态欧拉形式旋翼尾迹动力学系统的建立及其稳定性分析方法的发展，时间步进方法的数值精度、稳定性及高阶半离散格式的研究，以及旋翼非定常气动载荷、桨叶瞬态响应的计算和 ABC 旋翼复合推力式直升机气动干扰特性的研究。

　　本书适合从事直升机旋翼空气动力学方面研究以及直升机设计工作的科研人员和工程技术人员使用，也可供具有一定相关专业理论和研究基础的研究生学习参考。

图书在版编目 (CIP) 数据

直升机旋翼螺旋尾迹的物理稳定性和数值计算方法研究 / 吕维梁，徐国华著. —北京：科学出版社，2019.6

ISBN 978-7-03-059464-8

Ⅰ. ①直⋯　Ⅱ. ①吕⋯　②徐⋯　Ⅲ. ①直升机－旋翼－尾旋－轨迹－物理－稳定性－研究 ②直升机－旋翼－尾旋－轨迹－数值计算－计算方法－研究　Ⅳ. ①V212.4

中国版本图书馆 CIP 数据核字（2018）第 255439 号

责任编辑：杨慎欣　王晓丽 / 责任校对：王萌萌
责任印制：张欣秀 / 封面设计：无极书装

科 学 出 版 社 出版
北京东黄城根北街 16 号
邮政编码：100717
http://www.sciencep.com

北京中石油彩色印刷有限责任公司 印刷
科学出版社发行　各地新华书店经销

*

2019 年 6 月第 一 版　开本：720 × 1000　1/16
2019 年 6 月第一次印刷　印张：14 1/2
字数：292 000
定价：99.00 元
（如有印装质量问题，我社负责调换）

本书由
　　大连市人民政府资助出版
The published book is sponsored
by the Dalian Municipal Government

前　言

直升机旋翼尾迹系统的稳定性及 ABC 直升机气动干扰的分析是直升机空气动力学领域具有一定挑战性的课题。本书一方面开展了拉格朗日形式旋翼尾迹系统的稳定性研究，构建了欧拉形式旋翼尾迹动力学系统及其平衡解稳定性的分析方法，同时开展了时间步进方法的数值稳定性、精度及高阶半离散格式的研究；另一方面，应用自由尾迹方法，深入地进行了旋翼非定常气动特性以及 ABC 直升机气动干扰特性的计算分析。主要内容分为以下几章。

第 1 章阐述本书研究背景，综述旋翼自由尾迹数值方法、尾迹系统的稳定性和 ABC 直升机气动干扰特性的研究现状，指出现有研究中所存在的困难和不足，提出本书拟采用的解决方案和研究内容。

第 2 章针对拉格朗日形式旋翼尾迹，推导涡线上任意扰动量被离散成一组傅里叶级数时其各阶谐波波长的取值范围，提出一种利用伪涡核进行畸变修正以提高尾迹稳定性分析精度的方法，从而将现有稳定性分析方法推广至尾迹高度畸变的前飞状态。

第 3 章介绍一套新的欧拉形式旋翼尾迹动力学系统及其平衡解稳定性分析方法；并应用李雅普诺夫稳定性定理，对轴向飞行状态的旋翼尾迹系统进行稳定性分析，得出一些重要结论；计算得出欧拉形式旋翼尾迹系统平衡解的不稳定区域，且与时间步进方法计算所遇到的不收敛区域相符。

第 4 章研究旋翼尾迹不同积分方向上解的光滑度差异，针对非拉格朗日类时间步进方法，提出"最佳步长比"的概念及使用恰当步长比以提高数值精度的方法，指出 PC2B 格式的最佳步长比是 1/2，而非目前常用的 1；介绍一种针对旋翼尾迹系统半离散格式的非线性数值稳定性分析方法；提出旋翼尾迹系统中非拉格朗日类预测-校正算法存在"部分真隐式"特性，分析它对数值稳定性具有的积极作用，并指出旋翼尾迹预测-校正格式的显式预测步对数值稳定性具有破坏影响；研究高阶双 BDF 半离散格式求解旋翼尾迹时存在的固有不稳定性，推导两种新的稳定的高阶隐式半离散格式，基于其中的 3 阶格式，构建一个在计算效率和精度方面优于 PC2B 格式的预测-校正旋翼尾迹求解算法，命名为"3-upwind-BDF 格式"。

第 5 章结合自由尾迹方法、桨叶挥舞模型和旋翼配平模型，建立一种用于旋翼非定常气动特性计算的方法，并进行前飞旋翼气动载荷及悬停总距突增时旋翼瞬态气动响应的算例计算。

第 6 章建立一个新的用于 ABC 直升机气动干扰计算的模型，综合考虑其上下主旋翼、推进旋翼、平尾等气动部件的干扰。与前人的工作不同，本书给出一种用于 ABC 直升机的多解配平模型，并分析旋翼垂向间距对气动干扰的影响、旋翼周期变距对其气动特性的影响及推进旋翼安装位置对气动特性的影响，得出一些有实际意义的结论。

第 7 章为本书研究工作的总结和本书的创新工作。

本书由大连市人民政府资助出版，书中研究成果得到国家自然科学基金青年科学基金项目（项目编号：11602052）、航空科学基金项目（项目编号：20165763008）以及中央高校基本科研业务费（项目编号：DUT19LK25）的资助，在此致以诚挚感谢。

由于作者水平有限，书中不妥之处敬请读者批评指正。

作　者

2018 年 3 月

目　　录

第1章 绪　论

1.1　研究背景

众所周知，直升机具有垂直起降、空中悬停以及灵活机动的特点，能够完成一些固定翼飞行器不能完成的特定任务。因此，无论是在军事领域，还是在国民经济领域，直升机正发挥着独特的且越来越重要的作用。

然而，与固定翼飞行器相比，直升机也存在飞行速度低、航程短等一些不足。为了克服这些缺点，近几十年来，国外直升机强国不断地开展新型高飞行速度旋翼飞行器或直升机的探索[1]。具有代表性的新构型包括倾转旋翼式、停转旋翼式和前行桨叶概念（advancing blade concept，ABC）旋翼复合推力式[2]。其中，ABC旋翼复合推力式直升机具有鲜明的高速直升机的技术特点，它不仅采用非常规的前行概念旋翼，同时也在尾部增加了推进旋翼或装置，是目前少有的不依靠机翼就能实现大速度前飞的高速直升机构型[3]。X2直升机近几年成功地进行了试飞，并于2015年创造了当时直升机飞行速度新的世界纪录（463km/h），是未来直升机的重要发展方向之一。采用自由尾迹方法开展ABC旋翼复合推力式直升机的气动特性研究是本书的重要内容之一。

旋翼是直升机的关键气动部件，它的气动特性直接影响直升机的总体性能。因此，旋翼的气动特性一直是直升机空气动力学研究的重点之一，能否准确计算旋翼气动特性对于直升机的设计具有重要的意义。然而，直升机旋翼的工作方式显著地不同于固定翼飞行器，其桨尖会拖出并迅速卷起螺旋几何形状的集中涡尾迹——桨尖涡[4]。该桨尖涡随着当地速度运动并自由畸变，会产生复杂的诱导速度场，反过来又对旋翼的流场、气动载荷和性能产生重要的影响[5-7]。因此，准确地计算旋翼的涡尾迹和气动特性是开展旋翼飞行器空气动力学与动力学问题研究的基础[8, 9]，同时，它也是直升机技术领域内重要且困难的研究内容之一[10, 11]。

尽管旋翼尾迹方法已经过许多年的发展，取得了很大的进步[12, 13]，但从自由尾迹求解方法诞生之日起，研究者就一直对旋翼尾迹计算过程中所出现的不稳定现象感到困惑，而这种不稳定现象又会直接影响到旋翼气动特性的准确计算。正如Bhagwat和Leishman所指出的那样，多年以来，人们对于旋翼尾迹的物理不稳定性和数值不稳定性尚未完全区分开[14]，一直纠结于该不稳定性究竟来自于旋翼尾迹系统自身的物理不稳定性，还是迭代格式所造成的数值不稳定性，其相关的争论持续至今。鉴于此，本书深入开展旋翼尾迹系统动力学特性的研究，这对于认识旋翼流场的物理本质、改进尾迹计算的数值方法以及掌握旋翼的气动特性等方面都具有重要的学术价值和实际意义。

迄今，关于旋翼尾迹系统物理/数值不稳定性的研究和理解仍然是一个悬而未决的问题。对于这个问题，首先需要从旋翼尾迹的稳定性分析取得突破，这已在理论流体力学领域长期受到关注，并针对规则无限长螺旋涡线进行了许多研究[15, 16]，Bhagwat 和 Leishman 首次将无限长规则螺旋涡线的分析方法引入旋翼空气动力学领域，用于分析真实畸变的旋翼自由尾迹[17]。然而，他们的研究都是围绕拉格朗日形式的旋翼尾迹系统展开的。拉格朗日形式直接描述流体节点的运动，其特点是较为直观，但它却与实际数值计算时所观察到的涡线有限寿命角内的欧拉形式旋翼尾迹系统在形式上不统一，且不适于深入理解区分旋翼尾迹系统的物理/数值不稳定性问题。为此，本书拟开展欧拉形式描述的旋翼尾迹系统的研究，深入探讨旋翼尾迹系统的物理稳定性及其动力学特性。

目前，用于旋翼气动特性数值计算的方法主要可分为旋翼涡流理论方法[14, 18-22]和计算流体力学（computational fluid dynamics，CFD）方法两大类。尽管近年来CFD 方法在直升机空气动力学领域取得了长足的发展[23-31]，但是，CFD 方法的计算量巨大，对计算资源要求很高[32-34]。而且旋翼涡流理论方法直接从螺旋状集中涡线出发开展旋翼气动特性的研究，其计算效率很高，在快速分析以涡尾迹占主导地位的直升机旋翼气动载荷和气动干扰特性等方面仍然具有一定的优势。

鉴于直升机旋翼尾迹动力学特性及其数值计算方法研究的重要意义，本书拟开展以下几个方面的工作。

（1）建立一种具有更普遍适用性的拉格朗日形式旋翼尾迹系统稳定性分析方法，要求该方法能够准确分析尾迹高度畸变时的稳定特性，并将该方法应用于悬停和前飞状态下的旋翼尾迹稳定性计算。

（2）推导建立一种新的欧拉形式描述的旋翼尾迹系统，并发展一个与其相对应的稳定性分析方法，进而开展轴向飞行状态下旋翼尾迹稳定性的计算分析。

（3）从稳定性和精度两个方面对旋翼尾迹数值计算方法进行研究、改进和发展，推导建立一套满足旋翼尾迹系统非线性数值稳定性要求的高阶自由尾迹求解格式。

（4）基于所建立的自由尾迹分析方法，对旋翼非定常气动载荷以及瞬态气动响应进行计算，以验证方法的有效性。

（5）基于所建立的自由尾迹分析方法，对 ABC 旋翼复合推力式直升机的气动干扰特性进行研究，以获得一些有益于气动设计的结论。

1.2　国内外研究概况

1.2.1　旋翼自由尾迹数值方法的研究综述

旋翼自由尾迹分析方法是用于旋翼诱导速度和气动特性计算的重要方法[35-38]，在旋翼自由尾迹数值计算方法中，需要对强非线性微分方程的尾迹涡线主控方程进行离散计算[4]。但是，在旋翼尾迹数值计算中，许多研究者在悬停和低速前飞状态遭遇到了强烈的计算不稳定性现象而得不出收敛的尾迹几何形状[18]。正因为如此，许多研究者一直把具有良好稳定性的数值计算方法作为重要的研究内容[4]。

总体上来说，旋翼自由尾迹分析方法可以分为两大类，一类是时间步进类自由尾迹方法[39-41]，一类是松弛迭代类自由尾迹方法。前者没有人为强加周期性条件，在时间域内推进求解，而后者对旋翼尾迹强加周期性边界条件，并在伪时间域内进行空间迭代。在旋翼自由尾迹分析方法发展的初期，思路更直观的时间步进类自由尾迹方法，被迅速推广和发展。最早，Crimi[42]采用显式时间步进算法首次建立了一个时间步进旋翼自由尾迹模型。Scully[43]采用显式欧拉法建立了另一个时间步进类自由尾迹方法。这两个求解方法在悬停状态下均出现了较为严重的不稳定问题，因而未能得到收敛的尾迹解。Landgrebe[44]提出了采用尾迹与附着环量相容的概念来判断当前计算是否收敛，同时他也是最早引入显式时间步进法来计算前飞自由尾迹[45, 46]的研究者之一。在 Landgrebe 的自由尾迹方法中，对于每个时间步长，桨叶后缘处新增一段涡元，同时在尾迹下游处去掉一段旧的涡元，以保持涡元总数不变。尽管他的方法同样遇到了不稳定问题，但该模型中的部分思想被之后很多旋翼自由尾迹模型所沿用。随后，Sadler[47, 48]提出了"启动涡"的新概念，在旋翼旋转的过程中逐步生成计算旋翼尾迹。该方法尽管可以避免寻找初始尾迹几何形状，但计算时间相对较长，因而发展受限。

时间步进类自由尾迹方法几乎都不同程度地在求解旋翼尾迹周期稳态解时遭遇到了稳定性问题。在此情形下，有的研究者"被迫"转向了松弛迭代类自由尾迹方法。其中最早的旋翼松弛迭代类自由尾迹方法可追溯到 Clark 和 Leiper[49]利用悬停状态时尾迹的轴对称性，在一个时间步上进行反复迭代计算。但该方法仅局限于悬停状态。而真正的松弛迭代类自由尾迹方法则是由 Scully 第一次提出的，与前者的方法不同，他通过给尾迹强加周期性条件从而很大程度上消除了不稳定问题[50-56]。随后，Miller[57, 58]进一步改进简化了旋翼尾迹模型。随后，Bliss 等[59-61]又提出了适用于轴向飞行状态的旋翼尾迹影响系数新方法，并使用了牛顿-拉弗森迭代算法。

之前主要的自由尾迹模型都可被归纳为拉格朗日类尾迹方法，直至 Miller 和 Bliss[62, 63]首次将传统拉格朗日形式的旋翼尾迹主控方程（常微分方程）转换为非拉格朗日形式的主控方程（偏微分方程），该方程具有桨叶方位角和尾迹寿命角两个积分方向。尽管该方法计算效率较低，但他们的工作对自由尾迹建模方法的认识和发展都产生了较为重要的影响。在这之后，非拉格朗日类自由尾迹方法占据了主导地位。受此启发，松弛迭代类自由尾迹方法又得到了进一步的发展，Crouse 和 Leishman[64]采用中心差分和两点速度平均的方法对非拉格朗日形式的尾迹控制方程进行离散，这使得预测-校正算法成为主流。进而，Bagai 和 Leishman[20]又采用五点中心差分和四点速度平均，建立了伪隐性预测-校正（pseudo-implicit predictor-corrector，PIPC）算法，他们将迭代已经求出的尾迹节点位置继续参与同次迭代余下的节点计算，因此称为伪隐性。该算法在稳定性和计算效率上都有一定的提高。随后，PIPC 算法在直升机设计中得到了广泛的应用，如共轴式、纵列式和倾转旋翼等双旋翼系统诱导速度场的分析等[65, 66]。

尽管松弛迭代类自由尾迹方法在计算稳态解方面取得了一定的效果，但如前所述，为捕捉旋翼尾迹的瞬态变化特性，时间步进类自由尾迹方法才是人们追求的目标。这是因为时间步进类自由尾迹方法可以求解出瞬态气动变化特性。然而，先前的时间步进类自由尾迹方法的发展并不顺利，一段时间内，很多相关研究只针对中、大速度前飞状态，从而回避悬停和低速状态的严重不稳定问题[67-70]。Bhagwat 和 Leishman[14]发展了一种称为二阶后退预测-校正（predictor-corrector with second order backward difference，PC2B）算法的非拉格朗日类时间步进方法，意在抑制数值扰动导致的非物理解。该方法沿用了 PIPC 格式的五点中心差分，并在方位角离散中采用了一个特殊的 2 阶向后差分。PC2B 格式是一种隐式差分格式，为了避免每一时间步求解非线性代数方程组，采用了预测-校正算法，目前已在旋翼尾迹的计算中得到了较为广泛的应用[71-74]。

国内虽然起步较晚，但已对旋翼自由尾迹分析方法进行了许多研究[75-83]。例如，楼武疆[84]利用等环量线方法建立了一个显式时间步进自由尾迹模型，进而用于旋翼的尾迹几何形状和气动载荷的求解。随后，文献[85]～文献[87]进一步对新型桨尖旋翼气动性能[88]等问题展开了研究。赵景根等[89]还将松弛迭代类自由尾迹方法应用于求解旋翼/机身的气动干扰问题。李春华[90]采用新的差分格式"D2PC"，推导建立了一个时间准确自由尾迹方法，并用于旋翼动态响应及倾转旋翼过渡状态非定常气动特性的计算分析。此外，李攀和陈仁良[91, 92]在试验和理论研究的基础上，还改进发展了经验涡核公式。

由上面的分析可见，针对旋翼尾迹系统的非拉格朗日类时间步进方法已经取得了较大的进步，但是，仍存在一些明显不足。首先，虽然目前预测-校正算法已被非拉格朗日类时间步进方法广泛采用，然而，其稳定性研究大多只是针对隐式的校正方程[14, 18, 20, 90, 93]，而没有综合考虑显式预测步的影响。其次，旋翼尾迹系统主控方程中非线性诱导速度项对数值格式的稳定性会产生重要影响，而至今还没有完整严谨的非线性稳定性分析方法能够充分考虑该影响，因而也就无法准确预测一个数值方法在计算强非线性旋翼尾迹时的数值稳定性。这个不足也是造成旋翼尾迹系统数值不稳定性和物理不稳定性长期混淆的主要原因之一。此外，目前非拉格朗日类时间步进方法在绝大多数计算中都采用直观的单位步长比（方位角与寿命角步长之比），而尚无文献对旋翼尾迹系统中步长比对数值精度的影响问题展开专门探讨。最后，上述问题导致了目前还没有 2 阶以上的非拉格朗日类时间步进方法高阶格式被提出（注：除检索到的 1 篇线性化主控方程的文献中采用了高阶格式以外[94]）。长期仅使用 1 阶、2 阶的低精度格式，这也一定程度上限制了旋翼自由尾迹方法的发展。

　　针对上述问题，本书拟从多个方面着手对非拉格朗日类时间步进方法进行研究和改进。首先，放弃过去常用的网格中心离散形式，如 PC2B 和中心差分预测-校正算法（predictor-corrector with central difference algorithm，PCC）等格式[95]，转而采用结构限制小、能够构造高阶格式、研究潜力更大的半离散形式。进而，从旋翼尾迹系统中不同积分方向上解的光滑度着手，研究提高数值计算精度的方法，并发展一种新的旋翼尾迹系统半离散格式非线性数值稳定性分析方法。此外，重新研究预测-校正格式中显式预测步对旋翼尾迹数值方法稳定性的破坏作用。同时，探讨构造自由尾迹高阶求解算法的可能性，并建立一个旋翼自由尾迹新的求解模型。

1.2.2　旋翼尾迹系统的稳定性研究综述

　　在自由尾迹求解方法的发展中，研究者一直对于计算过程中所出现的不稳定现象感到困惑：一个旋翼尾迹系统随时间能否稳定收敛似乎受到涡核大小、涡强和尾迹长度等因素的强烈影响[69, 96]。多年以来人们对此大致存在两种观点，一些人认为该不稳定性来自于旋翼尾迹系统自身的物理不稳定性，而另一些人则认为是迭代格式所造成的数值不稳定性，这种争论一直持续至今。由此很大程度上推动了人们对旋翼尾迹系统自身物理稳定性的强烈关注。然而，该项工作非常具有挑战性，在三种具有"自保持"特性的涡线结构[97]（涡环、并排直线涡、螺旋涡线）中，螺旋涡线（旋翼尾迹）是唯一还没有被完全掌握稳定特性的结构[98]（涡环、并排直线涡已被充分研究）。

　　在试验方面，Landgrebe[99]观察到悬停尾迹不稳定或非周期尾迹的现象。后来，Caradonna 等[100]又进一步发现了尾迹涡线的不稳定"涡对"现象。Jain 和 Conlisk[101]在对两片桨叶旋翼轴流状态的桨尖涡干扰进行研究时指出，桨尖涡干扰所形成的

"涡对"现象与两个无黏涡环所产生的蛙跳运动类似。在 2011 年，Felli 等[102]首次试验观察到了理论分析[15]中所提到的三种不稳定模态。

在理论分析方面，由于研究方法上的局限性，起初的工作并没有针对旋翼尾迹，而主要是在理论流体力学领域围绕规则无限长螺旋涡线展开。Widnall[15]首次对规则的单根无限长理想螺旋状涡线的稳定性进行了理论分析，在螺旋涡线的某一点施加正弦位移扰动，得出了该螺旋涡线存在三种不稳定模态的结论。随后，Gupta 和 Loewy[16]又将前者的方法拓展用于多条规则无限长螺旋涡线的稳定性分析。由于这种理想的螺旋涡线便于理论分析，它便成为长期受研究者关注的经典问题，在这之后，Okulov 等[103, 104]也进行了不少工作。

然而，针对旋翼真实畸变尾迹稳定性分析的研究却进行得很少。Bhagwat 和 Leishman[17]第一次使用自由尾迹方法，通过假设在涡线上存在正弦扰动对旋翼畸变尾迹涡线进行了特征值分析，得出了与无限长理想螺旋涡线类似的稳定性结论，并再次印证了旋翼尾迹涡线内在不稳定（物理不稳定）的结果。但他们的方法仅局限于悬停状态，没有涉及直升机前飞状态。他们同时认为，时间步进法所遭受的数值不稳定现象是数值误差扰动引起尾迹周期稳态解失稳而造成的。但随后，Kini 和 Conlisk[105]却提出了相反的看法，认为时间步进方法得到的尾迹不稳定的运动并非由数值误差引起的，而是旋翼尾迹的固有特性，这实际上等效认为悬停状态直升机旋翼尾迹不存在周期稳态解。这方面的研究尚存在一些争论。而在国内，相关工作几乎没有开展，仅有王海和徐国华[106]以 Bhagwat 的方法为基础，结合自行发展的旋翼自由尾迹模型[107]，初步拓展至前飞，分析了拉力、桨叶扭度等对旋翼尾迹不稳定性的影响。

综上，关于直升机旋翼尾迹稳定特性的研究，还存在许多值得进一步深入研究的问题。首先，现有方法仅选定尾迹涡线中的单一节点来研究其发散率，未能将旋翼尾迹稳定性分析结果由单一节点扩展至整根尾迹涡线；其次，现有方法没有理论推导出各阶谐波波长的取值范围，而这个不足会令旋翼尾迹稳定性分析的结果在理论上存在一定的局限性；最后，现有的尾迹稳定性分析方法在涡线过近处会得出不切实际的过大发散率结果，因而不适合对前飞状态下高度畸变的旋翼尾迹的稳定性进行计算分析，这直接导致了先前尚未对前飞状态下自由尾迹稳定性展开深入的研究[108]。

鉴于此，本书的目的之一，便是尝试推导出，当旋翼尾迹涡线上的任意扰动量被离散成一组傅里叶级数时，各阶谐波波长的取值范围，并发展一种利用伪涡核进行畸变修正以提高尾迹稳定性分析精度的新方法，以便能够将现有稳定性分析方法推广应用于尾迹高度畸变的前飞状态，从而给出一个适用范围更广的旋翼尾迹稳定性分析方法。

另外，必须指出，经过多年发展，尽管针对传统拉格朗日形式旋翼尾迹系统的稳定性分析已经取得了许多成果[98]，但仍然不足以指导人们深入理解和区分旋翼尾迹系统中出现的数值不稳定性和物理不稳定性问题。这主要是由于，在计算过程中，一般以紧靠旋翼下方有限距离内的尾迹作为研究对象，而非随当地速度运动到远下方的尾迹，但为了保证计算的主体一直是旋翼下方有限寿命角（或称涡龄角[4,74]）内的区域，只好在计算的每个步长时，采用增加桨叶处一个尾迹节点同时删除远处末端一个尾迹节点的方式。从而，虽然表面上来看，描述拉格朗日流体标识点运动的旋翼尾迹计算主控方程是拉格朗日形式的，但是，在实际计算过程中，所观察到的其实是旋翼下方给定寿命角长度的欧拉形式旋翼尾迹"几何形状"的稳定性。在有限寿命角长度下，对于一个受到初始扰动的欧拉形式旋翼尾迹系统，其尾迹涡线的"几何形状"究竟会收敛还是发散仍然是一个悬而未决的问题。

鉴于此，本书建立了一种新的欧拉形式描述的旋翼尾迹系统，并发展一套适用于轴向飞行状态下欧拉形式旋翼尾迹系统自身物理稳定性的分析方法，以便为旋翼尾迹系统数值不稳定性和物理不稳定性的深入理解与区分提供一定的基础。

1.2.3　ABC 旋翼复合推力式直升机气动干扰特性的研究综述

虽然 ABC 旋翼复合推力式直升机与传统共轴式直升机同样采用共轴式主旋翼，但它的技术难度要大得多[3,109]，这也是美国经过多年研究目前仍处于探索阶段的主要原因。美国西科尔斯基公司在经历了早期不尽如人意的概念验证机 XH59 后，直到 21 世纪，才又集中开发出新的 X2 型 ABC 旋翼复合推力式直升机的试验机。X2 直升机于 2008 年试飞，并在 2015 年创造了当年直升机飞行速度新的世界纪录（463km/h）。由于这一速度比传统直升机的最大速度提高了将近一倍，它的试飞成功引起了世界各国对于高速直升机的强烈关注，ABC 高速直升机技术是当前直升机设计领域的一个研究热点[110-112]。在文献[113]中，也将 ABC 旋翼复合推力式直升机简称为 ABC 直升机，本书为方便起见，也采用这一简称。

在 ABC 直升机气动特性的理论研究方面，在公开发表的文献中，Bagai[114] 首次对 X2 直升机的刚性主旋翼桨叶的气动性能和设计展开了计算研究，但没有涉及 ABC 直升机各个气动部件间的气动干扰特性。对于 ABC 直升机整体气动干扰特性的研究，发表的文献很少。然而，由于 ABC 直升机（如 X2）主要采用了共轴式主旋翼加推进旋翼的布局，而对于传统共轴式直升机气动干扰[115]的研究，先前已经开展了许多理论[116]和试验工作[117,118]，因此这些已进行的共轴式旋翼气动干扰成果可部分地被 ABC 直升机所参考。在传统共轴式的研究中，所采用的理论分析方法主要有旋翼涡流理论方法[119-126]和 CFD 方法。对于直升机的气动计算分析而言，这两种方法各有所长，前者计算效率高，适合分析旋翼气动特性等的计算并与配平分析进行耦合；而后者模拟精度高，适合研究较为细致的流场局部特征，但不适合于气动载荷的计算，尤其是与配平模型耦合，计算时间会很长。

值得注意的是，关于传统共轴式直升机旋翼气动干扰特性的研究，在经过初期较为简单计算方法[127, 128]的尝试后，Bagai 和 Leishman[65]使用他们新提出的PIPC 松弛迭代格式，第一次使用自由尾迹方法初步分析了共轴构型的旋翼尾迹特性。随后，Lakshminarayan 和 Baeder[129-133]又应用雷诺平均纳维-斯托克斯（Reynolds average Navier-Stokes，RANS）求解器对其流场特性和旋翼性能展开了一些研究。Kim 等[134-136]采用涡量输送模型（vorticity transport model，VTM）[137, 138]对平飞状态下的气动特性等又进行了计算。Lim 等[139]还使用自由尾迹分析软件CAMRAD II 对悬停状态下的共轴双旋翼性能进行了分析。在国内，针对共轴式直升机的气动干扰特性也陆续开展了一些研究，其中包含一些试验工作[140, 141]。而在理论计算方面，例如，黄水林等[142, 143]建立了一套升力面/自由尾迹模型并分析了旋翼尾迹结构和诱导速度分布。许和勇和叶正寅[144]使用非结构动态嵌套网格，对悬停状态的流场和旋翼拉力进行了计算。叶靓和徐国华[145]进一步使用非结构嵌套网格方法和网格自适应技术，研究了桨尖涡轨迹和拉力分布特性。此外，徐冠峰和陈铭[146]以及聂资等[147]，还对操纵突变情形下的气动响应特性进行了计算分析。

然而，上述关于传统共轴式直升机旋翼气动干扰的研究成果并不能直接借鉴到具有高速特征的 ABC 直升机中，这是因为在共轴式基础上增加了推进旋翼后，后者的气动干扰特性与传统共轴式相比发生了很大变化。ABC 直升机气动特性的相关研究需要重新开展。但长期以来，由于计算资源的限制等，一直没有公开发表的文献就 ABC 直升机各个气动部件间的气动干扰特性展开详细计算分析。英国格拉斯哥大学的 Kim 等[112]首次构造了一个用于 ABC 直升机气动干扰分析的计算模型，其方法中尾迹采用了涡量输送模型（VTM）[137, 138]，桨叶则采用了Weissinger-L 升力线模型。Kim 等较为详细地计算分析了气动部件在不同前飞速度下所遭受到的气动干扰特性。在国内，关于构造 ABC 直升机气动模型的研究及其气动干扰特性的计算分析尚未开展。

正如文献[148]和文献[149]所指出的那样，Kim 等所采用的 VTM 方法实质上是属于黏性涡方法，该方法在计算分析的过程中需要承担相当大的计算量。这就导致了 Kim 等的研究采用了较为简单的 ABC 直升机配平方式[150]。在他的配平计算中，强制上下主旋翼采用相同的周期变距[110-112]，仅对每种前进比下的单一配平状态进行了计算，且未给出具体的配平量结果。应当指出，配平分析对计算 ABC 直升机气动干扰特性具有重要意义。由于在直升机的气动干扰计算中必须输入正确的操纵量，而这正是需要通过适当的配平计算才能获得的。因此，Kim 等的配平简化处理存在一定的不足。首先，传统的单旋翼带尾桨和共轴式直升机在固定了飞行速度与机身姿态后，其配平结果仅具有单一解。但是，ABC 直升机由于增加了一个推进旋翼，其配平结果不再是单一解，即多种配平操纵量结果都能使其达到相同的飞行速度和机身姿态，仅对每种前进比下的单一配平状态进行计算，不足以充分了解 ABC 直升机的气动干扰特性。同时，主旋翼升力中心的横向控制是 ABC 旋翼的核心内容[151]，它能控制前、后行侧桨叶的升力分配，从而达到优化的飞行效率。而这些操控主要需要通过主旋翼的横向周期变距来调整，所以上述文献中只考虑单一的配平状态不能够计算分析这一升力分配问题。此外，对于 ABC 直升机，利用上下主旋翼不同操纵量来控制和降低其载荷振动，是一种具有较大研究价值的技术[151, 152]。上述文献的配平方式不能研究该操纵技术，需要重新考虑多解配平方案。然而，多解配平计算分析具有一定的复杂性，尚未见相关文献对此进行计算与分析。

鉴于以上原因，本书建立了一个与前人工作不同的 ABC 直升机的多解配平计算模型。在此基础上，与本书的自由尾迹模型相结合，发展一种新的适用于 ABC 直升机气动干扰计算的方法，以便综合分析其上下主旋翼、推进旋翼、平尾等气动部件的干扰影响，并尝试得出对设计具有一些指导意义的结论。

1.3 本书的主要结构和研究内容

（1）本章阐述了本书的研究背景，综述了旋翼自由尾迹数值方法、旋翼尾迹系统的稳定性和 ABC 直升机气动干扰特性的国内外研究现状，指出了旋翼尾迹计算和分析中所存在的问题及研究难点，总括了本书采取的研究途径。

（2）拉格朗日形式旋翼尾迹系统稳定性的分析。第 2 章在现有旋翼尾迹稳定性分析方法基础上，推导当旋翼尾迹涡线上的任意扰动量被离散成一组傅里叶级数时，各阶谐波波长的取值范围，提出一种利用伪涡核进行畸变修正以提高尾迹稳定性分析精度的新方法，给出一个适用范围更广的旋翼尾迹稳定性分析方法。在此基础上，对悬停和前飞状态下旋翼尾迹的稳定性进行计算和讨论。

（3）欧拉形式旋翼尾迹系统的建立及稳定性分析方法的发展。第 3 章建立适用于轴向飞行状态的欧拉形式旋翼尾迹动力学系统，构建其变分形式主控方程的雅可比矩阵，提出一个适用于欧拉形式旋翼尾迹动力学系统平衡解稳定特性分析的方法。计算涡线离散密度对尾迹平衡解动力学特性的影响，并对该动力学系统进行光滑度修正。同时进行平衡解稳定特性参数影响分析，给出相关不稳定区域。

（4）旋翼尾迹时间步进方法的数值精度、稳定性及高阶半离散格式的研究。第 4 章针对非拉格朗日类方法，分析尾迹不同积分方向解的光滑度差异，提出通过选取合适的步长比来提高数值精度的方法，建立一种新的针对旋翼尾迹系统半离散格式非线性数值稳定性的分析方法。研究预测-校正格式中的显式预测步对数值方法稳定性的破坏影响，探讨旋翼尾迹系统非拉格朗日类预测-校正算法所具有的"部分真隐式"特性及其对稳定性的积极作用。同时，讨论高阶双后退差分（backward differentiation formula，BDF）半离散格式求解旋翼尾迹系统时所具有的固有不稳定性，提出两种新的稳定高阶隐式半离散格式，并构建一个完整的3-upwind-BDF 格式预测-校正旋翼尾迹求解算法。

（5）旋翼非定常气动载荷及瞬态气动响应的计算。第 5 章在时间步进旋翼自由尾迹方法的基础上，结合桨叶挥舞模型和旋翼配平模型，建立一个用于旋翼非定常气动特性计算的模型。通过前飞条件下的旋翼气动载荷以及悬停状态下总距突增时旋翼瞬态气动响应的计算分析，验证本书计算方法的可靠性。

（6）ABC 旋翼复合推力式直升机气动干扰特性的研究。第 6 章基于自由尾迹方法，发展一个包含上下主旋翼、推进旋翼、平尾等气动部件的 ABC 直升机气动干扰分析的方法，构建一种适用于 ABC 直升机的多解配平模型。对上下主旋翼间的气动干扰、主旋翼尾迹对推进旋翼和平尾的气动干扰等进行计算，分析主旋翼垂向间距对旋翼气动干扰的影响、上下主旋翼不同控制量对调整桨盘升力中心和主旋翼气动特性的影响，以及推进旋翼安装位置对其气动特性的影响。

（7）总结。第 7 章对全书的研究进行概括，总结本书的创新点。

第 2 章　基于傅里叶方法的旋翼尾迹稳定性分析

2.1　概　　述

直升机的尾迹涡线与固定翼飞行器不同,呈螺旋状,并具有高度的畸变特征,它对整个诱导速度场的影响占主导地位,从而对旋翼的气动载荷、噪声和性能产生重要的影响[4]。因此,研究尾迹的动力学特性对于认识旋翼流场的物理本质和改进尾迹数值计算等具有重要的价值。

尾迹涡线的运动过程受很多因素的影响,包括旋翼的桨叶、前方来流、涡线自诱导、涡线互诱导等。当旋翼运转时,这些内在的和外来的干扰,通常会破坏尾迹结构的平衡,使尾迹呈现出振荡扰动的现象[9, 17]。对此,尾迹的动力学特性研究长期受到关注,围绕无限长理想规则螺旋涡线以及旋翼悬停状态下有限畸变尾迹开展了很多研究,并取得了一些显著的进展。随后,Sørensen[98]对已取得的成果和不足进行了总结。

最早,Landgrebe[99]观察到悬停尾迹不稳定或非周期尾迹的现象。同一时期,Widnall[15]理论分析了规则的单根无限长的理想螺旋状涡线某一点在受到正弦位移扰动后的稳定性,提出了该螺旋涡线存在三种不稳定模态。随后,Gupta 和 Loewy[16]将 Widnall 的方法拓展用于多条无限长螺旋状涡线的稳定性分析。该研究考虑了涡线间的干扰,但没有针对旋翼尾迹,没有考虑尾迹的畸变及桨叶的影响。由于无限长规则螺旋涡线便于理论分析,它便成为长期受研究者关注的经典问题,此后的代表性研究还有 Okulov 等[103, 104]的工作。在试验方面,Caradonna 等[100]通过旋翼尾迹试验发现了尾迹涡线的不稳定"涡对"现象。Jain 和 Conlisk[101]在对两片桨叶旋翼轴流状态的桨尖涡干扰进行研究时指出,桨尖涡干扰所形成的"涡对"现象与两个无黏涡环所产生的蛙跳运动类似。在 2011 年,Felli 等[102]首次试验观察到了 Widnall 所提到的三种不稳定模态。

然而,针对旋翼真实畸变尾迹稳定性分析的研究工作进行得很少。Bhagwat 和 Leishman[17]第一次使用自由尾迹方法,通过假设在涡线上存在正弦扰动对悬停状态的旋翼畸变尾迹涡线进行了特征值分析,得出了与无限长理想螺旋涡线类似的稳定性结论,并再次印证了旋翼尾迹涡线内在不稳定的结果。而在国内,相关工作还处于起步阶段,开展得较少,仅有王海和徐国华[106]以 Bhagwat 的方法为基础，采用自行发展的旋翼自由尾迹分析模型[107]，进一步研究了拉力、桨叶扭度等对旋翼尾迹不稳定性的影响。

尽管上述文献在尾迹稳定性的研究上做出了卓有成效的工作，但依然存在一定的不足之处。这主要体现在以下三个方面。

（1）现有方法在针对正弦扰动进行计算分析时，未能理论推导出各阶谐波波长的取值范围，而这个不足会令旋翼尾迹稳定性分析的结果在理论上存在一定局限性。

（2）已有稳定性分析的计算结果在反映稳定特性的表达方式方面尚存在不足：现有方法一般仅选定尾迹中的单一节点来研究其发散率，未能将旋翼尾迹稳定性分析结果由单一节点扩展至整根尾迹涡线。因此，按这种方式，旋翼尾迹不稳定性沿寿命角的分布特点受何种参数影响以及如何影响仍未解决。

（3）现有的旋翼尾迹稳定性分析方法在涡线过近处会得出不现实的过大发散率结果，因而存在一定的局限性：前飞状态下旋翼尾迹的高度畸变严重影响了其稳定性的计算和分析。这直接导致了前述论文尚未对前飞状态下自由尾迹稳定性展开深入的研究[108]。

鉴于此，本章的主要目的是要给出一个具有更普遍适用性的旋翼尾迹稳定性分析的方法，针对上述问题，尝试分别提出以下解决策略。

（1）在前面应用自由尾迹方法分析旋翼尾迹稳定性[17, 106]的基础上，推导出旋翼尾迹涡线上的任意扰动量被离散成一组傅里叶级数时，各阶谐波波长的取值范围，从理论模型上进一步完善旋翼尾迹稳定性的分析方法。

（2）在原本繁杂的计算结果中，提取对稳定性分析结果有代表性影响的发散率上下界，计算研究其在不同参数下沿旋翼尾迹寿命角的分布特性。从而将旋翼尾迹上单一节点的稳定性分析拓展至整根尾迹的全局稳定性研究。并以悬停状态下的 H-34 型直升机旋翼为算例，使用该方法着重计算分析尾迹根数（桨叶片数）、涡核分布、尾迹畸变等主要因素对旋翼尾迹稳定性的影响，提出一些新结论。

（3）拟发展一种利用伪涡核进行畸变修正以提高尾迹稳定性分析精度的新方法，以便能够将现有稳定性分析方法推广应用于尾迹高度畸变的前飞状态。并将该方法应用于 H-34 型直升机旋翼前飞尾迹稳定性的分析，深入分析尾迹向后飘移、涡核大小以及前飞速度对旋翼尾迹全局稳定性的影响，并得出一些结论。

2.2　旋翼尾迹稳定性分析方法

2.2.1　任意扰动量的傅里叶谐波

假设涡线上存在任意大小及分布的一系列扰动，其中，寿命角 ζ [17]为零的涡线起始端由于固连于桨叶，扰动为零，见图 2.1。三维方向上的扰动量可以分别假设是周期为 $L(L \to +\infty)$ 的周期函数中的一部分，从而可以分解为一组傅里叶级数，解析表示为

$$\varepsilon(\zeta) = \sum_m A_m \mathrm{e}^{ik_m\zeta} \tag{2.1}$$

式中，k_m 是当前谐波的波数；ζ 是尾迹寿命角；m 对应各阶傅里叶级数；A_m 是各阶谐波放大系数。由于 $\mathrm{e}^{ik_m\zeta} = \cos k_m\zeta + i\sin k_m\zeta$，式（2.1）同时表达了正弦和余弦级数，但其中只有实数部分代表扰动量。

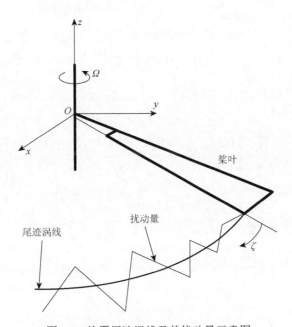

图 2.1　旋翼尾迹涡线及其扰动量示意图

进一步，需要通过分析推导出波数 k_m 进行数值计算的区间。易知，当前谐波中一个完整正弦波的最大可能波长 $\lambda_{\max}$ 与总周期 L 相同，即 $\lambda_{\max} = L \equiv +\infty$，如图 2.2 所示，此时整个周期 L 中只包含一个完整正弦（余弦）波，对应 $m = 1$。另外，可能取得的最小谐波波长 $\lambda_{\min}$ 来自于在相邻三个旋翼尾迹节点上都等于零的正弦（余弦）函数，见图 2.2。对于此时的最小谐波波长 $\lambda_{\min}$，一个波长内包含的任意奇数或偶数个更小谐波都不能改变各个节点上扰动量为零的结果，因此波长小于 $\lambda_{\min}$ 的任何更小谐波都是无效谐波。从而，$\lambda_{\min} = 2\Delta\zeta = 4\pi/n_a$，其中 n_a 为旋翼尾迹在一圈中的离散分段数。

至此，便可得到尾迹涡线上的任意扰动量被离散成一组傅里叶级数时，各阶谐波波长的取值范围，即 λ 可取为区间 $[4\pi/n_a, +\infty)$ 内的任意实数。进一步，由于

波数 $k_m = 2\pi / \lambda$，因此，波数 k_m 进行数值计算的区间可确定为 $(0, n_a / 2]$ 内的任意实数。由于一般 n_a 取 24～36 便可满足旋翼尾迹计算的精度要求[17]，因此计算 $(0,20]$ 内的实波数可以充分满足旋翼尾迹稳定性分析的理论要求。

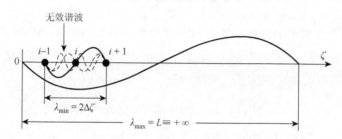

图 2.2　扰动量的傅里叶谐波中最大及最小波长示意图

设 A_m 随时间 t 指数变化，则

$$A_m = \delta_{0(m)} e^{\alpha_m t} \tag{2.2}$$

式中，$\delta_{0(m)}$ 是各阶谐波的权重；α_m 是各阶谐波随时间 t 的发散率系数。可见，当 $\alpha_m > 0$ 时，该阶谐波发散不稳定；当 $\alpha_m < 0$ 时，该阶谐波收敛稳定；当 $\alpha_m = 0$ 时，该阶谐波处于中性状态。

2.2.2　线化扰动方程

根据涡的运动定理，涡随当地速度移动，因此旋翼尾迹涡线的运动方程可表示为

$$\frac{\mathrm{d}\boldsymbol{r}}{\mathrm{d}t} = \boldsymbol{v}(\boldsymbol{r}) \tag{2.3}$$

式中，$\boldsymbol{r}$ 是尾迹涡线上任意一点的位置向量；$\boldsymbol{v}(\boldsymbol{r})$ 是该点的当地速度，包括该点的总诱导速度和来流速度，通过该方程可以迭代求解出尾迹的收敛几何形状。

假设当前的尾迹上存在一小扰动量 $\delta\boldsymbol{r}$，则扰动后的尾迹涡线的运动方程为[17]

$$\frac{\mathrm{d}(\boldsymbol{r} + \delta\boldsymbol{r})}{\mathrm{d}t} = \boldsymbol{v}(\boldsymbol{r} + \delta\boldsymbol{r}) \tag{2.4}$$

用式（2.4）减去式（2.3），得到扰动量的运动方程为

$$\frac{\mathrm{d}(\delta\boldsymbol{r})}{\mathrm{d}t} = \boldsymbol{v}(\boldsymbol{r} + \delta\boldsymbol{r}) - \boldsymbol{v}(\boldsymbol{r}) \tag{2.5}$$

式（2.5）右端的第一项可用泰勒级数展开为

$$\boldsymbol{v}(\boldsymbol{r} + \delta\boldsymbol{r}) = \boldsymbol{v}(\boldsymbol{r}) + \delta\boldsymbol{v}(\delta\boldsymbol{r}) + \mathcal{O}(\delta\boldsymbol{r}^2) \tag{2.6}$$

因此，略去高阶小量，得到线化后的扰动方程为

$$\frac{\mathrm{d}(\delta r)}{\mathrm{d}t} = \delta v(\delta r) \tag{2.7}$$

在式（2.7）中，右端的速度项包括该点的来流速度和总诱导速度，目前只考虑尾迹涡线的扰动所带来的影响，来流速度为常值。因此，小扰动只对诱导速度项产生作用。

对尾迹涡线进行离散化处理，使用直线段涡元近似，将旋翼尾迹的扰动表现为各个直线段涡元端点位置的变化。流场任意一点的诱导速度可以通过直线段涡元所产生的诱导速度叠加得到。

2.2.3　诱导速度扰动项

为推导涡线上任意一点由于尾迹扰动量所产生的诱导速度项的解析式，可将诱导速度公式取变分后整理得出。由毕奥-萨伐尔定律，一小段涡线环量强度为 Γ 的涡元 l（自 A 点指向 B 点）对任意一点 P 所产生的诱导速度（图 2.3）为

$$v = \frac{\Gamma}{4\pi h}(\cos\theta_1 - \cos\theta_2)e \tag{2.8}$$

式中，$e = C/C$ 是诱导速度的方向向量；$h = C/l$ 是点 P 到涡元的距离；$\cos\theta_1 = l \cdot r_1 / l r_1$，$\cos\theta_2 = l \cdot r_2 / l r_2$。其中的 θ_1、θ_2 分别为向量 r_1、r_2 与向量 l 的夹角，$l = r_B - r_A$，$r_1 = r_P - r_A$，$r_2 = r_P - r_B$，$C = l \times r_1$。

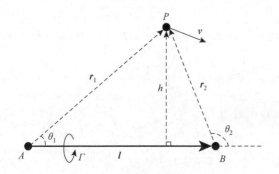

图 2.3　涡元诱导速度示意图

由于当 P 点在靠近涡线处会得出不正确的无穷大诱导速度，在式（2.8）中引入涡核修正因子 $\kappa = h^2 / (r_c^{2n} + h^{2n})^{1/n}$ [153]，其中，r_c 为涡核半径，得到

$$v = \frac{\Gamma}{4\pi} \cdot \frac{\kappa}{h}(\cos\theta_1 - \cos\theta_2)e \tag{2.9}$$

对式（2.9）左右两端取变分[17]，得到

$$\delta(v) = \frac{\Gamma\kappa}{4\pi h} \cdot \left[\frac{\varpi}{h}(\cos\theta_1 - \cos\theta_2)e\delta(h) + e\delta(\cos\theta_1 - \cos\theta_2) + (\cos\theta_1 - \cos\theta_2)\delta(e) \right]$$

$$(2.10)$$

式中，

$$\varpi = 1 - \frac{2h^{2n}}{r_c^{2n} + h^{2n}}$$

展开各个变分项，$\delta(h)$ 可表示为

$$\delta(h) = H_A \cdot \delta(r_A) + H_B \cdot \delta(r_B) + H_P \cdot \delta(r_P) \tag{2.11}$$

式中，

$$H_A = \frac{N_A}{lC} + \frac{C}{l^3}l$$

$$H_B = \frac{N_B}{lC} - \frac{C}{l^3}l$$

$$H_P = \frac{N_P}{lC}$$

式中，$N_A = C \times r_2$，$N_B = r_1 \times C$，$N_P = C \times l$。

式（2.10）中的 $\delta(\cos\theta_1 - \cos\theta_2)$ 可表示为

$$\delta(\cos\theta_1 - \cos\theta_2) = S_A \cdot \delta(r_A) + S_B \cdot \delta(r_B) + S_P \cdot \delta(r_P) \tag{2.12}$$

式中，

$$S_A = \frac{1}{lr_1}\left(\cos\theta_1\left(\frac{l}{r_1}r_1 + \frac{r_1}{l}l \right) - r_1 - l \right) - \frac{1}{lr_2}\left(\cos\theta_2 \frac{r_2}{l}l - r_2 \right)$$

$$S_B = \frac{1}{lr_1}\left(r_1 - \cos\theta_1 \frac{r_1}{l}l \right) - \frac{1}{lr_2}\left(r_2 - l - \cos\theta_2\left(\frac{r_2}{l}l - \frac{l}{r_2}r_2 \right) \right)$$

$$S_P = \frac{1}{lr_1}\left(l - \cos\theta_1 \frac{l}{r_1}r_1 \right) - \frac{1}{lr_2}\left(l - \cos\theta_2 \frac{l}{r_2}r_2 \right)$$

式（2.10）中的 $\delta(e)$ 可表示为

$$\delta(e) = E_A\delta(r_A) + E_B\delta(r_B) + E_P\delta(r_P) \tag{2.13}$$

式中，记 $[x]$ 是向量 x 的矩阵表示；$[x]^*$ 是由向量 x 所张成的 2 阶反对称张量，于是

$$E_A = \frac{1}{C}[r_2]^* - \frac{1}{C^3}[C][N_A]^{\mathrm{T}}$$

$$E_B = -\frac{1}{C}[r_1]^* - \frac{1}{C^3}[C][N_B]^{\mathrm{T}}$$

$$E_P = \frac{1}{C}[l]^* - \frac{1}{C^3}[C][N_P]^{\mathrm{T}}$$

综合各变分项，并代入式（2.10），可得

$$\delta(v) = \frac{\Gamma\kappa}{4\pi h^2}[M_A\delta(r_A) + M_B\delta(r_B) + M_P\delta(r_P)] \tag{2.14}$$

易见式中

$$M_j = \varpi(\cos\theta_1 - \cos\theta_2)[e][H_j]^T + h[e][S_j]^T + h(\cos\theta_1 - \cos\theta_2)E_j, \quad j = A, B, P$$

至此，得到了任一直线段涡元对某一点诱导速度扰动量与各点扰动量之间的关系式。通过叠加所有涡元便可得到尾迹上任一点诱导速度扰动量与所有节点扰动量之间的关系。

2.2.4　特征值分析

如式（2.1）和式（2.2）所示，已在尾迹涡线上给定一组任意扰动

$$\varepsilon(\zeta) = \sum_m \delta_{0(m)} e^{\alpha_m t} e^{ik_m\zeta} \tag{2.15}$$

式中，α_m 是发散率系数；k_m 是波数；ζ 是尾迹寿命角。因此，在旋翼尾迹涡线任一节点上有扰动量：

$$\delta(r) = \sum_m \delta_{0(m)} e^{\alpha_m t} e^{ik_m\zeta} \tag{2.16}$$

将上式对时间求导，有

$$\frac{d(\delta r)}{dt} = \sum_m \alpha_m \delta_0 e^{\alpha_m t} e^{ik_m\zeta} \tag{2.17}$$

综合式（2.14）和式（2.16），代入扰动方程式（2.7）的右边，并将式（2.17）代入其左边。取涡线上某一点 P，仅考虑某一波数下的情况，可得到旋翼尾迹上该节点的扰动方程为

$$\alpha\delta_0 e^{\alpha t} e^{ik\zeta_P} = V\delta_0 e^{\alpha t} e^{ik\zeta_P} \tag{2.18}$$

式中，

$$V = \sum_n \frac{\Gamma\kappa}{4\pi h^2}(\cos(k(\zeta_A - \zeta_P))M_A + \cos(k(\zeta_B - \zeta_P))M_B + M_P)$$

对所有涡段计算求和。其中，n 为尾迹总涡段数。

上面已经推导了一般情形的三维坐标系下的旋翼尾迹节点扰动方程。此外，在计算分析悬停状态旋翼尾迹的稳定特性时，考虑到其尾迹中心轴对称的几何结构特点，采用柱坐标系更合适。因此，令式（2.15）中各阶谐波的权重定义在柱坐标系下，即 $\delta_{0(m)} = [r, \theta, z]^T$。由于式（2.18）右侧项只能在三维坐标系下计算，因此对于直角坐标系下尾迹上任一节点 $r(\zeta) = [x, y, z]^T$，需要进行坐标转换，式（2.16）变为如下形式：

$$\delta(r) = T\sum_m \delta_{0(m)} e^{\alpha_m t} e^{ik_m\zeta} \tag{2.19}$$

式中，当前节点下的转换矩阵为

$$T = \begin{bmatrix} \cos\theta & -r\sin\theta & 0 \\ \sin\theta & r\cos\theta & 0 \\ 0 & 0 & 1 \end{bmatrix}$$

将式（2.19）对时间求导，于是有

$$\frac{\mathrm{d}(\delta r)}{\mathrm{d}t} = \frac{\mathrm{d}T}{\mathrm{d}t}\sum_m \delta_{0(m)}\mathrm{e}^{\alpha_m t}\mathrm{e}^{\mathrm{i}k_m\zeta} + T\sum_m \alpha_m\delta_{0(m)}\mathrm{e}^{\alpha_m t}\mathrm{e}^{\mathrm{i}k_m\zeta} \qquad (2.20)$$

综合式（2.14）和式（2.19），代入扰动方程式（2.7）的右边，并将式（2.20）代入其左边，取涡线上某一点 P，仅考虑某一波数下的情况，可得到旋翼尾迹上该节点的扰动方程为

$$\left(\alpha T_P + \frac{\mathrm{d}T_P}{\mathrm{d}t}\right)\delta_0\mathrm{e}^{\alpha t}\mathrm{e}^{\mathrm{i}k_m\zeta_P} = V\delta_0\mathrm{e}^{\alpha t}\mathrm{e}^{\mathrm{i}k_m\zeta_P} \qquad (2.21)$$

式中，

$$V = \sum_n \frac{\Gamma\kappa}{4\pi h^2}(\cos(k_m(\zeta_A - \zeta_P))M_A T_A + \cos(k_m(\zeta_B - \zeta_P))M_B T_B + M_P T_P)$$

上式对所有涡段计算求和。其中，n 为尾迹总涡段数。由此，便得到了适用于计算分析悬停状态下旋翼尾迹稳定特性的柱坐标系下旋翼尾迹上任一节点的扰动方程。

进一步，节点扰动方程式（2.18）或式（2.21）可转化为标准的求特征值问题，涡线上某一节点 P 的某阶谐波随时间 t 的发散率系数 α 即下面矩阵的最大特征值。

$$(V - \mathrm{d}T_P / \mathrm{d}t)T_P^{-1} \qquad (2.22)$$

对尾迹上任意点的发散率 α 取无量纲，定义为发散率系数，有

$$\alpha_N = \frac{\alpha \cdot 4\pi R^2}{\Gamma} \qquad (2.23)$$

式中，Γ 是涡线环量强度；R 是旋翼半径。

由式（2.18）或式（2.21）可见，由于每个波数 k_m 对应着一阶谐波，因此上式仅考虑了所有谐波中某一阶谐波的稳定性。尽管如此，若在整个波数 k_m 的取值区间内（如前所述，为 $(0, n_a/2]$）都能得到相同的稳定性结论，即该节点在所有波数下求出的 α_N 都为正值、负值或都等于零，则表明施加在该节点上的所有谐波都具有相同的发散特性，从而可以得到尾迹涡线上该节点在任意扰动下的稳定性普遍结论，即不稳定、稳定或中性稳定。

除此之外，式（2.22）受很多因素影响，如环量强度、尾迹形状、涡核半径和 P 点位置的选取等，不同的矩阵得到不同的最大特征值 α。因此，上述计算分析方法所得出的仅是某一瞬时状态下尾迹上某一点处的稳定性，而不是整个旋翼尾迹的全局稳定性。尽管如此，却可以通过在原本繁杂的计算结果中，提取对稳

定性分析结果具有代表性影响的发散率系数 α_N 上下界,计算研究其在不同旋翼参数下沿尾迹寿命角的分布特性及规律,从而将旋翼尾迹涡线上单一节点的稳定性分析拓展至整根尾迹的全局稳定性研究。

2.2.5　尾迹畸变修正

不同于悬停状态时尾迹大体呈轴对称几何结构分布,前飞状态下尾迹高度畸变。此时涡线交织在一起,极可能产生不规则的严重扭曲从而导致涡线间距过近。而由于涡方法的局限性,涡线过于接近时会在旋翼尾迹的计算分析中产生一些问题。

例如,在通过尾迹涡线求解诱导速度场时,从式(2.8)中可以看到,当涡线过于接近,即 h 变得极小时,式(2.8)会给出不切实际的无穷大诱导速度结果。这一问题通过引入涡核 r_c 可以很好地修正[153],见式(2.9)。其原理是,当涡线距离较远时,r_c 相对于 h 很小,r_c 的存在几乎不影响计算结果;但当涡线距离过近时,h 相对于 r_c 很小,r_c 可以有效地限制以避免得出不合理的过大诱导速度结果。

在旋翼尾迹稳定性分析中,同样存在类似的问题。从式(2.11)和式(2.13)中可以看到,h 虽然不直接出现在公式中,但公式中的量 C 包含 h。当涡线过于接近时,出现在分母上的 C 会变得极小从而导致计算出不切实际的过大扰动量 $\delta(h)$ 和 $\delta(e)$。此外,当计算点 P 与涡元端点 A 或 B 过于接近时,会导致出现在分母中的量 r_1 或 r_2 变得极小,从而致使计算出不正确的过大扰动量 $\delta(\cos\theta_1 - \cos\theta_2)$,见式(2.12)。

上述不合理的过大扰动量最终将在式(2.18)中转化为不合理的过大发散率 α,从而导致得出错误的尾迹稳定性分析结果。

因此,为了避免前飞状态下的尾迹高度畸变对旋翼尾迹稳定性分析产生不合理的干扰,应首先对稳定性分析公式进行修正。此处借鉴传统涡核对计算诱导速度进行修正的原理,创新地在尾迹稳定性分析中引入"伪涡核" r_f。该方法可以防止在涡线过近处得出不合理的过大扰动量结果,使现有尾迹稳定性分析方法适用于前飞状态下尾迹高度畸变的情况。

具体地,令

$$\left.\begin{array}{l} C' = h' \cdot l = \dfrac{(r_f^{2n} + h^{2n})^{1/n}}{h} \cdot l \\[3mm] r_1' = \dfrac{h'}{|\sin\theta_1|} = \dfrac{(r_f^{2n} + h^{2n})^{1/n}}{h \cdot |\sin\theta_1|} \\[3mm] r_2' = \dfrac{h'}{|\sin\theta_2|} = \dfrac{(r_f^{2n} + h^{2n})^{1/n}}{h \cdot |\sin\theta_2|} \end{array}\right\} \qquad (2.24)$$

并用式中的 C'、r_1'、r_2' 取代式（2.11）、式（2.12）和式（2.13）中的 C、r_1、r_2。这样，当涡线距离较远时，r_f 相对于 h 很小，r_f 的存在几乎不影响计算结果；但当涡线距离过近时，h 相对于 r_f 很小，r_f 可以有效地限制以避免得出不合理的过大扰动量结果。

进一步，为了验证伪涡核修正的有效性，给出了一个规则涡环模型，如图 2.4 所示。涡环半径为 R，取涡核半径 r_c 为 $0.01R$，涡环直径上均布很多计算点。当这些计算点在三个坐标轴方向各增加 $0.1R$ 的小位移时，计算点上的 δv_z 可以通过计算位移前后两次诱导速度场的差值得出精确解。

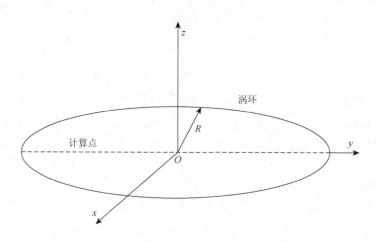

图 2.4　尾迹畸变修正涡环验证示意图

这样，对比精确解，可以考察通过式（2.24）计算得出的 δv_z 准确性，以及伪涡核是否可以有效修正过于接近涡环处的计算点上的不合理结果。靠近涡环处的计算点，对应实际中尾迹畸变严重导致涡线过于接近的位置，是重点考察区域。

如图 2.5 所示，将精确解对比无修正、$r_f = r_c$ 和 $r_f = 3r_c$ 三种计算结果，可以清楚地看到，在远离涡环的位置，三种情况的计算解与精确解相差不大。然而，在接近涡环的计算点上，无修正与精确解分歧很大，存在 10 倍左右的误差。这种现象符合之前的分析结论，即在涡线过近处，现有的尾迹稳定性分析方法会计算出不切实际的过大的扰动量。在引入伪涡核后，情况得以明显好转，当 $r_f = 3r_c$ 时，误差基本消除。

由此可以看到，引入伪涡核可以有效地修正在涡线过近处所产生的不现实稳定性分析结果。

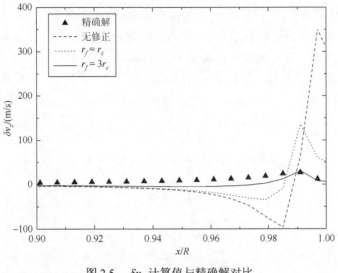

图 2.5　δv_z 计算值与精确解对比

2.3　悬停状态旋翼尾迹稳定性分析

2.3.1　尾迹根数（桨叶片数）对尾迹稳定性的影响

为了研究旋翼尾迹上各点的瞬时稳定性在不同参数下沿其寿命角的分布特性及规律，首先对规则螺旋尾迹的稳定特性进行计算分析。图 2.6 给出了螺距 $p = 0.1$

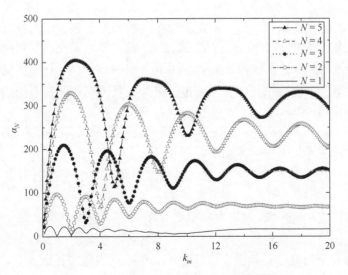

图 2.6　$p = 0.1$ 时不同 N 对应的 α_N 随波数变化

时不同尾迹根数（桨叶片数）对应的发散率系数 α_N 随波数的分布。从图中可以看出，尾迹上某一点的发散率系数 α_N 随尾迹根数 N 的不同而发生规则的变化，其振荡的周期为 N，且峰值大小随着 N 的增大而增加。

图 2.7 给出了不同尾迹根数所对应的最大发散率系数 $\alpha_{N,\max}$ 随尾迹涡线间距的变化。从图中可以看出，α_N 反比于尾迹涡线间距，可见，涡线间距是影响 α_N 的主要因素。

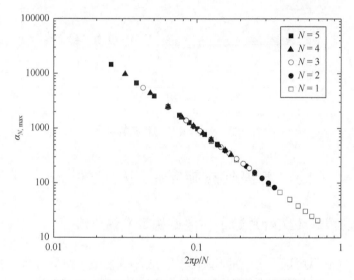

图 2.7　不同 N 对应的 $\alpha_{N,\max}$ 随尾迹涡线间距变化

此外，如图 2.6 所示，波谷都是出现在波数为 N 的整数倍的位置，而波峰都是出现在波数为 N 的整数倍加上 $N/2$ 的位置，这与尾迹的空间几何结构有关。并且，在整个波数的取值区间内，α_N 均为正值，表明该节点上任意扰动的各阶谐波均处于发散状态，即该节点当前不稳定。因此，尾迹涡线间距不能改变旋翼尾迹的本质不稳定性，且当其缩小时会加剧这种不稳定性。

进一步，图 2.8 给出了当螺距 $p=0.05$ 时，单根尾迹涡线在寿命角为 360° 附近处的发散率系数。如图 2.9 所示，当螺距 $p=0.05$ 时，α_N 在 360° 附近很小的尾迹寿命角范围内发生突变，其波峰随着寿命角的增加而迅速增大，其波谷则变化不大。

为深入研究这种现象，采用发散率系数 α_N 上下界随尾迹寿命角变化的方式来观察旋翼尾迹的全局稳定性。图 2.9 给出了不同尾迹根数 N 所对应的发散率系数上下界随寿命角的分布。从图中可以看出，在不同的尾迹根数 N 下，α_N 上界出现突增现象的寿命角位置有所不同。单根尾迹的突增出现在 360° 附近，与图 2.8

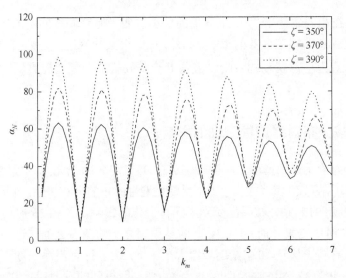

图 2.8 $p = 0.05$ 时单根尾迹在 ζ 为 360°附近处的 α_N

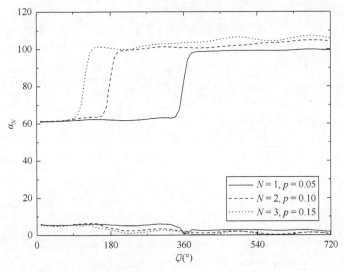

图 2.9   不同尾迹间距（螺距）下不同 N 对应的 α_N 上下界

结果相符，双根尾迹时出现在 180°附近，而当三根尾迹时则出现在 120°附近。由此可见，突增现象发生在 $2\pi/N$ 处，旋翼尾迹根数越多，则 α_N 上界突增现象出现越早，对整体尾迹的稳定性越不利。可以看出，寿命角 $2\pi/N$ 处刚好是旋翼桨叶旋转经过另一片桨叶的尾迹上方时的位置，此时由于另一片桨叶的干扰影响造成尾迹涡线不稳定性加剧。这与实际情况是相吻合的，即桨叶片数越多，旋翼尾迹在运动过程中越容易被其他桨叶影响。

因此，在相同条件下，α_N 上界值的大小主要受尾迹涡线间距的影响，而突增现象则主要受旋翼尾迹根数的影响。此外，在整根桨叶尾迹上，α_N 下界均为正值，表明所有节点上任意扰动的各阶谐波均处于发散状态，因此旋翼尾迹为整体不稳定的。

2.3.2　涡核分布对尾迹稳定性的影响

在规则螺旋尾迹的基础上，取螺距 $p = 0.05$，图 2.10 给出了单根旋翼尾迹在不同涡核分布下，其发散率系数 α_N 上下界随尾迹寿命角的分布特性。如图 2.10 所示，发散率系数 α_N 的上界分布明显受到了涡核变化的影响，$r_c = 0.2R$ 时的结果整体小于 $r_c = 0.01R$ 时的结果，而 $r_c = 0.1R$ 时的结果则介于前两者之间。进一步，假设涡核半径 r_c 沿着涡线从 $r_c = 0.01R$ 逐步增大至 $r_c = 0.2R$，这种沿涡线逐步增大的涡核分布方式更加符合现实中的涡线物理特性[154]。所得到的发散率系数 α_N 的上界也呈现出从两种涡核所对应的结果间逐步过渡的特性。由此说明，旋翼尾迹上的发散率系数 α_N 的上界值反比于当地涡核的大小。

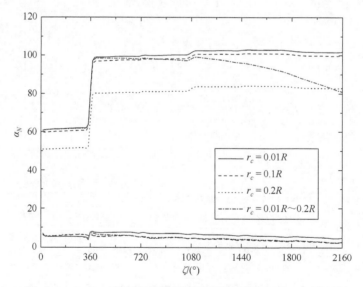

图 2.10　$p = 0.05$ 时单根旋翼尾迹不同涡核分布下的 α_N 上下界

另外，如图 2.10 所示，α_N 下界并没有受到不同涡核分布的显著影响，结果都维持在零值以上。这说明不同的涡核分布只能影响旋翼尾迹的不稳定程度，却无法改变其本质不稳定性。

取寿命角为 1800° 时的旋翼尾迹节点，图 2.11 给出了其局部稳定性结果。

图 2.11 呈现出与之前分析相呼应的局部特征，即各阶谐波的发散率系数 α_N 的波峰受到影响较大，涡核越小，波峰越高；而波谷几乎不受影响，这个结论印证了前述的旋翼尾迹整体不稳定性随涡核分布而产生的变化规律。

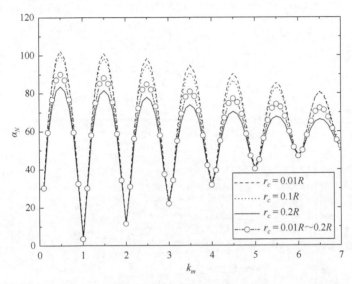

图 2.11　　$p = 0.05$ 时，在 $\zeta = 1800°$ 处单根旋翼尾迹不同涡核分布下的 α_N

　　由上述可知，增大的涡核虽然不能改变旋翼尾迹的本质不稳定性，但可以抹平更多附近尾迹扰动的余弦影响，从而起到阻尼的作用，相对降低旋翼尾迹的不稳定性。此外，在现实情况中，随着涡核沿涡线寿命角逐步增大，在远尾迹中，α_N 上界沿涡线逐步缩小并贴近零值，而其下界受影响不大，始终维持在贴近零值的结果。这时，所有谐波下的发散率系数都接近于零值，从而远尾迹将接近中性稳定的状态，这也是旋翼尾迹可能达到的最稳定的情况。

2.3.3　畸变对尾迹稳定性的影响

　　根据 H-34 型直升机旋翼基本参数[155]（表 2.1）对畸变的旋翼尾迹进行稳定性计算分析。图 2.12 给出了规则螺旋尾迹与畸变旋翼尾迹的空间几何外形侧视图。如图 2.12 所示，在靠近桨盘的位置，由于旋翼尾迹上各节点诱导速度的方向主要指向内侧和下方，其在桨盘下方逐步收缩且加速下降，涡线间距相对规则螺旋尾迹较大。而当旋翼尾迹远离桨盘后，由于其下降速度变小，诱导速度的方向主要指向外侧，旋翼尾迹扩张并堆积在一起，使得涡线间距相对规则螺旋尾迹较小。

表 2.1　　H-34 型直升机旋翼基本参数

基本参数	数值
旋翼半径/m	8.534
弦长/m	0.417
转速/(rad/s)	22.0
总距/(°)	10.0

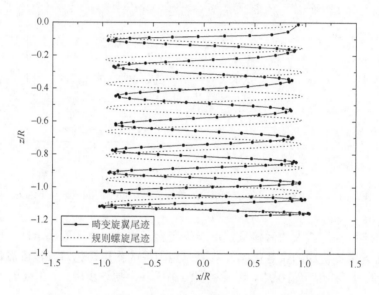

图 2.12　　规则螺旋尾迹与畸变旋翼尾迹几何外形侧视图

　　进一步，图 2.13 给出了规则螺旋尾迹和畸变旋翼尾迹各自发散率系数上下界随寿命角的分布。由于旋翼尾迹的畸变，其沿寿命角分布的全局稳定特性也随之发生了改变。在靠近桨盘的位置，即小寿命角处，由于尾迹涡线间距被拉大，相对减小了畸变旋翼尾迹的不稳定性，发散率系数 α_N 的上界比规则螺旋尾迹有所下降。随后，在大寿命角处，由于尾迹涡线间距逐步变小并堆积在一起，相对增大了畸变旋翼尾迹的不稳定性，发散率系数 α_N 的上界随寿命角的增大而不断增大并很快超过了规则螺旋尾迹。

　　此外，与之前分析的情况相同，发散率系数 α_N 的下界依然变化不大，几乎不随尾迹的畸变而产生改变，一直保持大于零值的结果，再次说明了旋翼尾迹的本质不稳定性。这与采用不同分析方法[15, 16]或进行试验研究[102]所得出的旋翼尾迹的不稳定性结论是一致的，在一定程度上验证了本书的方法。

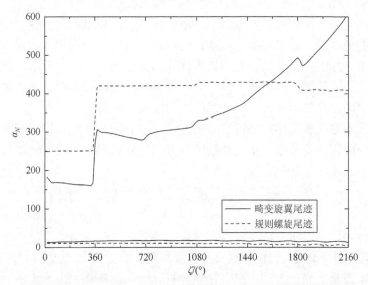

图 2.13　规则螺旋尾迹与畸变旋翼尾迹 α_N 上下界随寿命角的分布

2.3.4　悬停尾迹的非周期性分析

真实的旋翼尾迹在悬停状态下并不一定是具有严格周期性和轴对称几何结构的。旋翼桨叶装配的任何误差都会影响这种尾迹的周期性和几何结构,导致尾迹的不稳定特性向下扩散[95]。这些人为误差包括几片桨叶外形、桨距的微小差别,尾迹环境中的障碍物干扰等。图 2.14 给出了桨尖涡位置在同一试验装置两次试验

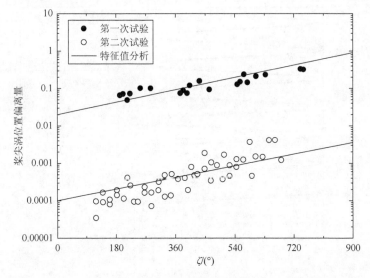

图 2.14　同一试验装置两次试验时桨尖涡位置与理论周期位置偏离量

中所分别产生的非周期性偏差量沿寿命角的分布[156]，以及使用前述方法所预测的扰动扩散趋势。同一试验装置的两次试验结果，都与理论周期解出现偏差，且偏差的量都不一样，这与每次试验中人为误差的大小相关。虽然每次试验中，人为误差的影响无法预测，但如图 2.14 所示，这些误差随尾迹寿命角的扩散速度（斜率）基本相同，且与特征值分析计算得出的发散率相符。

因此，本书的旋翼尾迹稳定性分析方法可以有效地预测、模拟旋翼尾迹中干扰沿涡线寿命角的发散率，从而有助于深入理解旋翼尾迹的动力学特性。

2.4　前飞状态旋翼尾迹稳定性分析

如前所述，为了研究前飞状态旋翼尾迹畸变时涡线各点的瞬时稳定性随各种因素的变化规律，这里以 H-34 型直升机旋翼基本参数[155]（表 2.1）为例，结合本书建立的尾迹畸变修正方法，重点计算分析尾迹向后飘移、涡核大小、前飞速度等对旋翼尾迹稳定性的影响。

2.4.1　尾迹向后飘移的影响

首先考虑规则螺旋尾迹的情况，如图 2.15 所示，旋翼半径为 R，给定螺距，规则螺旋尾迹在不同前进比 μ 下，尾迹依次向后飘移。需要说明的是，这里的飘移是指尾迹仅受到来流的影响产生的，不包括其本身畸变。

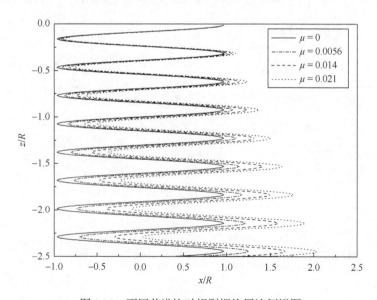

图 2.15　不同前进比时规则螺旋尾迹侧视图

如图 2.16 和图 2.17 所示，从尾迹随寿命角变化的 α_N 上下界可以看到，在所有来流条件下，α_N 依然保持了悬停规则螺旋的整体特征，即在 $2\pi/N$（N 为旋翼桨叶片数）寿命角处 α_N 的上界发生突增。对比不同来流，α_N 随寿命角发生规则的周期振荡，并且尾迹向后飘移越大，振荡越剧烈。这是由于前飞非定常状态下，旋翼尾迹的空间几何结构不再保持中心轴对称。因此在发生突增后，尾迹随

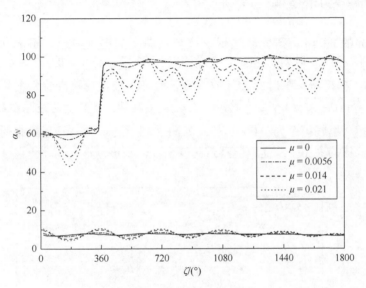

图 2.16　不同前进比时单根规则尾迹的 α_N 上下界

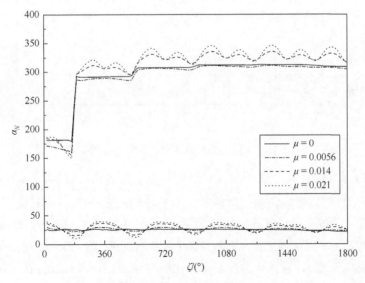

图 2.17　不同前进比时双根规则尾迹的 α_N 上下界

寿命角上各点的稳定性也不可能保持一致，但由于是规则地向后飘移，因此出现准周期现象。另外，可以看到，除了对尾迹空间几何结构的影响，向后飘移并不能改变尾迹的整体稳定性，α_N 的下界始终在零值以上振荡，从而尾迹依然是整体不稳定的。

2.4.2　涡核大小的影响

在前面的基础上，研究随当地速度自由畸变的尾迹在选取不同涡核（非本书提出的伪涡核）时对其稳定性的影响。选取前进比 $\mu = 0.042$ 时的单根尾迹进行计算，模拟涡核随时间的耗散效应，允许涡核半径随寿命角变化，公式为 $r_c = 2.242\sqrt{\delta\nu(\zeta - \zeta_0)/\Omega}$ [154]，其中，Ω 是旋翼转速；δ 是扰动黏性系数；ν 是运动黏性系数（空气可取为 0.000146）。如图 2.18 所示，在 δ 取不同值时，将直接影响整体涡核的大小，从而影响尾迹的畸变性，涡核越小，则畸变越剧烈。

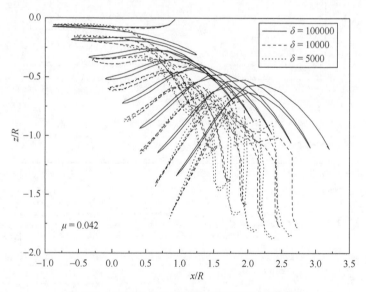

图 2.18　不同扰动黏性系数时旋翼尾迹侧视图

不同扰动黏性系数（涡核大小）下尾迹的整体稳定性计算结果如图 2.19 和图 2.20 所示，可以看出，前飞时由于尾迹形状的高度畸变，α_N 产生了剧烈且不规则的振荡。δ 越小，则尾迹畸变越严重，α_N 振荡越剧烈且整体上界值更大，这表现了更加严重的不稳定性。在 $\delta = 5000$ 和 $\delta = 10000$ 时，$2\pi/N$ 寿命角处 α_N 的上界突增现象依然可以看到，但在寿命角上略有延迟，且不同的是，在突增过后 α_N 的上界又降回到低位而不是在高位保持平稳。这是由于尾迹的畸变、拉伸以及涡核的逐步增大，后部的尾迹稳定性整体会相对提高，因而 α_N 的上界无法沿寿命角保持在高位。而当 δ 继续增大到 100000 时，尾迹畸变相对平缓，α_N 的上界变得很小，贴近下界且无法看到突增现象。这是由于过大的涡核已经无法在诱导速度中完整体现尾迹的空间畸变效应。另外，同样可以看到，α_N 的下界在各种涡核大小时仍在零值位置保持相对平稳，没有随寿命角或涡核的增大而出现明显的变化

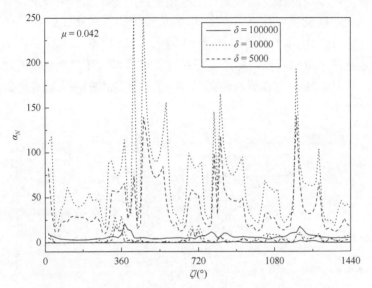

图 2.19　不同扰动黏性系数时单片桨叶对应的 α_N 上下界

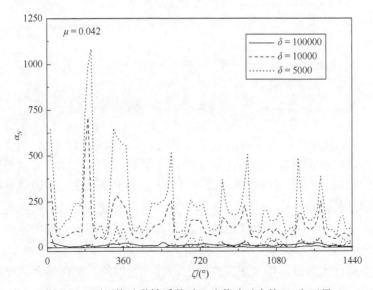

图 2.20　不同扰动黏性系数时双片桨叶对应的 α_N 上下界

趋势。因此，前飞状态下，增大涡核并不能本质改变尾迹的整体稳定性，只能降低尾迹的畸变程度从而降低尾迹不稳定性。

2.4.3　前飞速度的影响

还需要考察不同前飞速度对旋翼尾迹稳定性的变化。参考前例，对于涡核半径，选取使尾迹畸变适中且能表现出 α_N 变化特征的扰动黏性系数 $\delta = 10000$。如图 2.21 所示，分别计算了前进比 $\mu = 0.042$、$\mu = 0.107$ 和 $\mu = 0.213$ 下的自由畸变尾迹情况，从图中可以看到，尾迹随着前飞速度的增大而畸变逐渐增加且向后飘移。由此，从图 2.21 可以推测，旋翼尾迹随着前飞速度的增大而拉伸的涡线间距会降低其整体不稳定性。

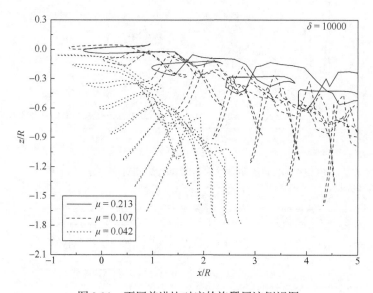

图 2.21　不同前进比对应的旋翼尾迹侧视图

然而，实际情况可能与推测结果有所不同。图 2.22 和图 2.23 分别给出了单片桨叶和双片桨叶在不同前进比下的稳定性计算结果。从图 2.22 中可以看到，随着前飞速度的提高，α_N 上限沿旋翼尾迹寿命角的振荡依然剧烈，其整体不稳定性并没有受到明显的影响。这一现象对于畸变更加严重的双片桨叶的尾迹更为明显，如图 2.23 所示。由此可见，前飞速度的提高并不能显著降低旋翼尾迹的整体不稳定性。

这是由于在大部分的前飞速度范围内，前飞速度的增加虽然会拉伸旋翼尾迹从而增大涡线间距，但同时也增加了其畸变程度。对于前飞状态下的旋翼尾迹，其整体空间构型的高度畸变所产生的不稳定性沿寿命角的剧烈变化占据了更主导的地位。因此，前飞速度的提高并不能显著降低旋翼尾迹的整体不稳定性。

另外，同样可以看到，在不同前飞速度下，$2\pi/N$ 寿命角处 α_N 的上限突增现象都很明显，但由于尾迹向后畸变略有延迟；α_N 的下限始终在零值位置作相对平缓的振荡，并没有随前飞速度的变化表现出明显的变化趋势，因此，前飞速度的

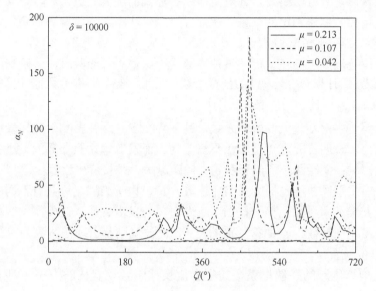

图 2.22　不同前进比时单片桨叶对应的 α_N 上下界

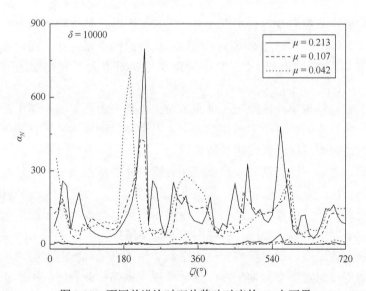

图 2.23　不同前进比时双片桨叶对应的 α_N 上下界

提高不能改变旋翼尾迹整体的本质不稳定性。虽然关于前飞尾迹稳定性的研究很少，但本课题组采用不同方法进行研究的结果[106]与本节得出的结论是一致的。

2.5　本　章　小　结

本章从傅里叶方法出发，针对拉格朗日形式的旋翼尾迹系统，建立了一个具有普遍适用性的尾迹稳定性分析方法，并对悬停状态下旋翼尾迹的稳定性进行了计算分析，可得到如下结论。

（1）尾迹涡线上的任意扰动量被离散成一组傅里叶级数时，各阶谐波波长的取值范围为区间 $[4\pi / n_a, +\infty)$ 内的任意实数。因此，波数 k_m 进行数值计算的区间可确定为 $(0, n_a / 2]$ 内的任意实数。

（2）尾迹中扰动量的发散率系数，其下界在多种参数影响下变化较小，能始终保持正值，说明旋翼尾迹是本质不稳定的。而发散率系数上界的大小主要受涡线间距的影响：间距越小，越不稳定；间距越大，越接近中性稳定。

（3）对于不同的尾迹根数（桨叶片数）N，由于旋翼尾迹具有不同的空间几何结构，其发散率系数上界会在 $2\pi / N$ 寿命角处发生突变。此外，发散率系数的波谷都是出现在波数为 N 的整数倍的位置，而波峰则都出现在波数为 N 的整数倍加上 $N / 2$ 的位置。

（4）旋翼尾迹的发散率系数的上界值反比于当地涡核的大小。对于真实情况中沿涡线逐步增大的涡核分布，旋翼尾迹的不稳定性逐步降低并趋向于中性稳定。

（5）旋翼尾迹的畸变对其稳定性会产生重要影响，悬停状态旋翼尾迹前半段由于拉伸了涡线间距从而相对减小了规则螺旋尾迹的不稳定性；而旋翼尾迹后半段由于涡线堆积在一起，缩小了尾迹间距从而相对增大了规则螺旋尾迹的不稳定性。

（6）本章与相关尾迹试验结果进行了对比，桨尖涡位置偏差随尾迹寿命角的扩散速度与特征值分析发散率相符，表明本书建立的稳定性分析方法可以有效地预测旋翼尾迹中的干扰沿涡线的发散特性。

进一步，本章在现有旋翼尾迹稳定性分析方法的基础上，引入伪涡核对尾迹畸变进行修正，对前飞状态下旋翼尾迹的稳定性进行了计算分析，得到如下结论。

（1）通过涡环验证算例，证明伪涡核的引入可以有效地克服严重畸变情况下尾迹稳定性研究中由于涡线过近所得出的不合理结果。

（2）规则的尾迹向后飘移将使尾迹空间结构不再呈现轴对称特性，从而使发散率系数随寿命角发生准周期振荡，且飘移越大振荡越激烈，但不影响旋翼尾迹的整体不稳定性。

（3）尾迹涡线的扰动黏性系数反映的是尾迹的几何畸变程度，它直接决定了其涡核的大小，它的增大会在一定程度上减弱旋翼尾迹的不稳定性，但并不影响旋翼尾迹的本质不稳定性。

（4）随着前飞速度的提高，尽管旋翼尾迹的涡线间距被拉大，但其严重的畸变仍将导致尾迹不稳定性沿寿命角剧烈变化，因此前飞速度的提高并不会明显减弱旋翼尾迹的整体不稳定性。

第3章 轴向飞行状态下欧拉形式旋翼尾迹动力学系统的建立及其稳定性分析方法的提出

3.1 概 述

第 2 章基于傅里叶方法探讨了拉格朗日形式旋翼尾迹系统的稳定性问题。结果显示，在通常情况下，旋翼尾迹上任意一个扰动量总会沿着涡线随当地拉格朗日流体标识点向下游运动并逐步放大发散。图 3.1 示意地描绘了这种现象，随着横坐标寿命角的不断增大，该扰动量终会发散。这意味着，对于拉格朗日形式描述的旋翼尾迹系统而言，其在通常情况下都是不稳定的。

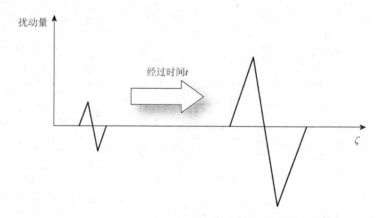

图 3.1 拉格朗日形式的旋翼尾迹系统中扰动量发散示意图

尽管经过多年的发展，针对拉格朗日形式的旋翼尾迹系统的稳定特性分析已经取得了长足的进步和令人振奋的成果[98]。但是，从自由尾迹求解方法诞生之日起，研究者就对于旋翼尾迹计算过程中所出现的不稳定现象感到困惑：一个旋翼尾迹系统随时间能否稳定收敛似乎受到涡核大小、涡强和尾迹长度等因素的强烈影响[69, 96]。多年以来科研人员一直纠结于该不稳定性究竟来自于旋翼尾迹系统自身的物理不稳定性，还是迭代格式所造成的数值不稳定性，其相关的争论持续至今。

由此可见，拉格朗日形式的旋翼尾迹系统的稳定特性结论似乎并不足以指导人们对于旋翼尾迹系统中数值/物理不稳定性的深入理解和区分。这主要是由于在计算过程中，我们主要关心主旋翼下方有限空间内的旋翼尾迹，而不太关心随当地速度运动到远下方的尾迹。因而在旋翼尾迹的计算过程中一直采用每步增加旋翼桨叶处一个尾迹节点并删除远尾迹一个尾迹节点的方式，从而保证计算的主体一直是旋翼下方有限寿命角内的旋翼尾迹。因此，尽管表面上旋翼尾迹的计算主控方程（描述拉格朗日流体标识点的运动）也是拉格朗日形式的，但在实际计算过程中，我们所观察到的其实是旋翼下方给定寿命角长度的欧拉形式旋翼尾迹"几何形状"的稳定性，而非随当地速度不断向下方运动的拉格朗日形式的真实旋翼尾迹（拉格朗日流体标识点）的稳定性。图 3.2 示意地描绘了这种现象，在有限寿命角长度下，对于一个受到初始扰动的欧拉形式旋翼尾迹系统，其尾迹涡线的"几何形状"究竟会收敛还是发散仍然是一个悬而未决的问题。

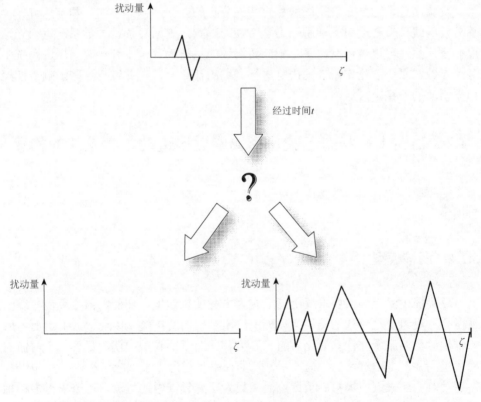

图 3.2　有限寿命角长度下欧拉形式的旋翼尾迹系统中扰动量变化示意图

鉴于此，易知，拉格朗日形式的旋翼尾迹系统的稳定特性分析可能并不能与旋翼尾迹的实际计算过程相对应，因而不能很好地对数值计算直接发挥指导作用。

另外，拉格朗日形式的旋翼尾迹系统由于其解传递的不规则性，还无法应用一些动力学理论（如经典的李雅普诺夫稳定性定理[157, 158]）对其动力学特性进行深入分析。这也是本书建立欧拉形式的旋翼尾迹系统以及发展其稳定特性分析方法的动机。这项工作的首要目的就是建立起一套可以针对轴向飞行状态下欧拉形式旋翼尾迹系统自身物理稳定性的分析方法，从而可以为旋翼尾迹系统数值/物理不稳定性的深入理解和区分提供一定的基础。此外，正如文献[4]所指出的那样，研究旋翼尾迹动力学的特性对于认识旋翼流场的物理本质和改进尾迹数值计算都具有重要的学术价值与实际意义。

与第 2 章中针对拉格朗日形式旋翼尾迹系统稳定性分析所开展的工作不同，本章在桨叶旋转柱坐标系下建立适用于轴向飞行状态的欧拉形式旋翼尾迹动力学系统，以便可以使用李雅普诺夫稳定性定理进行稳定性分析。在此基础上，构建其变分形式主控方程的雅可比矩阵，并发展一个新的适用于轴向飞行状态下欧拉形式旋翼尾迹动力学系统平衡解稳定特性分析的方法。以此方法为基础，首先计算分析涡线离散密度对平衡解动力学特性的影响，进而对该动力学系统进行光滑度修正。然后，以悬停状态下单根旋翼涡线的系统为算例，针对旋翼尾迹系统中各个参数对平衡解稳定特性的影响进行详细的计算分析，并综合这些影响特性给出平衡解的不稳定区域。

3.2　轴向飞行状态下欧拉形式旋翼尾迹动力学系统的构建

本章后面的分析需要使用涡线的涡核模型，本节先对所用的涡核模型进行简单的描述。

3.2.1　涡核模型

准确描述涡流场需要求解出三维 N-S 方程的旋涡解，然而，该方程为非线性偏微分方程组，对复杂的旋涡流动无法给出精确的解析解。因而，人们退而考虑二维轴对称涡流场并计算简化后的 N-S 方程。对于旋翼桨尖涡，尽管属于弯曲的柱状涡，并不是轴对称的，但通常其弯曲曲率半径远大于涡核半径[91, 159]。因此，使用轴对称涡来近似模拟旋翼尾迹涡线成为研究领域内的主流，可以求得多种轴对称涡流场的解析解。在涡核外部区域，以势流公式计算，而在涡核内部则是黏性的旋转实体[160]。在这方面，最具代表性的是兰姆-奥辛（Lamb-Oseen，L-O）涡模型。兰姆和奥辛通过求解一维涡量形式的 N-S 方程，所给出的非定常轴对称L-O 涡模型考虑了黏性效应，其剖面周向速度分布为

$$V_\theta = \frac{\Gamma}{2\pi r}\left(1 - e^{-\frac{r^2}{4vt}}\right) \tag{3.1}$$

式中，Γ 是涡强；v 是当前流体的运动黏性系数（空气中一般为 $1.5 \times 10^{-4}\,\mathrm{m^2/s}$）；$r$ 是旋涡的径向位置。

求解诱导速度的毕奥-萨伐尔定律采用势流假设，它在涡线上求解会出现奇点。此外，当目标点太接近涡元时，会得出不切实际的过大诱导速度。因此，在自由尾迹的实际计算中，需要采用一个黏性涡核模型以避免上述问题。Vatistas 等提出一般性质的涡线周向诱导速度代数表达式[161]

$$V_\theta = \frac{\Gamma}{2\pi} \frac{r}{\left(r_c^{2n} + r^{2n}\right)^{\frac{1}{n}}} \tag{3.2}$$

式中，r_c 是涡核半径；当 $\bar{r} = r/r_c = 1$ 时，周向速度最大；n 是正整数，对应各种不同的涡周向速度分布形式，当 $n = 2$ 时，式（3.2）表示 Bagai-Leishman 涡模型的剖面速度分布；当 $n \to \infty$ 时，式（3.2）就变为 Rankine 涡模型的周向速度分布。此外，在旋翼自由尾迹分析中，应用较广泛的是 Scully 涡模型，令式（3.2）中 $n = 1$，该模型的剖面周向速度分布为

$$V_\theta = \frac{\Gamma}{2\pi} \frac{r}{r_c^2 + r^2} \tag{3.3}$$

在本书中，将采用式（3.3）作为旋翼尾迹的涡模型。

除了涡元附近的诱导速度分布结构，还要考虑涡核半径随时间或寿命角的增长效应。Bhagwat 和 Leishman[159]给出了一个当前应用较为广泛的考虑了湍流动量扩散效应的涡核半径表达式

$$r_c = \sqrt{4\alpha v \delta t} = \sqrt{4\alpha v \left(1 + a_1 Re_v\right) t} \tag{3.4}$$

针对旋翼尾迹，采用桨尖涡寿命角表述方式代替桨尖涡形成后的时间更为方便，从而涡核半径扩散效应可以表述为

$$r_c = \sqrt{4\alpha v \delta \frac{\zeta}{\Omega}} \tag{3.5}$$

式中，ζ 是桨尖涡寿命角；Ω 是旋翼转速。Squire 还引入一个时间外伸量来解决 L-O 涡模型在初始时刻涡核中心速度的奇异性问题（即在靠近桨尖处）[154]，这样式（3.5）可改写为

$$r_c = \sqrt{4\alpha v \delta \frac{\zeta + \zeta_0}{\Omega}} \tag{3.6}$$

这等效于给桨尖涡一个初始涡核半径 r_0，即

$$r_c = \sqrt{r_0^2 + 4\alpha v \delta \frac{\zeta}{\Omega}} \tag{3.7}$$

式中，初始涡核半径 r_0 一般由实验确定。

3.2.2　拉格朗日形式的旋翼尾迹系统及其解的传导方向

如图 3.3 所示，旋翼自由尾迹模型以势流方法为基础，假设流场内所有的涡量集中于从桨尖拖出的涡线上。根据涡运动定理[162]，涡线上任意一个拉格朗日流体标识点随当地速度自由运动，因而其运动方程可以给出为

$$\frac{\mathrm{d}\boldsymbol{r}}{\mathrm{d}t} = \boldsymbol{v}(\boldsymbol{r}) \tag{3.8}$$

式中，$\boldsymbol{r}$ 是尾迹涡线上该标识点的位置向量（矢量）；$\boldsymbol{v}(\boldsymbol{r})$ 是该点的当地流体运动速度，包括自由来流速度与诱导速度，后者可由毕奥-萨伐尔定律沿涡线积分求得。在旋翼坐标系下，使用桨叶方位角 ψ 作为时间坐标，并用尾迹涡线寿命角 ζ 作为空间坐标，将式（3.8）展开为偏微分方程形式

$$\frac{\mathrm{d}\boldsymbol{r}}{\mathrm{d}t} = \frac{\partial \boldsymbol{r}(\psi,\zeta)}{\partial \psi} \cdot \frac{\mathrm{d}\psi}{\mathrm{d}t} + \frac{\partial \boldsymbol{r}(\psi,\zeta)}{\partial \zeta} \cdot \frac{\mathrm{d}\zeta}{\mathrm{d}t} \tag{3.9}$$

式中，假设旋翼以固定频率 Ω 旋转并释放新涡元[18]，即存在关系

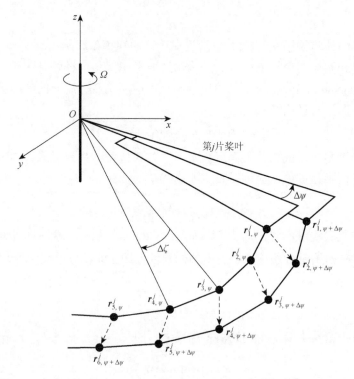

图 3.3　旋翼坐标系和第 j 片桨叶拖曳出的离散拉格朗日尾迹涡线示意图

$$\frac{\mathrm{d}\psi}{\mathrm{d}t} = \frac{\mathrm{d}\zeta}{\mathrm{d}t} = \Omega \qquad (3.10)$$

那么，将式（3.10）代入式（3.9），并改写为

$$\Omega\left[\frac{\partial r(\psi,\zeta)}{\partial \psi} + \frac{\partial r(\psi,\zeta)}{\partial \zeta}\right] = v[r(\psi,\zeta)] \qquad (3.11)$$

从而得到了传统意义上的旋翼尾迹涡线系统控制方程。易知，在没有经过额外数学处理的情况下，式（3.11）表达的是拉格朗日形式的旋翼尾迹（系统）的运动模式。

通常，用于积分求解控制方程（3.11）的数值方法都需要先将物理空间离散为有限的计算空间，即式（3.11）左侧的各项必须在时间域 ψ 以及空间域 ζ 上进行离散。为达到这一目的，如图 3.3 所示，以方位步长 $\Delta\psi$ 将旋翼的旋转方位域离散为一系列方位角，并以寿命角增量 $\Delta\zeta$ 将尾迹涡线在空间域上近似离散为一系列直线段涡元。此外，由式（3.10）可知，在一般的旋翼尾迹系统中，旋翼方位步长 $\Delta\psi$ 和寿命角增量 $\Delta\zeta$ 都是常数。

在图 3.3 中，用虚线箭头标示了第 j 片旋翼桨叶的尾迹涡线节点自时刻 t 至 $t+\Delta t$ 的传导路径。对于典型的情况，$\Delta\psi = \Delta\zeta$，可以看出，在时刻 t 的涡线节点 $r_{i,\psi}^{j}$ 以当地速度 $v(r)$ 在时间段 Δt 内移动到了时刻 $t+\Delta t$ 的新涡线上，并被重命名为节点 $r_{i+1,\psi+\Delta\psi}^{j}$。也就是说，节点 $r_{i,\psi}^{j}$ 和 $r_{i+1,\psi+\Delta\psi}^{j}$ 代表同一个拉格朗日流体标识点在不同时刻的位置，解的传导路径是从节点 $r_{i,\psi}^{j}$ 指向节点 $r_{i+1,\psi+\Delta\psi}^{j}$。尽管源自同一拉格朗日流体标识点，但二者的寿命角位置并不相同。因此，为了应对尾迹涡线的这种"递降"的解传导特征，除了在初始方位的时间步，其他每个时间步都要在桨尖产生一个新的涡线节点 $r_{i,\psi}^{j}$，加入整个旋翼尾迹系统中，并且在涡线末端要删去一个寿命角最大的节点以保证整个尾迹系统内的节点数不随时间变化[14, 20]。

3.2.3　等价欧拉形式旋翼尾迹系统的建立

尽管上述拉格朗日形式的旋翼尾迹系统求解的"递降"传导方式为直升机空气动力学领域所熟知，并围绕主控方程式（3.11）发展出了一些偏微分方程数值求解方法[14, 20]及其相应的稳定性分析模型。但是，这些都无法掩盖拉格朗日形式的旋翼尾迹系统的这种"错位"传导特性的固有缺陷：该尾迹系统主控方程所导致的尾迹传递不规则性很大程度上限制了其应用动力学理论对旋翼尾迹系统动力学特性进行深入分析的可能。下面将详细阐述。

鉴于此，本书通过将拉格朗日形式的旋翼尾迹系统转化为欧拉形式的等价动力学系统，将解的传导特性"不规则"的主控方程（3.11）转变为一个形如

式（3.13）的"规则"主控方程，从而建立等价的欧拉形式旋翼尾迹动力学系统。这样就可以应用包括李雅普诺夫稳定性定理等系列动力学系统理论对旋翼尾迹系统的动力学特性进行深入的分析和研究。

为了较完整地描述整个旋翼尾迹流场，这个动力学系统应该包含所有的尾迹涡线节点。假设当前旋翼共有 b 片桨叶，每片桨叶的尖部拖曳出一根包含总数为 N 个节点在内的连续尾迹涡线。那么，尾迹系统总共需要描述 bN 个节点的位置向量，即系统节点位置总向量为

$$\boldsymbol{R} = (\boldsymbol{r}_1^1, \boldsymbol{r}_2^1, \cdots, \boldsymbol{r}_N^1, \boldsymbol{r}_1^2, \boldsymbol{r}_2^2, \cdots, \boldsymbol{r}_N^2, \cdots, \boldsymbol{r}_1^b, \boldsymbol{r}_2^b, \cdots, \boldsymbol{r}_N^b)^{\mathrm{T}} \tag{3.12}$$

因此，所有离散尾迹涡线在时刻 t（或在对应的方位角 ψ）时的空间几何位置便可由 $3bN$ 维（每个节点具有一组三维坐标）实空间 $\mathbb{R}^{3bN}$ 中的一个点 $\boldsymbol{R}_t$ 表示。那么，旋翼尾迹系统的运动就可以表达为

$$\boldsymbol{R}' = \boldsymbol{f}(\boldsymbol{R}) \tag{3.13}$$

这里，需要强调的是，$\boldsymbol{R}'$ 作为 $3bN$ 维实空间 $\mathbb{R}^{3bN}$ 中的点 $\boldsymbol{R}_t$ 的运动速度，使该点运动到另一点 $\boldsymbol{R}_{t+\Delta t}$。这说明解的传导路径是从点 $\boldsymbol{R}_t$ 指向点 $\boldsymbol{R}_{t+\Delta t}$，即分别从节点 $\boldsymbol{r}_{i,t}^j$ 指向节点 $\boldsymbol{r}_{i,t+\Delta t}^j$（图 3.3）。然而，如前所述，在传统拉格朗日形式的旋翼尾迹系统中，解的传导路径是从节点 $\boldsymbol{r}_{i,\psi}^j$ 指向节点 $\boldsymbol{r}_{i+1,\psi+\Delta\psi}^j$，即对应地从节点 $\boldsymbol{r}_{i,t}^j$ 指向节点 $\boldsymbol{r}_{i,t+\Delta t}^j$（图 3.3），这种旋翼尾迹特有的"错位"（"递降"）的解传导方式与运动方程式（3.13）所要求的传导路径在逻辑上是不相同的。对于这种"错位"的解传导方式，使用前述在每个方位角增加新点删除旧点的处理方式，虽然传统尾迹涡线系统仍然可以准确求解、预测旋翼尾迹的运动，但是却无法用于构造一个形如式（3.13）的规则主控方程且具有平衡解的旋翼尾迹动力学系统。

因此，为了建立一个恰当的非线性旋翼尾迹动力学系统，运动方程式（3.13）所要求的解的传导路径应首先被满足。也就是说，给出一个用以描述自节点 $\boldsymbol{r}_{i,t}^j$ 指向节点 $\boldsymbol{r}_{i,t+\Delta t}^j$ 的"虚拟运动"的速度表达式就变得至关重要，尽管事实上这两个节点对应着不同的拉格朗日流体标识点且并不存在相互运动（所以不妨称为"虚拟运动"）。通过重新审视偏微分方程形式的尾迹涡线运动方程式（3.11），可以看出，方程左侧的偏导数 $\partial r(\psi,\zeta)/\partial\psi$（节点位置向量 $\boldsymbol{r}$ 相对于方位角 ψ 的导数）恰好可以用以描述自节点 $\boldsymbol{r}_{i,t}^j$ 指向节点 $\boldsymbol{r}_{i,t+\Delta t}^j$ 的运动。由此可见，与速度 $\boldsymbol{v}(\boldsymbol{r})$ 具有相同单位的式（3.11）中的项 $\Omega \cdot (\partial r(\psi,\zeta)/\partial\psi)$，满足运动方程式（3.13）所要求的解的传导路径。

进一步，为了区别于按当地速度 $\boldsymbol{v}(\boldsymbol{r})$ 运动的传统拉格朗日形式的旋翼尾迹系统，定义以速度 $\Omega \cdot (\partial r(\psi,\zeta)/\partial\psi)$ 进行"虚拟运动"的旋翼尾迹系统作为欧拉形式的旋翼尾迹系统。与当地速度 $\boldsymbol{v}$ 相区别，将这个"虚拟速度"标识为 $\boldsymbol{v}_{\mathrm{pip}}$。它可

以通过传统尾迹涡线系统的控制方程简单变化得到，仅需将式（3.11）左侧第二项移到右侧，便可得

$$v_{\text{pip}} = \Omega\left[\frac{\partial r(\psi,\zeta)}{\partial \psi}\right] = v[r(\psi,\zeta)] - \Omega\left[\frac{\partial r(\psi,\zeta)}{\partial \zeta}\right] \tag{3.14}$$

该式同时也是欧拉形式的旋翼尾迹系统的主控方程。

不难看出，式（3.14）与传统拉格朗日形式的旋翼尾迹系统的主控方程完全等价。因此，欧拉形式与拉格朗日形式的旋翼尾迹系统仅是以不同的方式描述一个相同的对象，即旋翼尾迹。由于拉格朗日形式的旋翼尾迹系统并不是一个严格意义上的动力学系统，所以在后面，"旋翼尾迹系统"一词是指欧拉形式的旋翼尾迹系统。

尽管欧拉形式的旋翼尾迹系统只通过简单的变化得到，但相比拉格朗日形式的旋翼尾迹系统，却具有独到的优势。这是因为在式（3.14）中，通过主控方程的变形，已将拉格朗日形式的旋翼尾迹系统的"错位"节点运动方式消除，即节点速度方向绕着桨毂旋转并指向旋翼尾迹方位角增大的方向，如图 3.4 所示。

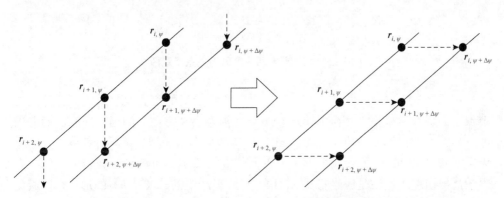

图 3.4　从拉格朗日形式到欧拉形式的旋翼尾迹系统的解的传导路径变化示意图

进一步，考虑式（3.14）中方程左侧项 v_{pip} 代表旋翼尾迹系统中某一节点 $r_{i+1,\psi}^{j}$，当它代表在欧拉形式的旋翼尾迹系统意义下的运动速度时，需要确认式（3.14）中其余各项各自代表哪个节点上的值。由式（3.11）可知，式（3.14）中的左侧项 $\Omega[\partial r(\psi,\zeta)/\partial\psi]$ 和右侧第一项 $\Omega[\partial r(\psi,\zeta)/\partial\zeta]$ 都是当地速度 $v[r(\psi,\zeta)]$（右侧第一项）的泰勒级数一阶展开项，它们的矢量在空间上应能组成封闭三角形，即当地速度矢量 $v[r(\psi,\zeta)]$ 是两个包含偏导数的矢量 $\Omega[\partial r(\psi,\zeta)/\partial\psi]$ 和 $\Omega[\partial r(\psi,\zeta)/\partial\zeta]$ 的合速度，如图 3.5 所示。由节点 $r_{i,\psi}^{j}$ 出发以速度 $v_{i,\psi}^{j}$ 运动到节点 $r_{i+1,\psi+\Delta\psi}^{j}$ 的路径，近似等同于由节点 $r_{i,\psi}^{j}$ 出发后先沿寿命角以速度 $\Omega(\partial r/\partial\zeta)_{i,\psi}^{j}$ 运动到节点 $r_{i+1,\psi}^{j}$，再沿方位角以速度 $\Omega(\partial r/\partial\psi)_{i+1,\psi}^{j}$（即在欧拉形式的旋翼尾迹系统意义下的运动速

度）运动到节点 $r_{i+1,\psi+\Delta\psi}^{j}$ 的组合路径。因此，在图 3.5 中，观察各个矢量的出发点，可以清楚地看到式（3.14）中各项所代表的值是属于哪一个节点的，式（3.14）也可以更严谨地写成如下形式

$$(\boldsymbol{v}_{\text{pip}})_{i+1,\psi}^{j} = \Omega\left[\frac{\partial \boldsymbol{r}(\psi,\zeta)}{\partial \psi}\right]_{i+1,\psi}^{j} = \boldsymbol{v}[\boldsymbol{r}(\psi,\zeta)]_{i,\psi}^{j} - \Omega\left[\frac{\partial \boldsymbol{r}(\psi,\zeta)}{\partial \zeta}\right]_{i,\psi}^{j}, \quad j=1,2,\cdots,b \quad (3.15)$$

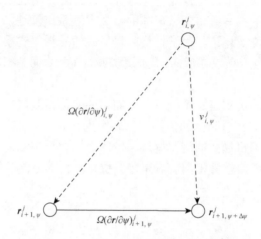

图 3.5　相邻节点间速度矢量关系示意图

在式（3.15）中，值得注意的是，对于欧拉形式的旋翼尾迹系统，计算当前节点上的运动速度需要用到其上一个节点（沿寿命角方向）的当地速度，而非当前节点的当地速度。当然，若 $\Delta\zeta \to 0$，则这两点上的当地速度也误差极小，此时无须对式（3.14）中各项代表哪个节点而作专门甄别即可满足计算要求。但在有限的离散密度下，还是应当将式（3.14）写成更严谨的式（3.15）的形式，以避免额外的误差引起数值计算中的不稳定。

此外，对于本章的轴向飞行状态，将欧拉形式的旋翼尾迹系统的研究对象限定于旋翼尾迹，即忽略除桨叶旋转运动外的其他变形运动对旋翼尾迹系统所造成的影响。因此，此处等效于引入假设：在任一时刻，系统中每根旋翼尾迹涡线上的第一个节点（即附着在桨叶上的涡线释放点）在欧拉形式旋翼尾迹系统意义下的旋转速度与旋翼转速相同，且可由柱坐标表示为

$$(\boldsymbol{v}_{\text{pip}})_{1}^{j} = \boldsymbol{v}_{\Omega} = [0,\Omega,0]^{\text{T}}, \quad j=1,2,\cdots,b \quad (3.16)$$

由此易知，在任一时刻，系统中每根桨叶涡线上的第一个节点的柱坐标仅是当前方位角的线性函数，可将其排除在系统运动方程之外。因此，系统节点位置总向量 $\boldsymbol{R}$ 的定义可在式（3.12）的基础上进行精简，略去每根尾迹的首点后为

$$\boldsymbol{R} = (\boldsymbol{r}_{2}^{1},\boldsymbol{r}_{3}^{1},\cdots,\boldsymbol{r}_{N}^{1},\boldsymbol{r}_{2}^{2},\boldsymbol{r}_{3}^{2},\cdots,\boldsymbol{r}_{N}^{2},\cdots,\boldsymbol{r}_{2}^{b},\boldsymbol{r}_{3}^{b},\cdots,\boldsymbol{r}_{N}^{b})^{\text{T}} \quad (3.17)$$

在此基础上，可以给出欧拉形式旋翼尾迹系统中除每根涡线首点外的其余节点的运动方程如下

$$\boldsymbol{R}' = f(\boldsymbol{R}) = V_{\text{pip}} = V - \Omega \cdot \frac{\partial \boldsymbol{R}}{\partial \zeta} \tag{3.18}$$

式中，系统运动速度（在欧拉形式的旋翼尾迹系统意义下）总向量为

$$V_{\text{pip}} = [(\boldsymbol{v}_{\text{pip}})_2^1, (\boldsymbol{v}_{\text{pip}})_3^1, \cdots, (\boldsymbol{v}_{\text{pip}})_N^1, (\boldsymbol{v}_{\text{pip}})_2^2, (\boldsymbol{v}_{\text{pip}})_3^2, \cdots, (\boldsymbol{v}_{\text{pip}})_N^2, \cdots, (\boldsymbol{v}_{\text{pip}})_2^b, (\boldsymbol{v}_{\text{pip}})_3^b, \cdots, (\boldsymbol{v}_{\text{pip}})_N^b]^{\text{T}}$$

当地速度总向量为

$$V = [\boldsymbol{v}_1^1, \boldsymbol{v}_2^1, \cdots, \boldsymbol{v}_{N-1}^1, \boldsymbol{v}_1^2, \boldsymbol{v}_2^2, \cdots, \boldsymbol{v}_{N-1}^2, \cdots, \boldsymbol{v}_1^b, \boldsymbol{v}_2^b, \cdots, \boldsymbol{v}_{N-1}^b]^{\text{T}}$$

尾迹沿寿命角变化率总向量为

$$\frac{\partial \boldsymbol{R}}{\partial \zeta} = \left[\left(\frac{\partial \boldsymbol{r}}{\partial \zeta}\right)_1^1, \left(\frac{\partial \boldsymbol{r}}{\partial \zeta}\right)_2^1, \cdots, \left(\frac{\partial \boldsymbol{r}}{\partial \zeta}\right)_{N-1}^1, \left(\frac{\partial \boldsymbol{r}}{\partial \zeta}\right)_1^2, \left(\frac{\partial \boldsymbol{r}}{\partial \zeta}\right)_2^2, \cdots, \left(\frac{\partial \boldsymbol{r}}{\partial \zeta}\right)_{N-1}^2, \cdots, \left(\frac{\partial \boldsymbol{r}}{\partial \zeta}\right)_1^b, \right.$$
$$\left. \left(\frac{\partial \boldsymbol{r}}{\partial \zeta}\right)_2^b, \cdots, \left(\frac{\partial \boldsymbol{r}}{\partial \zeta}\right)_{N-1}^b \right]^{\text{T}}$$

3.2.4　转换至旋转柱坐标系下的欧拉形式旋翼尾迹系统

至此，旋翼尾迹系统的转换工作并没有完成。易发现，只要旋翼一直在旋转，即使新的欧拉形式的旋翼尾迹系统也无法得到系统速度全部为零的"平衡解"，如图 3.4 所示。不过，式（3.14）的形式已为我们提供了获得轴向飞行状态下系统平衡解的途径：它的解都是绕桨毂以桨叶的频率（Ω）旋转的。因此，只要将基于不随桨叶旋转的桨毂坐标系[163]的主控方程式（3.14）改变为固定于桨叶上的旋转柱坐标系（以桨毂为中心）中，那么，当旋翼尾迹处于定常状态时，在此坐标系下观察便可以认为旋翼尾迹的"轨迹形状"是不变的[163]，从而获得严格意义上的旋翼尾迹系统平衡解。

因此，本章的目的正是：放弃拉格朗日意义上的系统平衡解（注：尾迹以当地速度一直在向桨毂下方运动，因而并不是严格意义上的平衡解），转而捕捉欧拉意义上的旋翼尾迹系统平衡解（注：系统所描述的并不是流体微粒，而是"站"在桨尖上观察到的尾迹形状），进而能够运用一系列动力学理论[157, 158]对旋翼尾迹系统的稳定特性进行深入分析。

具体地，下面以符号 {ca} 表示仅在三维笛卡儿坐标系下具有意义的量或公式，而以符号 {wh} 表示仅在固定于桨叶上的旋转柱坐标系下具有意义的量或公式。这样，式（3.14）在坐标系 {wh} 中需要进行处理，即方程右侧的当地速度项 v 在旋转柱坐标系下需额外减去桨叶的转速，因而欧拉形式下的旋翼尾迹系统的主控方程式（3.14）改写为

$$\{\text{wh}\}\quad \boldsymbol{v}_{\text{pip}} = \{\boldsymbol{v}[\boldsymbol{r}(\psi,\zeta)] - \boldsymbol{v}_\Omega\} - \Omega\left[\frac{\partial \boldsymbol{r}(\psi,\zeta)}{\partial \zeta}\right] \qquad (3.19)$$

式中，柱坐标系下的桨叶运动速度 $\boldsymbol{v}_\Omega = [0,\Omega,0]^{\text{T}}$。那么，坐标系 $\{\text{wh}\}$ 下的系统运动方程式（3.18）可写为

$$\{\text{wh}\}\quad \boldsymbol{R}' = \boldsymbol{f}(\boldsymbol{R}) = V_{\text{pip}} = V - \Omega\cdot\frac{\partial \boldsymbol{R}}{\partial \zeta} - V_\Omega \qquad (3.20)$$

其中，旋翼运动速度总向量

$$V_\Omega = \underbrace{[\boldsymbol{v}_\Omega, \boldsymbol{v}_\Omega, \cdots, \boldsymbol{v}_\Omega]}_{N-1}{}^{\text{T}}$$

需要指出的是，无论是欧拉形式还是拉格朗日形式的旋翼尾迹系统，它们的控制方程，式（3.11）或式（3.14）本质上是相同的。因此，在任意时刻 t，这两种表述的旋翼尾迹系统的解在空间几何上是完全相同的，这意味着欧拉形式的旋翼尾迹系统可以完全描述传统拉格朗日形式的旋翼尾迹系统的动力学特性。这两种方式描述的旋翼尾迹系统在本质上是相同的，即以不同的解的传导路径描述相同的旋翼尾迹运动，如图 3.4 所示，但欧拉形式描述相对于拉格朗日形式描述在结构上更具有进行尾迹动力学研究的优势。

3.3　用于欧拉形式旋翼尾迹动力学系统稳定性分析的方法发展

3.3.1　非线性动力学系统的李雅普诺夫稳定性定理

由于本书旋翼尾迹系统稳定性的研究需要使用关键的关于非线性动力学系统的李雅普诺夫稳定性定理，因而本节对此进行简单的介绍。

考虑一个非线性自治动力学系统：$\boldsymbol{x}' = \boldsymbol{f}(\boldsymbol{x})$，其中 $\boldsymbol{x} = (x_1, x_2, \cdots, x_n)^{\text{T}}$ 和 $\boldsymbol{x}' = \text{d}\boldsymbol{x}/\text{d}t$ [157]。设该系统有解为 $\boldsymbol{x} = \boldsymbol{\phi}(t)$，且该解在所有的时间域 t 上都等于 $(a_1, a_2, \cdots, a_n)^{\text{T}}$，那么解 $\boldsymbol{x} = \boldsymbol{\phi}(t)$ 就被称为系统 $\boldsymbol{x}' = \boldsymbol{f}(\boldsymbol{x})$ 的平衡解[158]。

显然，由于位置 $\boldsymbol{a}$ 不随时间变化，那么

$$\boldsymbol{x}_a' = \boldsymbol{f}(\boldsymbol{a}) \equiv 0 \qquad (3.21)$$

式（3.21）同时也是位置 $\boldsymbol{a}$ 为系统 $\boldsymbol{x}' = \boldsymbol{f}(\boldsymbol{x})$ 平衡位置的充要条件。

为了线性化方程 $\boldsymbol{x}' = \boldsymbol{f}(\boldsymbol{x})$，令 $x_i' = a_i + \Delta x_i (i=1,2,\cdots,n)$，并代入该方程，且将方程右侧以泰勒公式在平衡位置 $\boldsymbol{a}$ 进行展开，得到

$$\Delta x_i' = f_i(\boldsymbol{a}) + \sum_{j=1}^{n}\frac{\partial f_i(\boldsymbol{a})}{\partial x_j}\Delta x_i + R_i, \quad i=1,2,\cdots,n \qquad (3.22)$$

式中，R_i 是关于未知量 Δx_i 的 2 阶无穷小量，可以舍去。根据平衡位置的条件式（3.21），$f_i(\boldsymbol{a})=0$。另外，令 $a_{ij}=\partial f_i(\boldsymbol{a})/\partial x_j$，那么式（3.22）可被写成形式

$$\Delta \boldsymbol{x}' = \boldsymbol{A}\Delta \boldsymbol{x} \tag{3.23}$$

式中，雅可比矩阵为 $\boldsymbol{A}=[a_{ij}]$。

由此可给出李雅普诺夫稳定性定理[157, 158]：如果式（3.23）中矩阵 $\boldsymbol{A}$ 的所有特征值都有负实部，那么系统 $\boldsymbol{x}'=\boldsymbol{f}(\boldsymbol{x})$ 的平衡位置 $\boldsymbol{a}$ 是渐近稳定的。

3.3.2　欧拉形式旋翼尾迹系统的平衡解

在完成对欧拉形式旋翼尾迹动力学系统的构造之后，另一个重要的任务就是寻找该系统的平衡解。在旋翼尾迹的研究中，在很多数值计算中都曾遇到平衡解的问题，即旋翼尾迹的几何形状相对于桨叶随时间不变化。但此时，对于基于拉格朗日形式的传统旋翼尾迹系统而言，尾迹涡线节点实际上是在随当地速度不断运动的，因而所有节点的运动速度不可能同时为零，从而得到所谓的平衡解。如前所述，将旋翼尾迹系统转化为基于欧拉形式的旋翼尾迹系统，正是为了捕捉这种平衡解。对于欧拉形式描述的旋翼尾迹系统，其基于桨叶旋转坐标系建立，只要旋翼尾迹的几何形状相对于桨叶保持静止，就可以得到理论上严谨的平衡解，从而可进一步应用"系统动力学理论"[157, 158]分析其稳定特性。

因此，在欧拉形式描述的旋翼尾迹系统中，平衡解的这种特性主要反映为整个系统的运动速度等于零，即

$$\boldsymbol{R}'_{\text{pip}} = \boldsymbol{f}(\boldsymbol{R}_{\text{pip}}) = \boldsymbol{V}(\boldsymbol{R}_{\text{pip}}) - \Omega \cdot \frac{\partial \boldsymbol{R}_{\text{pip}}}{\partial \zeta} - \boldsymbol{V}_{\text{blade}} = 0 \tag{3.24}$$

整理后改写为

$$\boldsymbol{V}(\boldsymbol{R}_{\text{pip}}) - \Omega \cdot \frac{\partial \boldsymbol{R}_{\text{pip}}}{\partial \zeta} = \boldsymbol{V}_{\text{blade}} \tag{3.25}$$

如前所述，式（3.25）是判定一种旋翼尾迹空间结构是否为欧拉形式的旋翼尾迹系统平衡解的充要条件。进一步地，为简化表达，可将矢量形式的式（3.25）转化为标量形式，取各个节点的无量纲运动速度的模为零作为等价条件，即

$$(\boldsymbol{v}_{\text{pip}})_i^N = \frac{|\boldsymbol{v}_{\text{pip}}|}{\Omega R} = 0, \quad i=1,2,\cdots,N \tag{3.26}$$

式中，R 是旋翼半径。

至此，可以总结一下取得欧拉形式描述的旋翼尾迹系统的平衡解的方法。

（1）像通常的旋翼自由尾迹求解[90, 93]一样，使用数值方法从尾迹某初始几何形状开始迭代求解，当迭代至旋翼尾迹的几何形状相对于桨叶不变时，认为该旋翼尾迹的空间结构为一平衡解。需要注意的是，对于数值方法而言，直升机旋翼

自由尾迹的求解可区分为时间步进法[35]和松弛迭代法[164]两大类。时间步进法尽管在求解尾迹瞬态变化过程方面具有不可替代的优势，但在捕捉平衡解方面却不是合适的选择，这是因为，若目标平衡解不是稳定的，则时间步进法无法让初始误差随时间推进收敛至零，从而无法最终得到该平衡解。另外，松弛迭代法由于强加了人为周期性限制，在一定程度上有助于锁定非稳定的平衡解，因此相对于时间步进法更加适合于寻找旋翼尾迹系统的平衡解。

（2）当数值解取得收敛之后，使用平衡解判定条件（式（3.25）或式（3.26））进行判别。若符合条件，则可以确定，该旋翼尾迹空间结构为欧拉形式的旋翼尾迹系统的平衡解，从而进一步对其进行平衡解稳定性分析。

具体地，研究两种典型空间结构（几何形状）的旋翼尾迹。图 3.6 给出了作为迭代初始解的规则螺旋旋翼尾迹空间几何形状，图中每圈尾迹都具有相同的半径和螺距。经过若干圈数值计算后，图 3.7 给出了本书使用课题组自由尾迹方法[90, 93]得到的收敛后的桨尖涡旋翼尾迹空间几何结构。由图可见，此时的旋翼尾迹各圈具有不同的半径和螺距。靠近桨盘位置的尾迹呈现出收缩状态，具有较大螺距，而远离桨盘位置的尾迹则是扩张状态且螺距较小。相应地，图 3.8 则针对以上两种典型尾迹几何形状的各个节点，分别给出了欧拉形式旋翼尾迹系统下的无量纲运动速度的模。可以看出，对于规则螺旋状旋翼尾迹，所对应的系统运动速度不为零，即该动力学系统处于动态变化过程之中。而对于收敛后的旋翼尾迹，由于其非规则的几何形状，所对应的系统运动速度为零（图 3.8），该动力学系统正处于平衡位置，可以进一步对其进行平衡解稳定特性分析。

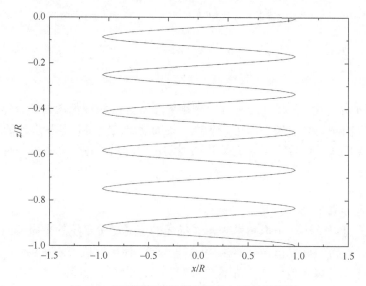

图 3.6　规则螺旋状旋翼尾迹几何形状侧视图

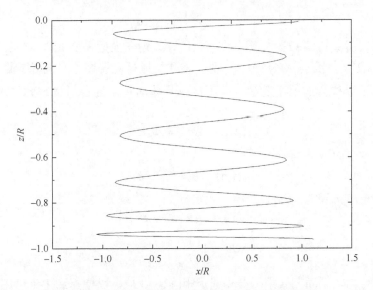

图 3.7　收敛后有畸变的旋翼尾迹几何形状侧视图

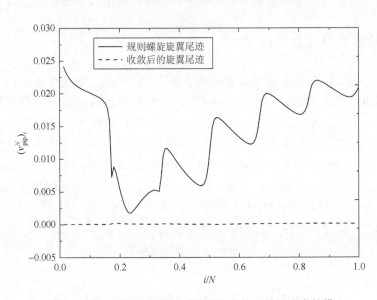

图 3.8　欧拉形式旋翼尾迹系统所对应的无量纲速度的模

3.3.3　变分形式的运动方程及主雅可比矩阵 A

在建立了具有平衡解的欧拉形式旋翼尾迹系统之后，便可以应用李雅普诺夫稳定性定理[157, 158]进一步分析该动力学系统的平衡解的稳定性。

经过变分计算并略去高阶小量，式（3.20）可写成式（3.27）的形式，即

$$\{\text{wh}\} \quad \Delta \boldsymbol{R}' = \boldsymbol{A} \Delta \boldsymbol{R} - \Delta \boldsymbol{V}_{\Omega} \tag{3.27}$$

注意到旋翼转速 Ω 为常数（式（3.10）），则在坐标系 {wh} 中项 $\boldsymbol{V}_{\Omega}$ 为常数，从而式（3.27）中变分 $\Delta \boldsymbol{V}_{\Omega} = 0$。可见，将欧拉形式旋翼尾迹系统置于桨叶坐标系中仅是为了寻找合适的平衡解，并不影响具体的稳定性分析。因此，式（3.27）可改写为

$$\{\text{wh}\} \quad \Delta \boldsymbol{R}'_{\text{pip}} = \boldsymbol{A} \Delta \boldsymbol{R}_{\text{pip}} \tag{3.28}$$

式中，主雅可比矩阵为

$$\{\text{wh}\} \quad \boldsymbol{A} = \boldsymbol{J} - \Omega \boldsymbol{K} \tag{3.29}$$

且对于子矩阵 $\boldsymbol{J}$ 和 $\boldsymbol{K}$ 分别有

$$\{\text{wh}\} \quad \Delta \boldsymbol{V}(\boldsymbol{R}) = \boldsymbol{J} \Delta \boldsymbol{R} \tag{3.30}$$

$$\{\text{wh}\} \quad \Delta \left(\frac{\partial \boldsymbol{R}}{\partial \zeta} \right) = \boldsymbol{K} \Delta \boldsymbol{R} \tag{3.31}$$

由此可见，上面公式中需要构建子矩阵 $\boldsymbol{J}$ 和 $\boldsymbol{K}$，以便得到主雅可比矩阵 $\boldsymbol{A}$，从而利用其特征值在复平面的分布特性来分析该动力学系统平衡解的稳定性。

3.3.4 构建子雅可比矩阵 $\boldsymbol{J}$

下面考虑一种较为直观快速地构建子雅可比矩阵 $\boldsymbol{J}$ 的途径。观察式（3.30），其中的速度变化总向量 $\Delta \boldsymbol{V}$ 所对应的节点，是每根尾迹除最后一节点外的其余各节点的依次排列，见式（3.18）；而扰动总向量 $\Delta \boldsymbol{R}$ 所对应的节点则是每根尾迹除第一节点外的其余各节点依次排列，见式（3.17）。这种"节点不匹配"会对子雅可比矩阵 $\boldsymbol{J}$ 的构建造成一定的麻烦。因此，本书先构建包含所有节点的向量 $\Delta \hat{\boldsymbol{V}}$ 和 $\Delta \hat{\boldsymbol{R}}$ 之间的扩展雅可比矩阵 $\hat{\boldsymbol{J}}$（$3bN \times 3bN$），之后再通过删除无用行与列的方式得到式（3.30）所要求的子雅可比矩阵 $\boldsymbol{J}$（$3b(N-1) \times 3b(N-1)$）。

具体地，给出扩展雅可比矩阵 $\hat{\boldsymbol{J}}$ 的关系式

$$\{\text{wh}\} \quad \Delta \hat{\boldsymbol{V}}(\hat{\boldsymbol{R}}) = \hat{\boldsymbol{J}} \Delta \hat{\boldsymbol{R}} \tag{3.32}$$

式中，

$$\hat{\boldsymbol{R}} = (\boldsymbol{r}_1^1, \boldsymbol{r}_2^1, \cdots, \boldsymbol{r}_N^1, \boldsymbol{r}_1^2, \boldsymbol{r}_2^2, \cdots, \boldsymbol{r}_N^2, \cdots, \boldsymbol{r}_1^b, \boldsymbol{r}_2^b, \cdots, \boldsymbol{r}_N^b)^{\text{T}}$$
$$\hat{\boldsymbol{V}} = [\boldsymbol{v}_1^1, \boldsymbol{v}_2^1, \cdots, \boldsymbol{v}_N^1, \boldsymbol{v}_1^2, \boldsymbol{v}_2^2, \cdots, \boldsymbol{v}_N^2, \cdots, \boldsymbol{v}_1^b, \boldsymbol{v}_2^b, \cdots, \boldsymbol{v}_N^b]^{\text{T}}$$

然后，构建扩展雅可比矩阵 $\hat{\boldsymbol{J}}$。对于一个孤立涡元 $\boldsymbol{s}_{ab}$（端点为 $\boldsymbol{r}_a$ 和 $\boldsymbol{r}_b$），在目标点 $\boldsymbol{r}_p$ 上被该涡元诱导的速度 $\boldsymbol{v}_p$ 可由毕奥-萨伐尔定律给出。为描述方便，不妨称这个由点 $\boldsymbol{r}_a$、$\boldsymbol{r}_b$ 和 $\boldsymbol{r}_p$ 组成的简单系统为一个孤立"三点组"，如图 3.9 所示。那么，由前面分析可知，此三点的空间位置与目标点速度之间的关系可以写成变分形式

$$\delta(v_p) = \chi[M_a\delta(r_a) + M_b\delta(r_b) + M_p\delta(r_p)] \tag{3.33}$$

式中，

$$\chi = \frac{\Gamma}{4\pi(r_c^{2n} + h^{2n})^{\frac{1}{n}}}$$

式中，h 是目标点 r_p 与涡元 s_{ab} 的垂直距离；r_c 和 Γ 分别是涡元 s_{ab} 的涡核半径与环量强度；n 是不同的涡核模型。求解矩阵 M_a、M_b 和 M_p 的多个公式在第 2 章基于拉格朗日形式的旋翼尾迹系统稳定性的分析中已经给出，虽然第 2 章与本章的目的不同，但在此处可以直接借用这些公式来分析基于欧拉形式描述的旋翼尾迹系统的稳定性。因此，此处不再重复给出这些求解矩阵 M_a、M_b 和 M_p 的表达式，而是着重介绍如何利用矩阵 M_a、M_b 和 M_p 构建扩展雅可比矩阵 $\hat{J}$。

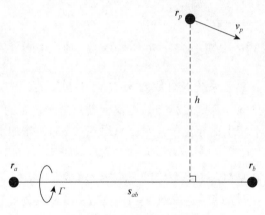

图 3.9　孤立三点组示意图

进一步，对于整个旋翼尾迹系统，假设该系统共有 b 片桨叶，且每根尾迹涡线共有 N 个不同节点，则该根涡线总共由 $N-1$ 个直线段涡元组成。从而，在这些涡元和节点中任意取一个节点与一个直线段涡元配对构成一个"三点组"，则整个旋翼尾迹系统内共有 $b^2N(N-1)$ 个不同的"三点组"，每个组内的节点就称为这一直线段涡元所诱导的目标点。旋翼尾迹系统内的任意一个"三点组"都可以被独立地标记为

$$\left.\begin{array}{l} \{\text{group}\}_{j,i}^{k,l} \\ j,k = 1,2,\cdots,b \\ i = 1,2,\cdots,N \\ l = 1,2,\cdots,N-1 \end{array}\right\} \tag{3.34}$$

式中，下标 j,i 表示该组内的目标节点是位于第 j 根涡线上的第 i 个节点，坐标为

r_i^j；上标 k,l 表示该组内的作用涡元是第 k 根涡线中的第 l 个涡元，坐标为 s_l^k。图 3.10 给出了旋翼尾迹系统中同一根涡线上的三点组的示意图。

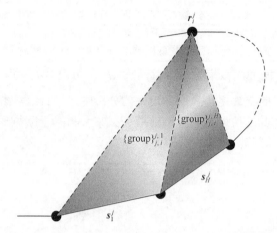

图 3.10　旋翼尾迹系统中同一根涡线上的三点组示意图

事实上，在旋翼尾迹系统内总数为 $b^2 N(N-1)$ 的三点组中，并不是每个组都发挥作用，即需要排除掉那些目标节点与涡元端点之一重合的特殊情况，此时认为涡元对目标节点不产生诱导速度。对三点组式（3.34）增加限定条件：

$$i \neq l, i \neq l-1, \quad 若 j=k \tag{3.35}$$

从而，实际上需要纳入考虑范围的三点组的个数为

$$b^2 N(N-1) - 2b(N-1) = b(N-1)(bN-2) \tag{3.36}$$

此外，从式（3.33）可见，不同的涡元 s_l^k 与节点 r_i^j 对应着不同的项 χ 以及矩阵 $\boldsymbol{M}_a$、$\boldsymbol{M}_b$、$\boldsymbol{M}_p$，即它们都由其所在的组分别决定。因此，使用之前定义的三点组标记来区分不同组中的项 χ 以及矩阵 $\boldsymbol{M}_a$、$\boldsymbol{M}_b$、$\boldsymbol{M}_p$，即

$$\{\chi\}_{j,i}^{k,l}, \{\boldsymbol{M}_a\}_{j,i}^{k,l}, \{\boldsymbol{M}_b\}_{j,i}^{k,l}, \{\boldsymbol{M}_p\}_{j,i}^{k,l} \tag{3.37}$$

式（3.37）分别表示属于三点组式（3.34）的项 χ 以及矩阵 $\boldsymbol{M}_a$、$\boldsymbol{M}_b$、$\boldsymbol{M}_p$。

通过式（3.37）的表述方式，在由式（3.33）所建立的一个孤立三点组内，其三点的空间位置与目标点速度之间的变分关系可以推广到整个旋翼尾迹动力学系统内的所有三点组（式（3.34）及式（3.35））。将所有这些关系式进行汇总和整理，就能够以该动力学系统内所有节点诱导速度与所有节点空间位置的变分关系的形式进行改写。因而式（3.32）可写成如下具体形式

$$\delta \boldsymbol{v}_m = \sum_{n=1}^{b_N} \boldsymbol{X}_{mn} \cdot \delta \boldsymbol{r}_n, \quad m = 1, 2, \cdots, b_N \tag{3.38}$$

式中，X_{mn} 定义了影响矩阵，它是由系统内总排序第 n 个节点的空间位置变化量 δr_n 对排序第 m 个节点的诱导速度变化量 δv_m 所施加的，具体地

$$\left. \begin{array}{l} X_{mm} = \sum_{k=1}^{b} \sum_{l=1}^{N-1} \{\chi M_p\}_{j,i}^{k,l} \\ X_{mn} = \{\chi M_b\}_{j,i}^{k,l-1} + \{\chi M_a\}_{j,i}^{k,l} \end{array} \right\} \tag{3.39}$$

式中，系统内总排序数

$$\left. \begin{array}{l} m = (j-1)N+i \\ n = (k-1)N+l \end{array} \right\}$$

式（3.39）仍然要满足三点组的限定条件式（3.35）。此外，还需要考虑，如果当前目标节点是某根涡线的第一个节点，则只存在与其相邻的下侧涡元，不存在与其相邻的上侧涡元，从而式（3.39）中

$$\{\chi M_b\}_{j,i}^{k,l-1} = 0, \quad 若 l=1$$

同理，如果当前节点是某根涡线的最后一个节点，则不存在与其相邻的下侧涡元，因此

$$\{\chi M_a\}_{j,i}^{k,l} = 0, \quad 若 l=N$$

上面两种情形都超出了式（3.34）中定义的三点组涡元取值范围，因而令其为零。

经过整理，可以把式（3.38）写成式（3.32）的形式，那么，其扩展雅可比矩阵 $\hat{J}$ 可由所有的影响矩阵 X_{mn}（式（3.39））构建如下

$$\hat{J} = \begin{bmatrix} X_{11} & X_{12} & \cdots & X_{1(bN)} \\ X_{21} & X_{22} & \cdots & X_{2(bN)} \\ \vdots & \vdots & \ddots & \vdots \\ X_{(bN)1} & X_{(bN)2} & \cdots & X_{(bN)(bN)} \end{bmatrix} \tag{3.40}$$

接着，需要从 $3bN \times 3bN$ 的扩展雅可比矩阵 $\hat{J}$ 中删除无用的行与列，从而得到式（3.30）所要求的 $3b(N-1) \times 3b(N-1)$ 的子雅可比矩阵 J。具体地，由式（3.32）与式（3.30）在定义上的差异可知，需删除 $\Delta \hat{R}$ 中每根涡线首点的项所对应的 $\hat{J}$ 中的列，这些列为

$$\left. \begin{array}{l} X_{mn} \\ m = 1,2,\cdots,bN \\ n = (k-1)N+1 \\ k = 1,2,\cdots,b \end{array} \right\} \tag{3.41}$$

并删除 $\Delta \hat{V}$ 中每根涡线末点的项所对应的 $\hat{J}$ 中的行，它们是

$$\left.\begin{array}{l} \boldsymbol{X}_{mn} \\ n = 1, 2, \cdots, bN \\ m = kN \\ k = 1, 2, \cdots, b \end{array}\right\} \tag{3.42}$$

在删除了 $3b$ 行和 $3b$ 列后，将剩下的项组合，即可得到 $3b(N-1) \times 3b(N-1)$ 的子雅可比矩阵 $\boldsymbol{J}$。

例如，对于两片桨叶的旋翼尾迹系统，此时 $b=2$，$6N \times 6N$ 的扩展雅可比矩阵为

$$\hat{\boldsymbol{J}} = \begin{bmatrix} \boldsymbol{X}_{11} & & & \boldsymbol{X}_{1(N+1)} & & & \\ \boldsymbol{X}_{21} & \boldsymbol{J}_{11} & & \boldsymbol{X}_{2(N+1)} & & \boldsymbol{J}_{12} & \\ \vdots & & & \vdots & & & \\ \boldsymbol{X}_{N1} & \boldsymbol{X}_{N2} & \cdots & \boldsymbol{X}_{NN} & \boldsymbol{X}_{N(N+1)} & \boldsymbol{X}_{N(N+2)} & \cdots & \boldsymbol{X}_{N(2N)} \\ \boldsymbol{X}_{(N+1)1} & & & \boldsymbol{X}_{(N+1)(N+1)} & & & \\ \boldsymbol{X}_{(N+2)1} & \boldsymbol{J}_{21} & & \boldsymbol{X}_{(N+2)(N+1)} & & \boldsymbol{J}_{22} & \\ \vdots & & & \vdots & & & \\ \boldsymbol{X}_{(2N)1} & \boldsymbol{X}_{(2N)2} & \cdots & \boldsymbol{X}_{(2N)N} & \boldsymbol{X}_{(2N)(N+1)} & \boldsymbol{X}_{(2N)(N+2)} & \cdots & \boldsymbol{X}_{(2N)(2N)} \end{bmatrix}$$

那么待求的 $6(N-1) \times 6(N-1)$ 的子雅可比矩阵为

$$\boldsymbol{J} = \begin{bmatrix} \boldsymbol{J}_{11} & \boldsymbol{J}_{12} \\ \boldsymbol{J}_{21} & \boldsymbol{J}_{22} \end{bmatrix}$$

易见，对于任意桨叶片数的旋翼尾迹系统，都可通过本小节提出的方法获得式（3.30）所要求的子雅可比矩阵 $\boldsymbol{J}$，即先使用式（3.40）构造扩展雅可比矩阵 $\hat{\boldsymbol{J}}$，再删除式（3.41）中的列以及式（3.42）中的行而得到。

3.3.5　构建子雅可比矩阵 $\boldsymbol{K}$

进一步，构建子雅可比矩阵 $\boldsymbol{K}$。观察式（3.31）可知，该式包含偏导项 $\partial \boldsymbol{R}/\partial \zeta$ 的变分。因此，需首先使用有限差分格式逼近 $\partial \boldsymbol{R}/\partial \zeta$ 项。这里考虑两种不同的有限差分格式：向前差分以及向后差分。

$$\frac{\partial \boldsymbol{r}_i^j}{\partial \zeta} = \frac{\boldsymbol{r}_{i+1}^j - \boldsymbol{r}_i^j}{\Delta \zeta}, \quad i = 1, 2, \cdots, N-1, \quad j = 1, 2, \cdots, b \tag{3.43}$$

以及

$$\frac{\partial \boldsymbol{r}_i^j}{\partial \zeta} = \frac{\boldsymbol{r}_i^j - \boldsymbol{r}_{i-1}^j}{\Delta \zeta}, \quad i = 2, 3, \cdots, N-1, \quad j = 1, 2, \cdots, b \tag{3.44}$$

将它们分别代入欧拉形式的旋翼尾迹动力学系统运动方程式（3.20），计算在

悬停状态下单片桨叶旋翼尾迹系统已收敛平衡解的运动速度，所得结果如图 3.11 所示。在图中，v_z 是节点当地速度垂向分量；$(v_\zeta)_z = (\partial R / \partial \zeta)_z$，表示节点垂向坐标沿寿命角方向的变化率；$(v_{pip})_z$ 则代表欧拉形式旋翼尾迹动力学系统中的节点垂向运动速度，等于前两者之差，在平衡状态下应为零。

如图 3.11 所示，垂向速度 v_z 和 $(v_\zeta)_z$ 的量值随着寿命角的增加而逐渐减小，在 360° 的整数倍寿命角时会出现旋翼尾迹加速下降的现象，这是由于系统中唯一的桨叶又划过尾迹上方。

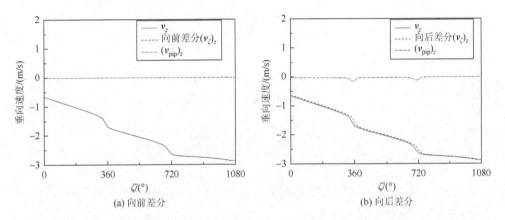

图 3.11　采用不同差分格式时，欧拉形式旋翼尾迹系统的垂向速度随寿命角的分布

图 3.11 中，向前差分（式（3.43））情况下二者几乎没有出现偏差，在平衡状态下的欧拉形式旋翼尾迹系统中，其节点的垂向运动速度始终保持为零。另外，在向后差分（式（3.44））情况下，v_z 和 $(v_\zeta)_z$ 二者在 360° 的整数倍寿命角时会出现偏差，这样平衡状态下的欧拉形式旋翼尾迹系统中，其节点垂向运动速度不能始终保持为零。由此可见，若对寿命角方向上的偏导数采用向后差分进行离散，则会带来一定的数值离散误差，从而影响数值计算和分析的精度，因而下面采用向前差分进行离散。

产生这种现象的原因，主要是相邻节点间速度矢量的关系，见图 3.5。如图 3.5 所示，为了求得欧拉形式下旋翼尾迹动力学系统中一节点 $r_{i+1,\psi}^j$ 的运动速度 $\Omega[\partial r / \partial \psi]_{i+1,\psi}^j$，需要使用其上方节点 $r_{i,\psi}^j$ 的当地速度 $v_{i,\psi}^j$ 以及节点沿寿命角方向的变化率 $\Omega[\partial r / \partial \zeta]_{i,\psi}^j$。其中，$\Omega[\partial r / \partial \zeta]_{i,\psi}^j$ 描述的是自节点 $r_{i,\psi}^j$ 至节点 $r_{i+1,\psi}^j$ 的变化率，因而对参照点 $r_{i,\psi}^j$ 而言，向前差分更加准确。若采用向后差分，则会描述自节点 $r_{i-1,\psi}^j$ 至 $r_{i,\psi}^j$ 的变化率，与理论预期不符，存在一定误差。

向前差分式（3.43）经过变分计算，可表示为

$$\delta\left(\frac{\partial \mathbf{r}_i^j}{\partial \zeta}\right) = \frac{\delta \mathbf{r}_{i+1}^j - \delta \mathbf{r}_i^j}{\Delta \zeta} - \frac{(\mathbf{r}_{i+1}^j - \mathbf{r}_i^j)\delta(\Delta \zeta)}{(\Delta \zeta)^2}, \quad i=1,2,\cdots,N-1, \quad j=1,2,\cdots,b \quad (3.45)$$

由式（3.10）可知，在旋翼尾迹系统中 $\Delta \zeta$ 为常数，因此式（3.45）中变分 $\delta(\Delta \zeta) = 0$。那么，式（3.45）右侧第二项便可忽略，改写为

$$\delta\left(\frac{\partial \mathbf{r}_i^j}{\partial \zeta}\right) = \frac{\delta \mathbf{r}_{i+1}^j - \delta \mathbf{r}_i^j}{\Delta \zeta}, \quad i=1,2,\cdots,N-1, \quad j=1,2,\cdots,b \quad (3.46)$$

将式（3.46）代入式（3.31），经整理，子雅可比矩阵 $\mathbf{K}$ 可表达为

$$\mathbf{K} = \frac{1}{\Delta \zeta}\mathbf{H} \quad (3.47)$$

式中，

$$\mathbf{H} = \begin{bmatrix} \mathbf{I}_3 & & & \mathbf{0} \\ -\mathbf{I}_3 & \mathbf{I}_3 & & \\ & \ddots & \ddots & \\ \mathbf{0} & & -\mathbf{I}_3 & \mathbf{I}_3 \end{bmatrix} \quad (3.48)$$

式中，$\mathbf{I}_3$ 是 3 阶单位矩阵。

至此，在构建了子雅可比矩阵 $\mathbf{J}$ 和 $\mathbf{K}$ 之后，主雅可比矩阵 $\mathbf{A}$ 便可以由式（3.29）直接给出，具体为

$$\mathbf{A} = \mathbf{J} - \frac{\Omega}{\Delta \zeta}\mathbf{H} \quad (3.49)$$

3.3.6 轴向飞行状态下的坐标系转换

对于直升机轴向飞行状态，考虑其旋翼尾迹中心轴对称的空间几何结构特点[77, 163]，可将笛卡儿三维坐标系转换为旋转柱坐标系。

对于任一节点，其笛卡儿三维坐标系下的坐标是

$$\delta \mathbf{r}_{\{ca\}} = (\delta x, \delta y, \delta z)^{\mathrm{T}}$$

下标 {ca} 代表笛卡儿坐标系，见 3.2.4 节。

它在旋转柱坐标系下的坐标为

$$\delta \mathbf{r}_{\{wh\}} = (\delta r, \delta \theta, \delta z)^{\mathrm{T}}$$

存在关系

$$\delta \mathbf{r}_{\{ca\}} = \mathbf{T}\delta \mathbf{r}_{\{wh\}} \quad (3.50)$$

式中，

$$T = \begin{bmatrix} \cos\theta & -r\sin\theta & 0 \\ \sin\theta & r\cos\theta & 0 \\ 0 & 0 & 1 \end{bmatrix}$$

那么，式（3.40）中所构建的笛卡儿三维坐标系下的子雅可比矩阵 $\boldsymbol{J}_{\{ca\}}$ 可以转换成旋转柱坐标系下的 $\boldsymbol{J}_{\{wh\}}$，即

$$\boldsymbol{J}_{\{wh\}} = \boldsymbol{G}^{-1}(\boldsymbol{J}_{\{ca\}}\boldsymbol{G} - \boldsymbol{G}') \tag{3.51}$$

式中，

$$\boldsymbol{G} = \begin{bmatrix} \boldsymbol{T} & & 0 \\ & \ddots & \\ 0 & & \boldsymbol{T} \end{bmatrix}$$

另外，式（3.47）所构建的子雅可比矩阵 $\boldsymbol{K}$ 是各种坐标系通用的，无须坐标系变换。因此，将式（3.51）以及式（3.47）代入式（3.29），主雅可比矩阵 $\boldsymbol{A}$ 在旋转柱坐标下的表达式可以表述为

$$\{wh\} \quad \boldsymbol{A} = \boldsymbol{G}^{-1}(\boldsymbol{J}_{\{ca\}}\boldsymbol{G} - \boldsymbol{G}') - \Omega \cdot \boldsymbol{K} \tag{3.52}$$

3.4 旋翼尾迹离散密度对系统稳定性的影响

众所周知，在尾迹求解的数值计算中，旋翼尾迹系统是以线性离散的方式逼近真实的涡线，将连续的涡线分割成一系列依次相连的刚性直线段涡元[14]。由式（3.10）可知，尽管某一段涡元随着其两端节点的运动可能会被拉伸或压缩，但每段涡元所对应的寿命角 $\Delta\zeta$ 都是相同的。$\Delta\zeta$ 取值的大小也决定了该旋翼尾迹系统线性离散的细致程度。易知，$\Delta\zeta$ 越小，则旋翼尾迹一圈内的节点越多，离散也越细致，从而越接近真实的尾迹涡线。已有研究表明，一个足够稳定的数值方法所求解出的收敛解，即系统的平衡解，会随着该系统 $\Delta\zeta$ 的减小而逐渐趋于统一[14]，表明这时的离散密度已足够贴近真实尾迹涡线的轨迹。

在过去的旋翼自由尾迹数值计算中，一般取 $\Delta\zeta$ 为某一个能被 360° 整除的常值，对旋翼尾迹涡线进行离散，并没有研究过它对旋翼尾迹稳定性的影响。本节将通过特征值分析，揭示 $\Delta\zeta$ 对于旋翼尾迹系统的动力学特性所产生的重要影响及其在物理上的意义。

3.4.1 离散密度对旋翼尾迹系统平衡解动力学特性的"奇异"影响

此处暂不考虑 $\Delta\zeta$ 过大时该离散系统是否过于粗糙，而仅把它作为动力学特

性上的对比算例。在图 3.12 中，计算给出了一个基于欧拉形式的单根旋翼尾迹涡线系统在零涡核下的平衡解（由 3.3.2 节方法求得）在不同 $\Delta\zeta$ 下其主雅可比矩阵 $\boldsymbol{A}$ 的特征值 λ 的分布（由 3.3.3 节方法求得）。该算例中取涡线强度 $\Gamma=1\mathrm{m}^2/\mathrm{s}$，尾迹圈数 $n_w=6$，桨叶转速 $\Omega=223\mathrm{rad/s}$。

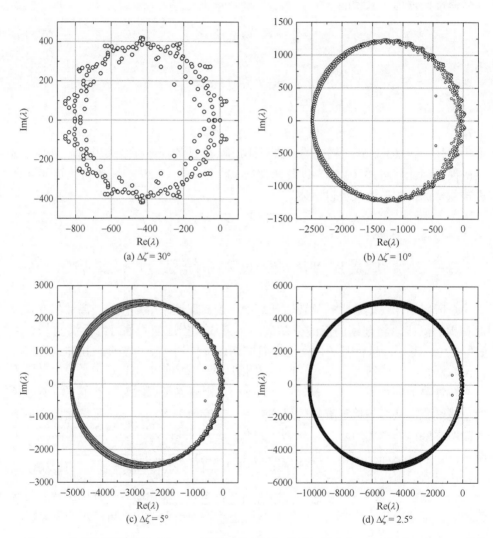

图 3.12　单根旋翼尾迹在不同 $\Delta\zeta$ 下的零涡核平衡解的特征值分布（$\Gamma=1\mathrm{m}^2/\mathrm{s}$，$n_w=6$，$\Omega=223\mathrm{rad/s}$）

图 3.12（a）～（d）分别给出了 $\Delta\zeta=30°$、$\Delta\zeta=10°$、$\Delta\zeta=5°$ 及 $\Delta\zeta=2.5°$ 时的特征值分布，可见，随着 $\Delta\zeta$ 的减小，特征值的实部和虚部的量级都不断放大，

并没有出现收敛的趋势。不同于系统的平衡解（即收敛的旋翼尾迹几何形状）随着该系统 $\Delta\zeta$ 的减小而逐渐趋于统一或相同的结果[14]，此处这些空间几何上"趋于统一"的旋翼尾迹平衡解却呈现出完全不同的特征值分布。换句话说，尾迹涡线几何形状几乎完全相同的平衡解仅由于其中节点密度的不同而具有完全不同的动力学特性。

可见，雅可比矩阵 A 的特征值在复平面上的分布随离散密度的增大而无限扩大。对于该现象，通过对变分运动方程式（3.49）的分析可知，其产生的原因主要是雅可比矩阵 A 中的子雅可比矩阵 K 的影响。由式（3.47）可以看出，矩阵 K 由常数矩阵 H 除以寿命角离散量 $\Delta\zeta$ 得到。换句话说，矩阵 K 中每一项的绝对值都反比于 $\Delta\zeta$ ，即

$$\left|(\boldsymbol{K})_{ij}\right| \propto \Delta\zeta^{-1} \tag{3.53}$$

因此，当尾迹离散密度增大即 $\Delta\zeta$ 减小时，矩阵 K 中每一项的绝对值相应增加，从而令雅可比矩阵 A 的特征值在复平面上的分布扩大。进一步可以预测，对于实际尾迹涡线（相当于令 $\Delta\zeta \rightarrow 0$ ），其矩阵 K 中每一项的绝对值都将趋于无穷大，相应地，雅可比矩阵 A 的特征值在复平面上呈现无界的分布，如图 3.12 所示。

需要指出的是，矩阵 K 中各项绝对值反比于寿命角离散量 $\Delta\zeta$，对于该特性，与是否采用简单的欧拉差分来描述偏导数 $\partial\boldsymbol{R}_{\mathrm{pip}}/\partial\zeta$ （式（3.43））无关。无论采用何种差分格式，总可写成一般形式

$$\frac{\partial(\boldsymbol{r}_{\mathrm{pip}})_i}{\partial\zeta} = \frac{\sum_{j=0}^{w} p_j(\boldsymbol{r}_{\mathrm{pip}})_{i-j}}{q\Delta\zeta}, \quad i = 1+w, 2+w, \cdots, N \tag{3.54}$$

式中，p 和 q 都是该差分格式所指定的系数。类似地，对其取变分可得

$$\delta\left[\frac{\partial(\boldsymbol{r}_{\mathrm{pip}})_i}{\partial\zeta}\right] = \frac{\sum_{j=0}^{w} p_j(\delta\boldsymbol{r}_{\mathrm{pip}})_{i-j}}{q\Delta\zeta}, \quad i = 1+w, 2+w, \cdots, N \tag{3.55}$$

因此，矩阵 K 也可写为更一般的形式

$$\boldsymbol{K}' = \frac{1}{\Delta\zeta}\boldsymbol{H}' \tag{3.56}$$

式中，

$$
\boldsymbol{H}' = \begin{bmatrix}
\dfrac{p_0}{q}\boldsymbol{I}_3 & & & & & \boldsymbol{0} \\
& \ddots & \ddots & \ddots & & \\
\dfrac{p_w}{q}\boldsymbol{I}_3 & \cdots & \dfrac{p_1}{q}\boldsymbol{I}_3 & \dfrac{p_0}{q}\boldsymbol{I}_3 & & \\
& \dfrac{p_w}{q}\boldsymbol{I}_3 & \cdots & \dfrac{p_1}{q}\boldsymbol{I}_3 & \dfrac{p_0}{q}\boldsymbol{I}_3 & \\
& & \dfrac{p_w}{q}\boldsymbol{I}_3 & \cdots & \dfrac{p_1}{q}\boldsymbol{I}_3 & \dfrac{p_0}{q}\boldsymbol{I}_3 \\
& & & \ddots & \ddots & \ddots & \ddots \\
\boldsymbol{0} & & & & & \dfrac{p_0}{q}\boldsymbol{I}_3
\end{bmatrix} \quad (3.57)
$$

注意到，$\boldsymbol{H}'$ 与 $\boldsymbol{H}$ 同样是常数下三角矩阵，因此由式（3.56）可知，矩阵 $\boldsymbol{K}'$ 中每一项的绝对值也都反比于 $\Delta\zeta$，即

$$
\left|(\boldsymbol{K}')_{ij}\right| \propto \Delta\zeta^{-1} \quad (3.58)
$$

由此可见，子雅可比矩阵 $\boldsymbol{K}$ 中各项绝对值反比于寿命角离散量 $\Delta\zeta$，对于这一特性，与采取何种差分格式描述偏导数 $\partial\boldsymbol{R}_{\text{pip}}/\partial\zeta$ 无关。当尾迹离散密度增加时，矩阵 $\boldsymbol{K}$ 中各项的绝对值总会随之增大，甚至在 $\Delta\zeta\to0$ 时趋向于无穷大，并相应地使雅可比矩阵 $\boldsymbol{A}$ 的特征值在复平面上的分布范围无限扩大。

3.4.2　旋翼尾迹系统的光滑度修正

在了解了矩阵 $\boldsymbol{K}$ 中各项绝对值与尾迹离散密度之间的正比关系及其施加给雅可比矩阵 $\boldsymbol{A}$ 的影响后，需要进一步理解这种关系的合理性及其所代表的物理意义。对这种"奇异"影响的合理性的质疑，主要来自于：系统平衡解的动力学特性不仅并未随着旋翼尾迹离散密度的增加而收敛，反而随之发散并当 $\Delta\zeta\to0$ 时出现无界的特征值分布。

为理解矩阵 $\boldsymbol{K}$ 中各项绝对值正比于尾迹离散密度且当 $\Delta\zeta\to0$ 时趋向于正无穷的原因，首先来看一个例子。如图 3.13 所示，假设目前尾迹涡线上只有一个节点会受到孤立的径向扰动 $\delta(r_R)_i$，以横坐标表示旋翼尾迹寿命角 ζ，以纵坐标表示尾迹径向扰动量 δr_R。在节点位置保持相同扰动量 $\delta(r_R)_i$ 的条件下，图 3.13（a）和图 3.13（b）分别给出了较大 $\Delta\zeta$ 和较小 $\Delta\zeta$ 时，该点处尾迹径向分布斜率的变

化量 $\delta(\partial \boldsymbol{R}_R / \partial \zeta)$（该点处曲线斜率）。容易看出，$\Delta\zeta$ 越小，即离散密度越大，受扰动位置的尾迹径向分布斜率的变化量亦越大，曲线斜率亦越大。可以预测，当 $\Delta\zeta \to 0$ 时，在受扰动处可得到无穷大的 $\delta(\partial \boldsymbol{R}_R / \partial \zeta)$，即该点处曲线接近垂直。

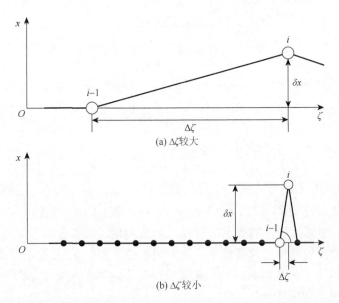

图 3.13　离散涡线上某节点存在相同的孤立扰动量 δx 时该节点处的斜率变化示意图

下面来观察矩阵 $\boldsymbol{K}$ 在其中所发挥的作用。将以上孤立扰动代入式（3.31）得到受扰节点上的扰动量 $\delta(\partial \boldsymbol{r}_{\text{pip}} / \partial \zeta)$ 为

$$\delta\left[\frac{\partial(\boldsymbol{r}_{\text{pip}})}{\partial \zeta}\right] = \frac{\delta(\boldsymbol{r}_{\text{pip}})}{\Delta\zeta} \tag{3.59}$$

式中，$\boldsymbol{r}_{\text{pip}}$ 是欧拉形式旋翼尾迹系统中的节点位置向量。

可以看出，随着 $\Delta\zeta \to 0$，对于任意有限大小的扰动量 $\delta(\boldsymbol{r}_{\text{pip}})$，过密的离散都会令式（3.59）得出无穷大的扰动量结果。

从上面的例子中也可以看到，随着尾迹离散密度的加大，这个孤立扰动显得越来越"突兀"，它附近的曲线斜率也接近无穷人。也就是说，$\Delta\zeta$ 越小，等量的扰动所能产生的扰动量 $\delta(\partial \boldsymbol{r}_{\text{pip}} / \partial \zeta)$ 也越大，即式（3.31）所描述的系统越"灵敏"。从这点来说，矩阵 $\boldsymbol{K}$ 中各项绝对值正比于尾迹离散密度的现象似乎是合理的。但这其中忽略了一个重要因素，那就是尾迹涡线的光滑度。无视光滑度的直接后果就是：当 $\Delta\zeta \to 0$ 时，旋翼尾迹可为极度不光滑的，任意一个有限的孤立扰动都可以产生无限大的局部曲线斜率，这显然与实际不符。

由于式（3.31）中并没有包含关于光滑度的要求，因此，当其离散密度增大时，相当于默认光滑度在不断缩小直至完全不光滑，如图 3.13 所示。而以具有不同光滑度水平的旋翼尾迹系统进行动力学特性对比，是前述旋翼尾迹系统动力学特性随 $\Delta\zeta$ 缩小而发散的主要原因。

因而，定义某一寿命角上的旋翼尾迹光滑度为

$$a(\zeta) = \frac{\partial \boldsymbol{R}_{\text{pip}}}{\partial \zeta} \tag{3.60}$$

那么，可以将式（3.31）右侧的节点位移扰动量改写为光滑度扰动量，即

$$\Delta\left(\frac{\partial \boldsymbol{R}_{\text{pip}}}{\partial \zeta}\right) = \boldsymbol{K}_a \Delta \boldsymbol{a} \tag{3.61}$$

式（3.61）等号左侧即 Δa，因此

$$\boldsymbol{K}_a = \boldsymbol{I} \tag{3.62}$$

式中，$\boldsymbol{K}_a$ 是改写后的矩阵 $\boldsymbol{K}$；$\boldsymbol{I}$ 是单位矩阵。

同样作为扰动方程，式（3.61）与式（3.31）相比具有特别的意义。具体而言，式（3.31）以旋翼尾迹各节点上的位移作为扰动量，隐含要求：在不同离散密度下，相同寿命角处的节点位移量相同，如图 3.13 所示。而反观式（3.61），它是以旋翼尾迹光滑度作为扰动量，则隐含要求：在不同离散密度下，同一寿命角处的尾迹涡线光滑度要保持一致。

因此，使用式（3.61）作为扰动方程相当于增加了一个限定条件，即在不同离散密度下，同一寿命角处的光滑度要保持一致。将式（3.61）右侧改写成节点扰动量形式得

$$\Delta\left(\frac{\partial \boldsymbol{R}_{\text{pip}}}{\partial \zeta}\right) = \boldsymbol{K}_H\left(\frac{\Delta \boldsymbol{R}_{\text{pip}}}{\Delta \zeta}\right) \tag{3.63}$$

式中，

$$\boldsymbol{K}_H = \boldsymbol{K} \cdot \Delta\zeta = \boldsymbol{H} \tag{3.64}$$

其中，$\boldsymbol{H}$ 见式（3.48）。

同样地，为保持整个扰动方程中的扰动量一致，将式（3.30）进行改写，得

$$\Delta V(\boldsymbol{R}_{\text{pip}}) = \boldsymbol{J}_H\left(\frac{\Delta \boldsymbol{R}_{\text{pip}}}{\Delta \zeta}\right) \tag{3.65}$$

其中，

$$\boldsymbol{J}_H = \boldsymbol{J} \cdot \Delta\zeta \tag{3.66}$$

由此，对于整个旋翼尾迹动力学系统，其扰动方程式（3.28）可改写为

$$\Delta \boldsymbol{R}'_{\text{pip}} = \boldsymbol{A}_H\left(\frac{\Delta \boldsymbol{R}_{\text{pip}}}{\Delta \zeta}\right) \tag{3.67}$$

式中，

$$A_H = J_H - \Omega K_H \tag{3.68}$$

新扰动方程式（3.67）相当于对整个旋翼尾迹系统增加了限定条件：在不同离散密度下，同一寿命角处的尾迹涡线光滑度要保持一致。

那么，基于新的扰动方程式（3.67），重新对图 3.12 中的算例进行计算，相当于在前者结果的基础上以系数 $\Delta\zeta$ 乘以特征值的实量和虚量，可得到结果如图 3.14 所示，随着离散密度的增加，$\lambda\Delta\zeta$ 在复平面上的分布并没有出现图 3.12 中大幅度增大的情形（坐标量值增大至 6000 左右），而是逐步收敛于负实部一个固定的圆

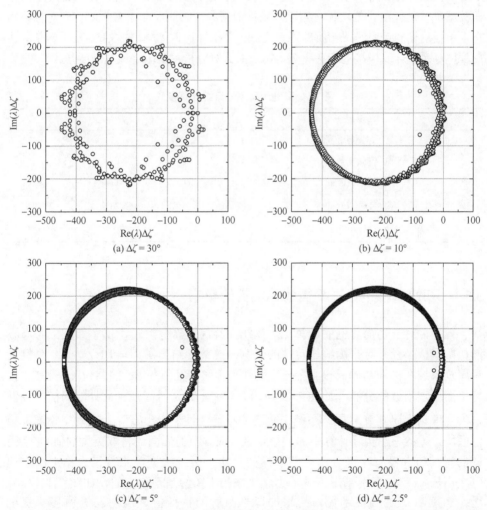

图 3.14　经过光滑度修正后，单根旋翼涡线在不同 $\Delta\zeta$ 下的零涡核平衡解的特征值分布
（$\Gamma = 1\mathrm{m}^2/\mathrm{s}$ ，　$n_w = 6$ ，　$\Omega = 223\mathrm{rad/s}$ ）

形，坐标值为 200 左右。由此表明，当旋翼尾迹系统的变分运动方程经过光滑度修正以后，我们可以得到相对合理的结果，即随着旋翼尾迹离散密度的增加，不仅其平衡解的空间几何形状会趋于统一，其动力学特性也将趋于统一。

3.5 悬停状态单根旋翼尾迹的系统平衡解稳定性研究

对于旋翼尾迹系统，其中悬停状态下由单根尾迹所组成的系统最为基础却不乏其重要性和典型性，因为该系统排除了一些不必要因素的干扰，有利于对平衡解稳定性的梳理、分析和理解。此外，其他轴向飞行状态下的各种复杂系统都可以看作在其基础上进行组合或增加一定额外条件而得到。因此，非常有必要首先对悬停状态下单根旋翼尾迹系统平衡解的稳定性进行分析并深入了解。表 3.1 给出了一个算例旋翼尾迹系统计算模型的相关参数，本节的计算分析主要围绕该算例展开。

表 3.1　算例旋翼尾迹系统计算参数

参数	数值
尾迹根数	1
尾迹圈数	6
桨叶半径 R/m	0.4064
桨叶转速 Ω/(rad/s)	223
$\Delta\zeta$/(°)	15

3.5.1　初始涡核半径对平衡解稳定性的影响

首先，对于当前算例的旋翼尾迹系统，其涡核模型按式（3.7）给定。考虑不同初始涡核半径 r_0 对平衡解稳定性的影响。图 3.15 给出了 $\Gamma = 0.1\Omega R^2$ 时，算例旋翼尾迹系统在不同初始涡核半径 r_0 下，其平衡解特征值与 $\Delta\zeta$ 的乘积（$\lambda \cdot \Delta\zeta$）在复平面原点附近的分布。如图 3.15 所示，当 $r_0 = 0.1R$ 时（注：此处的涡核半径仅是为了理论上研究旋翼尾迹系统平衡解的不稳定性，得出宏观上较为完整的不稳定区域，暂不考虑实际计算中的涡核半径，在本节的后面还将取更大的值），平衡解的特征值并没有全部分布在复平面的负实半区，根据李雅普诺夫稳定性定理（3.3.1 节），可知当前情况下该动力学系统的平衡解是不稳定的，如图 3.15（a）所示。随着初始涡核半径 r_0 的增加，平衡解的特征值逐步向左侧微移，直至 $r_0 = 0.7R$ 时，所有特征值已全部落在了复平面的负实半区，这意味着当前情况下该动力学系统平衡解是稳定的，如图 3.15（d）所示。

需要指出的是，在图 3.15（a）～（c）中，尽管绝大多数特征值都分布在负实半区，但正是那少数几个分布在正实半区的特征值导致了旋翼尾迹系统平衡解不稳定，这一点将在 3.5.5 节进一步阐述。出现这样的结果，是因为本节中的算例主要选择在平衡解不稳定的临界状态，对于稳定特性较差的旋翼尾迹系统，它在一定条件下也会有较多特征值出现在复平面的正实半区，引起较为强烈的不稳定性。对此，此处先引用第 4 章中的两个图（图 4.11 和图 4.28（b））作为示例，图 3.16 和图 3.17 分别给出了寿命角偏导数采用中心差分和 4 阶 BDF 格式时所得

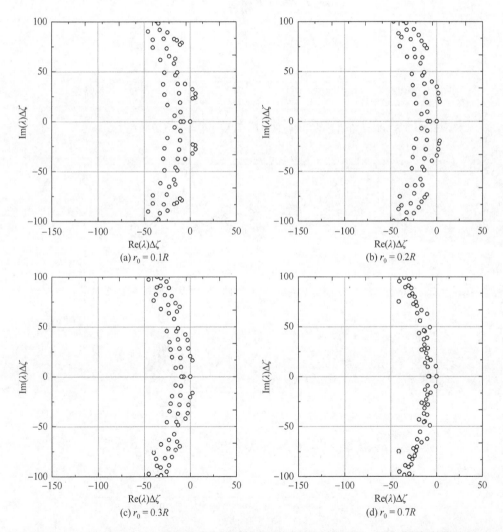

图 3.15　$\Gamma = 0.1\Omega R^2$ 时，算例旋翼尾迹系统在不同初始涡核半径 r_0 下的平衡解特征值与 $\Delta\zeta$ 的乘积在复平面原点附近的分布

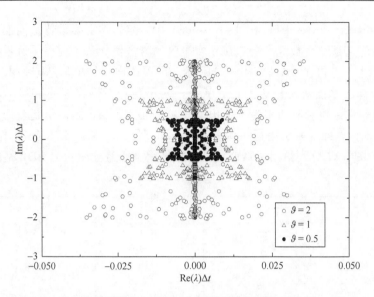

图 3.16　寿命角偏导数中心差分时，旋翼尾迹半离散系统的 $\lambda\Delta t$ 分布

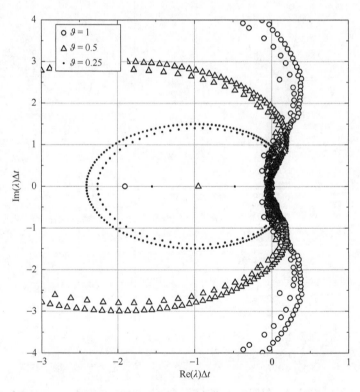

图 3.17　寿命角偏导数 4 阶 BDF 差分时，旋翼尾迹半离散系统在
不同步长比下的 $\lambda\Delta t$ 原点附近分布

到的欧拉形式旋翼尾迹系统（在第 4 章的数值方法研究中称为半离散旋翼尾迹系统）的特征值分布。由于寿命角采用了不合适的差分格式，给当前半离散旋翼尾迹系统引入了固有不稳定性，有较多的特征值都分布在了复平面正实半区。关于它们较为强烈的不稳定性在数值计算中的表现将在第 4 章中进行深入研究。

由此可见，初始涡核半径 r_0 对旋翼尾迹系统平衡解的稳定性具有重要的影响：初始涡核半径大一些，则不稳定的特征值也向复平面的负实半区微移，即平衡解趋于稳定。反之，初始涡核半径小一些，则不稳定的特征值也向复平面的正实半区微移，即平衡解趋于不稳定。这里，以"平衡解的全部特征值是否都落在复平面的负实半区"为判断依据，根据李雅普诺夫稳定性定理，可以判断当前情况下旋翼尾迹系统平衡解稳定与否。因此，对于一个其他参数已给定的旋翼尾迹系统，初始涡核半径 r_0 具有某一个临界值，大于这个值则系统稳定，小于这个值则系统不稳定。

3.5.2　旋翼尾迹涡强对平衡解稳定性的影响

考虑不同旋翼尾迹涡强 Γ 对平衡解稳定性的影响。图 3.18 给出了初始涡核半径 $r_0 = 0.6R$ 时，算例旋翼尾迹系统在不同的尾迹涡强下，其平衡解特征值与 $\Delta\zeta$ 的乘积（ $\lambda \cdot \Delta\zeta$ ）在复平面原点附近的分布。当 $\Gamma = 0.7\Omega R^2$ 时，与之前图 3.15 的结果类似，平衡解的特征值并没有全部分布在复平面的负实半区，这意味着当前情况下该动力学系统平衡解是不稳定的，如图 3.18（a）所示。随着旋翼尾迹涡强 Γ 的减小，平衡解的特征值逐步向左侧微移，直至 $\Gamma = 0.05\Omega R^2$ 时，所有特征值已全部落在了复平面的负实半区，这意味着当前情况下该动力学系统平衡解是稳定的，如图 3.18（d）所示。与 3.5.1 节的结果类似，在图 3.18（a）～（c）中，尽管绝大多数特征值都分布在负实半区，但也正是那少数几个分布在正实半区的特征值导致了旋翼尾迹系统平衡解不稳定。这一点将在 3.5.5 节进一步阐述。在 3.5.3 节和 3.5.4 节中，结果也具有类似的特点，后面不再赘述。

由此可见，旋翼尾迹涡强 Γ 对其尾迹系统平衡解的稳定性具有重要的影响：旋翼尾迹涡强小一些，则不稳定的特征值也向复平面的负实半区微移，即平衡解趋于稳定。反之，旋翼尾迹涡强大一些，则不稳定的特征值也向复平面的正实半区微移，即平衡解趋于不稳定。同样，对于一个其他参数已给定的旋翼尾迹系统，旋翼尾迹涡强具有某一个临界值，小于这个值则系统稳定，大于这个值系统不稳定。

3.5.3　旋翼转速对平衡解稳定性的影响

考虑不同旋翼转速 Ω 对平衡解稳定性的影响。图 3.19 给出了 $\Gamma = 3.7\mathrm{m}^2/\mathrm{s}$ 、 $r_0 = 0.6R$ 时，算例旋翼尾迹系统在不同旋翼转速下，其平衡解特征值与 $\Delta\zeta$ 的乘

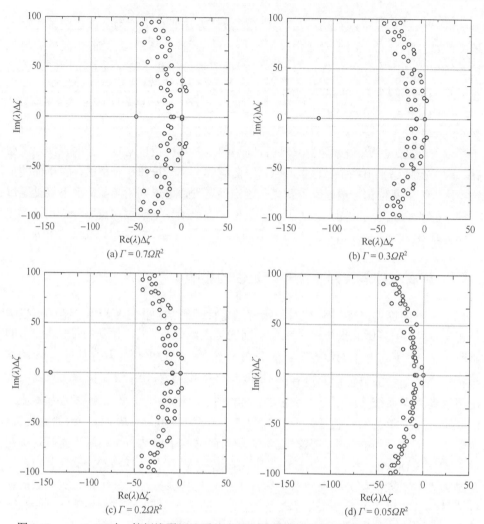

图 3.18　$r_0 = 0.6R$ 时，算例旋翼尾迹系统在不同旋翼尾迹涡强下的平衡解特征值与 $\Delta\zeta$ 的乘积在复平面原点附近的分布

积（$\lambda \cdot \Delta\zeta$）在复平面原点附近的分布。当 $\Omega = 50\text{rad/s}$ 时，平衡解的特征值并没有全部分布在复平面的负实半区，这意味着当前情况下该动力学系统平衡解是不稳定的，如图 3.19（a）所示。随着旋翼转速 Ω 的增加，（注：此处的 Ω 选择仅是为了理论上研究旋翼尾迹系统平衡解的不稳定性，得出宏观上较为完整的不稳定区域，暂不考虑实际计算中的 Ω 值。）平衡解的特征值逐步向左侧微移，直至 $\Omega = 500\text{rad/s}$ 时，所有特征值已全部落在了复平面的负实半区，这意味着当前情况下该动力学系统平衡解是稳定的，如图 3.19（d）所示。

　　由此可见，旋翼转速 Ω 对旋翼尾迹系统平衡解的稳定性具有重要的影响：旋

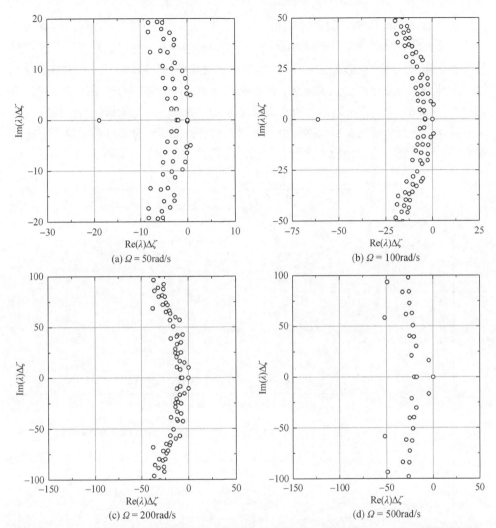

图 3.19 $\Gamma = 3.7\mathrm{m}^2/\mathrm{s}$ 和 $r_0 = 0.6R$ 时，算例旋翼尾迹系统在不同旋翼转速下的平衡解特征值与 $\Delta\zeta$ 的乘积在复平面原点附近的分布

翼转速 Ω 大一些，则不稳定的特征值也向复平面的负实半区微移，即平衡解趋于稳定。反之，旋翼转速 Ω 小一些，则不稳定的特征值也向复平面的正实半区微移，即平衡解趋于不稳定。同样，对于一个其他参数已给定的旋翼尾迹系统，旋翼转速 Ω 具有某一个临界值，大于这个值则系统稳定，小于这个值则系统不稳定。

3.5.4   旋翼尾迹圈数对平衡解稳定性的影响

对涡线具有有限寿命角长度的一个旋翼尾迹系统，考虑不同旋翼尾迹圈数对其平衡解稳定性的影响。图 3.20 给出了 $\Gamma = 0.1\Omega R^2$、$r_0 = 0.7R$ 时，算例旋翼尾迹系统在不同旋翼尾迹圈数下的平衡解特征值与 $\Delta\zeta$ 的乘积（$\lambda \cdot \Delta\zeta$）在复平面原点附近的分布。从图中可以看出，当系统具有 15 圈旋翼尾迹时，平衡解的特征值并没有全部分布在复平面的负实半区，这意味着当前情况下该动力学系统平衡解是不稳定的，如图 3.20（a）所示。随着旋翼尾迹圈数的减少，平衡解的特征值逐步向左侧微移，直至系统仅具有 4 圈旋翼尾迹时，所有特征值已全部落在了复平面的负实半区，这意味着当前情况下该动力学系统平衡解是稳定的，如图 3.20（c）所示。

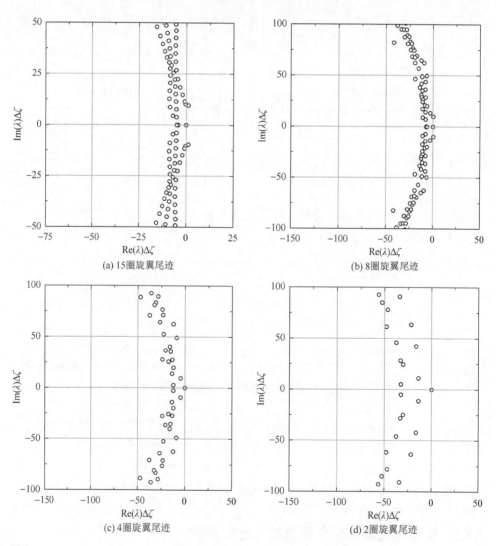

图 3.20 $\Gamma = 0.1\Omega R^2$ 和 $r_0 = 0.7R$ 时，算例旋翼尾迹系统在不同旋翼尾迹圈数下的平衡解特征值与 $\Delta\zeta$ 的乘积在复平面原点附近的分布

由此可见，旋翼尾迹的圈数对旋翼尾迹系统平衡解的稳定性亦具有重要的影响：圈数少一些，则不稳定的特征值也向复平面的负实半区微移，即平衡解趋于稳定。反之，圈数多一些，则不稳定的特征值也向复平面的正实半区微移，即平衡解趋于不稳定。同样，对于一个其他参数已给定的旋翼尾迹系统，旋翼尾迹的圈数具有某一个临界值，小于这个值则系统稳定，大于这个值则系统不稳定。这显然是因为，圈数越多，系统更为庞大，不容易稳定。

需要说明的是，对于实际的旋翼尾迹，可以预测，由于旋翼尾迹圈数随着旋翼的旋转而不断生成，即旋翼尾迹系统会变得更为庞大，最终总会在某个较大的圈数下不稳定。这与试验中观察到的"悬停状态下，实际旋翼尾迹是不稳定的"这一结果[99, 156, 165]是一致的。

3.5.5　旋翼尾迹平衡解的不稳定区域分析及方法验证

在分析了多种参数对旋翼尾迹系统平衡解稳定性的影响之后，本小节选取其中重要的几个参数进一步综合分析它们与平衡解稳定性的关系。在前面分析的基础上，以"平衡解的全部特征值是否都落在复平面的负实半区"为分界线，图 3.21 用实心三角点连线给出了算例旋翼尾迹系统（表 3.1）的平衡解不稳定区域计算结果，其中，以无量纲的旋翼尾迹涡强作为横坐标，它综合了涡强和转速的影响；同时以无量纲的初始涡核半径作为纵坐标。由图可见，在不稳定区域（图中用阴影区域表示），正如前面分析所指出的那样，相对而言初始涡核半径更小、旋翼

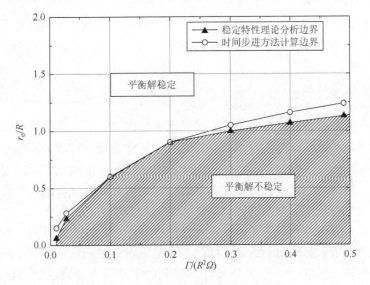

图 3.21　算例旋翼尾迹系统不稳定区域

尾迹涡强更大、旋翼转速更小时，平衡解亦不稳定。反之，在图中上方的稳定区域，相对而言初始涡核半径更大、旋翼尾迹涡强更小、旋翼转速更大时，对应的平衡解也稳定。

准确地说，图 3.21 给出的是悬停状态下涡线具有有限寿命角长度（6 圈）的单根旋翼尾迹系统的平衡解不稳定区域，不包含前面所述旋翼尾迹圈数对平衡解稳定性的影响。如 3.5.4 节所述，旋翼尾迹系统的圈数越多，其平衡解的稳定性越弱。因此可以推断，若令该系统考虑大于 6 的更多的圈数，则图 3.21 中的稳定分界线会整体上移，不稳定区域扩大。反之，若令该系统考虑小于 6 的更少的圈数，则图 3.21 中的稳定分界线会整体下移，稳定区域扩大。

需要指出的是，图 3.21 中实心三角点连线是以本书提出的欧拉形式旋翼尾迹系统稳定性分析方法计算得到的平衡解不稳定区域分界线，并未涉及尾迹求解数值计算方法的特性。为此，本书也以第 4 章建立的时间步进算法进行了尾迹的迭代计算。并在图 3.21 中，以"计算结果是否能稳定收敛"作为判据，用空心圈连线给出了时间步进方法（PC2B[71]，见第 4 章）计算遭遇到的不稳定区域分界线。

从图 3.21 可以看出，本书所提出的旋翼尾迹系统稳定性分析方法所得到的稳定边界与时间步进方法实际计算得到的边界基本吻合，即时间步进方法计算求解所遇到的旋翼尾迹不稳定区域与本书分析方法所得到的区域是一致的。虽然目前很难直接找到用于验证本章所发展的旋翼尾迹稳定性分析方法的试验结果作为对比，但是，图中这两条分界线的吻合表明，本章建立的方法是可靠的。当然，在尾迹求解的数值计算中，如果求解格式选取不恰当，也可存在尾迹不稳定现象，即数值不稳定，但图 3.21 中所采用的 PC2B 算法是具有较好数值稳定特性的[14]。关于这方面，本书将在第 4 章进一步讨论。

3.6　本章小结

本章在桨叶旋转柱坐标系下建立了适用于轴向飞行状态的欧拉形式旋翼尾迹动力学系统。在此基础上，基于李雅普诺夫稳定性定理，构建了其变分形式主控方程的雅可比矩阵，并发展了一个适用于轴向飞行状态下欧拉形式旋翼尾迹动力学系统平衡解稳定特性分析的方法。以此方法，首先计算分析了涡线离散密度对平衡解动力学特性的影响，进而对该动力学系统进行了光滑度修正。接着，对旋翼尾迹系统中各个参数对平衡解稳定特性的影响进行了详细的分析，并综合上述影响特性给出了平衡解的不稳定区域。本章结论如下。

（1）以本书稳定性分析方法所计算得到的平衡解不稳定区域与自由尾迹时间步进方法在实际计算中所遭遇到的"尾迹不收敛"区域基本吻合。表明本书所提出的旋翼尾迹系统稳定性分析方法可以有效地分析轴向飞行状态下欧拉形式旋翼尾迹系统平衡解的稳定特性，并准确预测该系统在实际数值计算中的稳定表现。

（2）对于一个有限寿命角长度的欧拉形式旋翼尾迹动力学系统，初始涡核半径越大、旋翼尾迹涡强越小及旋翼转速越大，则平衡解特征值越向复平面的负实半区移动，平衡解就越稳定。反之，初始涡核半径越小、旋翼尾迹涡强越大及旋翼转速越小，则平衡解特征值越向复平面的正实半区移动，平衡解就越不稳定。因此，在上述参数定义的平面内，存在一条欧拉形式旋翼尾迹动力学系统平衡解稳定与否的分界线。

（3）欧拉形式旋翼尾迹动力学系统需要进行光滑度修正才可正确分析涡线离散密度对平衡解动力学特性的影响。当其经过修正以后，可以得到更合理的结果，即随着旋翼尾迹离散密度的增加，不仅其平衡解的空间几何构型会趋于统一，其动力学特性也将趋于统一。

第 4 章　旋翼尾迹求解时间步进法的精度和稳定性研究以及稳定高阶半离散格式的提出

4.1　概　　述

旋翼自由尾迹分析方法通过计算诱导速度场，能够较为准确地计算分析旋翼的气动特性，是直升机空气动力学和动力学研究中的重要方法[35-37]。在旋翼尾迹求解方法中，由于描述涡线运动的主控方程是一个强非线性微分方程，需要采用数值方法进行离散计算[4]。遗憾的是，旋翼尾迹求解方法常常在计算中遭遇强烈的不稳定性现象而得不出收敛的尾迹涡线结果，尤其是对于悬停和低速飞行状态[18]。因此，发展一种具有良好数值稳定性、快速收敛性和强鲁棒性的数值求解方法一直以来都是直升机空气动力学的重要研究内容之一[4]。

以是否"对旋翼尾迹不强加周期性边界条件，并沿时间域逐步推进"作为判据，旋翼自由尾迹方法可以区分为两大类，符合该判据的称为时间步进类方法[42-49]，否则称为松弛迭代类方法[20, 50-64, 69, 96]。松弛迭代类方法由于对旋翼尾迹强加了周期边界条件，并在伪时间域内进行迭代求解，导致在计算过程中会丢失瞬态变化特性。因此，尽管松弛迭代类方法在收敛特性上具有一定优势，但时间步进类方法始终是人们所追逐的目标。

然而，时间步进类方法通过直接时间积分来求解尾迹的瞬态变化特性直至取得收敛的稳态解。该类方法容易受到初值误差和数值不稳定性的干扰，从而常常导致发散或得到非物理性的振荡解。针对这种情况，一些学者开展了非拉格朗日类时间步进方法的研究，非拉格朗日离散形式在结构上要优于拉格朗日类。典型地，Bhagwat 和 Leishman[71]发展了一种新的"时间精确"自由尾迹求解方法，意在抑制数值扰动导致的非物理解。该方法在空间离散上采用了 2 点中心差分，在时间离散上则使用了一个特殊的 2 阶向后差分，建立了一个称为 PC2B 的时间步进算法。PC2B 算法是一种隐式差分格式，为了避免每一时间步求解非线性代数方程组，采用了预测-校正算法，目前已在旋翼尾迹的计算中得到了较为广泛的应用[71, 72]。

尽管针对旋翼尾迹系统的非拉格朗日类时间步进自由尾迹方法已经取得了较大的进步，但它仍存在一些明显不足，主要体现在以下几个方面。

（1）对旋翼尾迹系统中不同积分方向上解的光滑度理解不足，目前尚无文献对此问题专门展开探讨。因此目前非拉格朗日类时间步进方法在绝大多数计算中都采用直观的单位步长比（方位角与寿命角步长之比），而未采取更优化的步长比来提高数值精度，对于该问题尚缺乏研究。

（2）针对非拉格朗日类时间步进方法，还没有完整严谨的非线性稳定性分析方法能够用于准确考虑旋翼尾迹系统中主控方程非线性速度项对格式稳定性的影响，因而也无法准确预测旋翼尾迹系统在当前离散程度及步长比下的数值稳定性。该问题研究的不足也是造成旋翼尾迹系统数值和物理不稳定性长期混淆的主要原因之一。

（3）尽管目前预测-校正算法已被非拉格朗日类时间步进方法广泛采用，但大多只是针对隐式校正方程进行了稳定性研究[14, 18, 20, 90, 93]，尚没有文献综合考虑显式预测步对其稳定特性的影响。然而，事实上，显式预测步对于隐式校正方程的稳定性可具有很大的破坏性，一个预测-校正格式最终稳定性的好坏需要综合考量多方面因素，而非单一的隐式校正步的稳定性。

（4）目前尚没有 2 阶以上的非拉格朗日类时间步进方法高阶格式被提出，且同时被证明在应用于高度非线性的旋翼尾迹系统时仍能确保数值的稳定性。

针对上述问题，本书从以下几个方面着手对非拉格朗日类时间步进方法进行研究和改进。

（1）放弃过去常用的网格中心离散形式，如 PC2B 和 PCC 等格式[95]，转而采用少受结构限制、能够构造高阶格式、研究潜力更大的半离散形式。

（2）从旋翼尾迹系统中不同积分方向上解的光滑度着手，提出使用合适的步长比来提高数值精度的方法，并进一步推导出一些典型格式的最佳步长比。

（3）针对半离散形式，发展一种新的旋翼尾迹系统半离散格式非线性数值稳定性分析方法（非第 3 章中研究旋翼尾迹系统自身物理稳定性的分析方法）。与一般的傅里叶数值稳定性分析方法只考虑齐次迭代方程不同，该方法能够综合考虑旋翼尾迹系统中所包含的诱导速度非线性项。

（4）针对旋翼尾迹系统中几种常用的预测-校正格式，研究它们各自的显式预测步对数值方法最终稳定性的破坏作用。并在此基础上，深入分析旋翼尾迹系统非拉格朗日类预测-校正算法所具有的"部分真隐式"特性对其稳定性的积极作用。

（5）探讨旋翼尾迹系统采用 3 阶和 4 阶双 BDF 半离散格式时所遭受到的不稳定性问题。进而研究构造出稳定的隐式 3 阶和 4 阶半离散格式。

（6）构建一个 3 阶预测-校正旋翼尾迹求解算法，并与现有的 2 阶 PC2B 格式进行比较，验证其计算效率。

4.2　旋翼尾迹系统的数值离散形式分析

在旋翼尾迹系统数值方法的发展过程中，若以离散形式进行区分则主要有三类：拉格朗日离散形式、网格中心离散形式和半离散形式[166]。这些离散形式不尽相同，各具特点，本节首先逐个分析它们各自的优缺点，然后本书将采用半离散形式进行旋翼尾迹数值方法的研究。

4.2.1　拉格朗日离散形式

在旋翼尾迹系统的数值计算方案中，最直接的离散形式莫过于沿旋翼尾迹上拉格朗日节点的运动轨迹线进行离散的方式了。这种处理方式简单明了，出现时间较早，曾被应用于一些知名旋翼尾迹计算软件[52]中。这种处理方式放弃偏微分表述的旋翼尾迹系统主控方程，转而考虑它的常微分原始形式，即

$$\frac{\mathrm{d}\boldsymbol{r}}{\mathrm{d}t} = \boldsymbol{v}(\boldsymbol{r}) \tag{4.1}$$

换句话说，这种离散形式所面对的是一个常微分方程。

以该类离散形式中较为简单的一种格式为例，图 4.1 给出了显式欧拉格式[52]的示意图。如图 4.1 所示，这种离散形式所处理的节点全在同一拉格朗日节点的运动轨迹线上，即上一时刻在 $\boldsymbol{r}_{i-1,j-1}$ 位置的节点以当地速度运动到了 $\boldsymbol{r}_{i,j}$ 新位置，而并没有利用到非目标节点（待求点）运动轨迹线上的节点值，如 $\boldsymbol{r}_{i,j-1}$ 和 $\boldsymbol{r}_{i-1,j}$ 等。

易知，这条拉格朗日节点的运动轨迹线也是主控方程（4.1）所给出的积分方向，即时间 t 方向。但同时，它也是一条由旋翼尾迹系统双曲特性所决定的特征线，即 (ψ,ζ) 离散计算平面上斜率为 1 的直线[18]，见图 4.2。由此，这种沿拉格朗日节点的运动轨迹线进行离散的数值方法也可称为沿特征线离散形式的数值格式。

沿特征线进行离散具有以下优点。

（1）在 4.3 节中将看到，无论在悬停还是前飞状态下，在旋翼尾迹拉格朗日节点的运动轨迹线上，解的光滑程度都要远高于沿方位/寿命角的解。因此，拉格朗日离散形式对精度要求较低。

（2）主控方程由偏微分方程转化为简单的常微分方程，其离散形式也相对简单，且不受偏微分方程数值稳定性要求的限制。

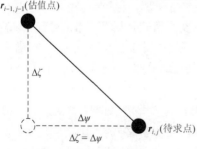

图 4.1　特征线方向上的显式
欧拉格式示意图

同时，这种离散形式还具有如下缺点。

（1）由于已被限定在旋翼尾迹拉格朗日节点的运动轨迹线上进行推进，每步长寿命角和方位角必须相同，限制了数值方法的灵活性。

（2）当使用高于 2 阶精度的多步法时，由于需要使用多个节点启动计算，旋翼尾迹涡线两端（首部或尾部）的几个节点需要另行处理。

（3）根据第 2 章关于拉格朗日形式旋翼尾迹系统稳定性的分析可知，尾迹在拉格朗日节点的运动轨迹方向上是不稳定的。换言之，若在此方向上直接使用数值格式进行步进求解，其"收敛"的结果是不严谨的。很明显，在理论上这并不是一种严谨可靠的数值处理方式。

鉴于拉格朗日离散形式具有上述缺点，本章不采用这种离散形式的数值方法。

4.2.2　网格中心离散形式

不同于拉格朗日离散形式，网格中心离散形式针对旋翼尾迹系统偏微分方程组形式的主控方程分别在方位角 ψ 和寿命角 ζ 两个方向上进行离散，以网格中心点作为估值点。

$$\frac{\partial r(\psi,\zeta)}{\partial \psi} + I \frac{\partial r(\psi,\zeta)}{\partial \zeta} = \frac{v[r(\psi,\zeta)]}{\Omega} \tag{4.2}$$

式中，r 是节点位置向量；I 是单位矩阵；Ω 是桨叶旋转角速度。

图 4.2 相应地给出了 (ψ,ζ) 平面中，特征线方向与方位角 ψ、寿命角 ζ 方向的关系。

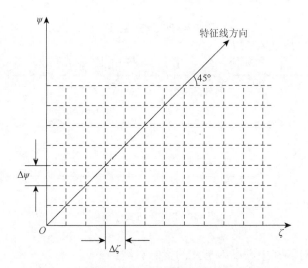

图 4.2　离散计算平面及其特征线方向示意图

相对于拉格朗日离散形式，网格中心离散形式[14, 95]的应用更为广泛，并有多种数值格式已成功运用于多种直升机旋翼尾迹的计算分析中。这其中较为知名的有五点中心差分 PCC 格式[95]（松弛法中称为 PIPC[20]）以及方位角 2 阶后退差分的 PC2B 格式[14]，图 4.3 和图 4.4 分别给出了这两种格式的节点示意图。网格中心离散形式是一类非拉格朗日形式的数值方法。在求一个节点 $r_{i,j}$ 的值时，除了要使用与其相同拉格朗日节点的运动轨迹线上的其他节点 $r_{i-1,j-1}$，还需要利用到一些相邻的拉格朗日节点的运动轨迹线上的节点值。例如，PCC 格式需要节点 $r_{i,j-1}$ 和 $r_{i-1,j}$ 的值，如图 4.3 所示；而 PC2B 格式则需要知道节点 $r_{i,j-1}$、$r_{i,j-2}$、$r_{i,j-3}$、$r_{i-1,j-1}$、$r_{i-1,j-2}$ 和 $r_{i-1,j-3}$ 的空间位置，见图 4.4。将所有计算中所涉及的点在估值点进行泰勒级数展开，便可发现 PCC 格式以及 PC2B 格式都具有 2 阶精度。

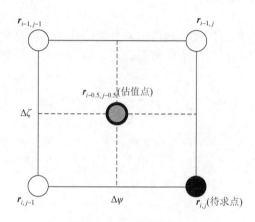

图 4.3　PCC 格式示意图

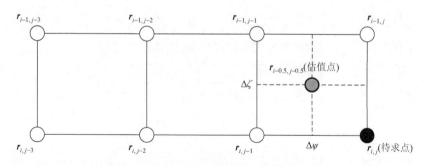

图 4.4　PC2B 格式示意图

类似地，对网格中心离散形式的优点总结如下。

（1）在非拉格朗日形式的数值方法中，由于网格中心离散形式利用了网格中心作为其估值点，使得该格式结构更加紧凑，在寿命角方向上最少仅使用两个点就可达到 2 阶精度，而半离散形式至少需要三个点才能达到 2 阶精度。

（2）网格中心离散形式对于双曲型偏微分方程具有天然的稳定性优势（如 PCC 格式相当于 Wendroff 格式[166]），无条件满足双曲型偏微分方程的数值稳定性要求。

但是，网格中心离散形式的缺陷也如同它的优点一样明显，结构上的特点也带来了一些限制。

（1）相比于拉格朗日离散形式，由于网格中心离散形式转而处理偏微分方程，需要处理寿命角与方位角这两个光滑度远低于拉格朗日节点运动轨迹线的方向，所以对精度要求更高。因此，对于同样阶数的数值方法，网格中心离散形式的格式的精度要低于沿特征线离散的格式，产生更大的截断误差。

（2）由于网格中心离散形式相当于先在网格平行的两条边（方位角/寿命角）上进行差分，后"平均"到估值点上，通过泰勒级数展开易知这个平均过程具有 2 阶精度。从而无论在寿命角或方位角方向上分别采用多高精度的格式，最终网格中心离散形式所构造出的数值方法至多只能达到 2 阶精度，无法构造 3 阶及以上的高精度格式。

（3）虽然网格中心离散形式避免了在拉格朗日节点运动轨迹线这个发散的积分方向上推进，但由于估值点在网格中心，而非节点上，因此仍然不能方便地建立起一套完整严谨的尾迹数值格式稳定性分析方法。

不难发现，上述第一条缺点在所有的以偏微分方程为主控方程的旋翼尾迹系统数值方法中是都存在的，而第二条缺点却限制了网格中心离散形式给出高精度格式的潜力。这意味着在实际计算中只能通过增大旋翼尾迹的离散密度来提高精度，而这将大幅提高计算量、降低计算效率。

因此，有必要寻找另一种在旋翼尾迹分析中新的具有高精度格式的离散形式，从而可在不明显降低计算效率的同时尽量消除上述第一条缺点所造成的精度缺陷。此外，该种离散形式还应能克服上述第三条缺陷，则可以建立起完整的包含非线性项的旋翼尾迹系统数值格式稳定性分析方法。本书将数值分析中的半离散格式[167]引入真实旋翼自由尾迹的计算中。

4.2.3　半离散形式

由于"发展型偏微分方程组"包含多个时空积分变量[167]，相应的数值方法总是较为复杂。事实上，处理"发展型偏微分方程组"的最有效直观的方法就是将其转化为一个常微分方程组，进而可以使用较为简单的用于处理常微分方程组的数值方法进行计算。这种转化就是半离散形式，它要求先对方程组中的空间导数做有限差分离散化，将整个发展型偏微分方程组转化为一个耦合了时间导数和有限差分的所谓的"常微分方程组"（注：不是真正的常微分方程组[167]），进而使用相应的常微分方程数值方法来处理这个特殊的常微分方程组。有时这种半离散方法也称为线方法（method of lines）[167]。半离散形式的数值方法与网格中心离散形式同属于非拉格朗日类方法，即主控方程采用偏微分方程形式而非常微分方程形式，但二者又存在本质的区别。

例如，对寿命角偏导数采用欧拉后退形式的有限差分代替，转化为"常微分方程组"后再沿方位角方向使用欧拉前进格式推进，便可得到一个较简单的"半离散格式"，图 4.5 给出了这种格式的节点示意图，对于求解待求点 $r_{i,j}$，只使用了一个节点 $r_{i-1,j-1}$（当 $\Delta\psi = \Delta\zeta$ 时）。这种情况看似与拉格朗日离散形式的显式欧拉法（图 4.1）类似，实则不然。拉格朗日离散形式的估值点一定分布在其拉格朗日节点的运动轨迹线上，而半离散形式的估值点则一定分布在与待求点相同空间坐标、不同时间坐标的节点之上，如图 4.5 所示。此外，网格中心离散形式的估值点则不在节点上，而是在网格中心的空白区域。

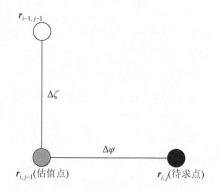

图 4.5　半离散格式（方位角欧拉前进，寿命角欧拉后退）示意图

同样，对半离散形式的优点总结如下。

（1）在这三种离散形式中，半离散形式数值方法是目前唯一一类可以建立起完整的包含非线性项的旋翼尾迹系统数值格式稳定性分析方法的离散形式，这得益于它将发展型偏微分方程组转化为"常微分方程组"的处理方式。这个优点具有重要的意义，它意味着每一个半离散数值方法都有完整严谨的稳定性理论支持，当发生不稳定时，我们可以清楚地分辨究竟是数值不稳定还是物理不稳定，有助于深入理解旋翼尾迹系统的特性。在 4.4 节中将提出并详细描述这种针对旋翼尾迹系统半离散形式的包含非线性项的稳定性分析方法，运用该方法可以准确判断每一种半离散数值方法的稳定特性。

（2）相比于最高只能达到 2 阶精度的网格中心离散形式，半离散形式没有"平均"到网格中心估值点的过程，估值点直接分布在节点上，因此不受 2 阶精度的限制。在不明显增加计算量的前提下，半离散形式能够构造更高阶的数值方法，因此具有更大的应用潜力。

半离散形式的数值格式也存在一定的缺陷。

（1）由于同属于非拉格朗日类方法，因此半离散形式具有与网格中心离散形式相同的缺点。即相比于拉格朗日离散形式，由于半离散形式转而处理偏微分方程，需要处理寿命角与方位角这两个光滑度远低于拉格朗日节点运动轨迹线的方向，所以对精度要求更高。因此，对于同样阶数的数值方法，半离散形式的格式其精度要低于拉格朗日离散的格式，产生更大些的截断误差。这就要求发展更高阶数的数值格式。

（2）当使用高于 2 阶精度的多步法时，由于需要使用多个节点启动计算，旋翼尾迹两端（首部或尾部）的几点（由于需要采用逆风格式来满足偏微分方程的稳定性要求，因而此处主要指首部几点）需要另行处理。

4.3　旋翼尾迹系统求解方法的数值精度研究

数值精度是衡量数值方法优劣的一个重要指标，它关系到误差在计算过程中的产生及大小。因此，本节将结合旋翼尾迹系统的特点，分析其解在不同积分方向上的光滑度差异，并进一步提出如何利用这种差异寻找最佳步长比，从而增加数值计算精度。

4.3.1　不同积分方向上解的光滑度差异

在 4.2 节中，偏微分方程形式的主控方程（4.2）给出了解的两个不同积分方向：沿方位角 ψ 或寿命角 ζ。并且还有一条由其双曲特性所决定的特征线方向：(ψ, ζ) 平面上斜率为 1 的直线[18]，如图 4.2 所示，它同时也是常微分方程形式的主控方程（4.1）所给出的积分方向：系统拉格朗日节点的运动轨迹线方向，即时间 t 方向。易知，无论采取何种数值格式来处理旋翼尾迹系统，都需要在这三个不同的积分方向中选取来进行离散：沿方位角 ψ 和寿命角 ζ 方向，或时间 t 方向。

然而，在相同步长下，尽管使用同样精度甚至完全相同的数值格式来计算两个不同的系统，也可能由于这两个系统的解的光滑度差异而产生较大的误差等级上的分歧。因此，有必要首先对旋翼尾迹系统的解在这三个不同积分方向上的光滑度进行分析。

在图 4.6 中，计算给出了悬停状态下，以一根旋翼尾迹上某一节点为出发点，上述三个不同的积分方向。注意到，在方位角 ψ 方向上，解的运动轨迹近似 xy 平面上的圆环，无 z 方向分量。而在寿命角 ζ 方向上，解的运动轨迹沿着当前旋翼尾迹的几何形状运动，即自零寿命角运动至最大寿命角构成的空间螺旋下降的结构。因而在 xy 平面内，寿命角 ζ 方向上解的轨迹为沿圆环的切向运动附加一定的法向运动；而在 z 方向上，其轨迹一直指向下。由主控方程式（4.1）和式（4.2）的关系可知，解沿方位角 ψ 和寿命角 ζ 合运动的结果恰为其沿特征线方向运动的轨迹。因此可知，寿命角 ζ 方向上 xy 平面内的圆环状轨迹与方位角 ψ 方向上的圆环轨迹方向相反。因此，旋翼尾迹系统的解沿特征线方向的运动轨迹恰为寿命角 ζ 方向上的 z 轴轨迹附加 xy 平面内沿圆环的法向轨迹，即构成一条自上而下的光滑曲线，如图 4.6 所示。

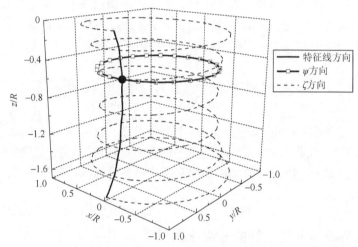

图 4.6　悬停状态下旋翼尾迹系统中某节点沿三个积分方向解的轨迹示意图

此外，图 4.7 给出了前飞状态下，以一根旋翼尾迹上某一节点为出发点，上述三个不同的积分方向。在前飞状态下，前飞速度的影响使得旋翼尾迹的畸变形状不再是轴心对称，其解沿方位角 ψ 的轨迹也不再是圆形。但这三条积分方向的光滑性仍然具有类似的特点，即沿特征线方向，解的光滑度要明显高于方位角 ψ 和寿命角 ζ 方向。

至此，不难看出，在各种飞行状态下，旋翼尾迹系统的解沿特征线方向的轨迹均明显要比沿另两个方向的轨迹光滑很多，前者大致是一条连续光滑曲线，而后二者都包含 xy 平面内的圆环运动。而这种光滑度的差异对于应用在这三个积分方向上的数值格式的精度提出了不同的要求。

现假设对某函数 u 在其积分方向 s 上进行离散，则由泰勒级数展开式可知节点 $s+1$ 上的值 u_{s+1} 的精确表达式[167]为

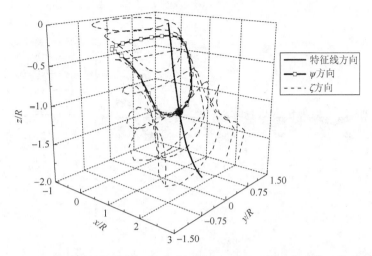

图 4.7　前飞状态下旋翼尾迹系统中某节点三个积分方向解的轨迹示意图

$$u_{s+1} = u_s + \Delta s \cdot (u_s)_s + \frac{(\Delta s)^2}{2}(u_s)_{ss} + \frac{(\Delta s)^3}{6}(u_s)_{sss} + \cdots \qquad (4.3)$$

式中，$(u_s)_s = \partial(u_s)/\partial s$。易知，若采用一阶的数值格式逼近 u_{s+1}，等号右侧前两项可被准确模拟，截断误差是 $C(\Delta s)^2(u_s)_{ss} + \mathcal{O}((\Delta s)^3)$，误差主项为 $C(\Delta s)^2(u_s)_{ss}$，其中 C 为与格式相关的误差常数。同理，若采用 2 阶格式，则等号右侧前三项均可被准确模拟，截断误差主项为 $C(\Delta s)^3(u_s)_{sss}$，以此类推。

现不考虑采用何种数值格式，仅比较不同积分方向上解的光滑度差异对截断误差产生的影响，因此设误差常数 $C=1$。由于方位角 ψ 和寿命角 ζ 方向上的轨迹都具有相似的圆周运动，因此仅选取具有代表性的方位角 ψ 上的轨迹与特征线方向上的轨迹进行比较。图 4.8 给出了悬停状态下，旋翼尾迹系统一节点坐标的 x 轴分量在方位角 ψ 方向及特征线 t 方向上离散后的无量纲化前 3 阶截断误差主项。由于方位角 ψ 方向上解轨迹为圆周运动，因此其离散后的前 3 阶截断误差主项 $\Delta\psi(r_x)_\psi$、$(\Delta\psi)^2(r_x)_{\psi\psi}$ 和 $(\Delta\psi)^3(r_x)_{\psi\psi\psi}$（分别对应该方向上零至 2 阶数值方法）随着步数的增加而呈现周期变化，并且其振荡幅度随着阶数的增加而逐步降低，可见数值方法的精度越高，截断误差主项的量值越小，计算结果越逼近精确解。寿命角 ζ 方向上的情况与此类似。

然而，与此形成鲜明对比的是，特征线 t 方向上离散后的前 3 阶截断误差主项 $\Delta t(r_x)_t$、$(\Delta t)^2(r_x)_{tt}$ 和 $(\Delta t)^3(r_x)_{ttt}$（分别对应该方向上零至 2 阶数值方法）与方位角 ψ 方向上的结果相比几乎可以忽略不计，见图 4.8。这说明对于同样一个数值格式，将其应用在离散后的特征线 t 方向上所产生的截断误差要比应用在其他积分方向上小很多。不仅如此，从图 4.8 中可以看出，即便在方位角 ψ 方

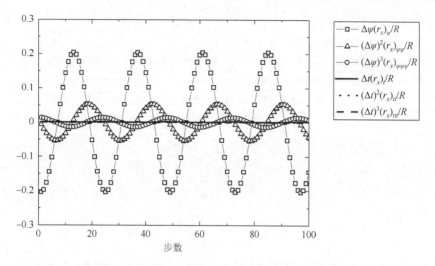

图 4.8　悬停状态下旋翼尾迹系统某节点坐标的 x 轴分量在方位角方向及特征线方向上离散后的前 3 阶截断误差主项（无量纲，误差常数为 1，$\Delta\psi = \Delta\zeta = 15°$）

向上使用 2 阶精度的数值方法，其产生的截断误差主项 $(\Delta\psi)^3(r_x)_{\psi\psi\psi}$ 仍比在特征线 t 方向上仅采用 1 阶精度的数值方法所产生的截断误差主项 $(\Delta t)^2(r_x)_{tt}$ 要高。换句话说，本节的研究表明：在更光滑的特征线 t 方向上可以用很低的代价得到较高的精度。

　　这说明对于旋翼尾迹系统而言，特征线 t 方向是最适合于保证数值计算精度的积分方向，在该方向上仅使用较低精度格式即可达到其他积分方向上同等甚至更高阶格式的精度水平。即常微分方程形式的主控方程（4.1）比偏微分方程形式的主控方程（4.2）更适合于旋翼尾迹系统的数值模拟。这种现象是系统的解在不同积分方向上的光滑度差异（图 4.6 和图 4.7）所导致的结果：越光滑的解轨迹对数值精度的要求越低。

　　然而，这个结论并不意味着针对常微分方程形式主控方程的拉格朗日类数值方法就是最佳选择，这是因为这种沿拉格朗日节点运动轨迹线离散的形式存在一些不易克服的缺点，见 4.2 节三种离散形式的分析总结。但是，本节的结论对于旋翼尾迹系统数值方法的精度控制仍然具有很大的启发性，即在数值处理偏微分方程形式主控方程时，由于解在方位角 ψ 和寿命角 ζ 这两个方向上光滑度较低，截断误差较大，因此"孤立"在任一偏导方向上的截断误差都应该是被尽量避免的。如果能令方位角 ψ 和寿命角 ζ 积分方向上的截断误差"组合"后刚好落在更光滑的特征线 t 方向上，则可在不明显增加计算量的前提下较大地提高系统的整体精度，降低数值计算误差。

4.3.2　不同数值格式的误差常数

数值方法的阶数表明了当步长 $h \to 0$ 时误差趋向于零的速度。4.3.1 节研究了相同阶数甚至相同方法下，解的光滑程度对误差的影响。下面将分析相同阶数的不同方法所产生的不同误差，这些不同的误差是由误差常数 C 加以区分的，它由所采用的数值格式决定，在 4.3.1 节中未考察它的影响，被假设为 1。

考虑差分方程的普遍形式

$$\alpha_k y_{n+k} + \alpha_{k-1} y_{n+k-1} + \cdots + \alpha_0 y_n = h(\beta_k f_{n+k} + \cdots + \beta_0 f_n) \tag{4.4}$$

式中，h 是步长；$f_i = f(x_i, y_i)$；α_i 和 β_i 都是实系数。对于达到 p 阶精度的多步法 (4.4)，为了能准确抵消掉泰勒级数展开式等号右侧前 $p+1$ 项，系数需要满足[168]：

$$\sum_{i=0}^{k} \alpha_i = 0$$

$$\sum_{i=0}^{k} \alpha_i i^j = j \sum_{i=0}^{k} \beta_i i^{j-1}, \quad j = 1, 2, \cdots, p \tag{4.5}$$

其差分算子为

$$L(x, y, h) = C_{p+1} h^{p+1} y^{(p+1)}(x) + \mathcal{O}(h^{p+2}) \tag{4.6}$$

由式（4.5）可知其中系数 C_{p+1} 是

$$C_{p+1} = \frac{1}{(p+1)!} \left(\sum_{i=0}^{k} \alpha_i i^{p+1} - (p+1) \sum_{i=0}^{k} \beta_i i^p \right) \tag{4.7}$$

综上，误差数可给出为

$$C = \frac{C_{p+1}}{\sum_{i=0}^{k} \beta_i} \tag{4.8}$$

它可为一个数值方法所产生的全局误差给出恰当的衡量，从而在相同阶数下，用于横向比较不同数值方法间的精度差异。

在此基础上，分析几种旋翼尾迹系统数值计算中常用的格式。首先，考虑 PCC 五点中心差分格式[95]（松弛法中称为 PIPC[20]），如图 4.3 所示，其在方位角 ψ 和寿命角 ζ 的离散方向上使用的都是梯形格式（即 2 阶隐式 Adams 方法[168]），具有 2 阶精度，以方位角离散方向为例，其形式为

$$r_{i,n+1} - r_{i,n} = \frac{\Delta \psi}{2}(r'_{i,n+1} + r'_{i,n}) \tag{4.9}$$

式中，空间位置向量 $r_{i,n} = r(\zeta_i, \psi_n)$。于是代入式（4.4）可知其系数为

$$\alpha_1 = 1, \quad \alpha_0 = -1; \quad \beta_1 = \frac{1}{2}, \quad \beta_0 = \frac{1}{2}; \quad p = 2$$

由式（4.8）可知其误差常数 $C=-1/12$。可以看出，由于都采用梯形格式，PCC 格式在方位角 ψ 和寿命角 ζ 两个离散方向上的误差常数相同，都为 $-1/12$。

接着，考虑另一种旋翼尾迹系统数值计算格式：PC2B[14]，如图 4.4 所示。该格式在 PCC 格式的基础上，在方位角方向上转而采用 2 阶后退差分来代替梯形格式，同样为 2 阶精度，其形式为

$$3r_{i,n+3}-r_{i,n+2}-3r_{i,n+1}+r_{i,n}=2\Delta\psi(r'_{i,n+3}+r'_{i,n+2}) \tag{4.10}$$

代入式（4.4）可知其系数为

$$\alpha_3=3,\quad \alpha_2=-1,\quad \alpha_1=-3,\quad \alpha_0=1;\quad \beta_3=2,\quad \beta_2=2;\quad p=2$$

由式（4.8）可知其误差常数 $C=-1/3$。易知，采用梯形格式的寿命角 ζ 方向上的误差常数同样为 $-1/12$。换言之，相同阶数下，PC2B 方法在方位角方向上所产生的误差是其在寿命角方向上所产生的 4 倍。

4.3.3　提高非拉格朗日类格式计算精度的方法研究

在了解了不同数值格式的误差常数后，本小节将继续 4.3.1 节的思路，以目前常用的 PCC 和 PC2B 格式为例，进一步研究如何利用旋翼尾迹系统中三条不同积分方向上的光滑度差异，"组合"两个偏导方向上的截断误差至更光滑的特征线方向上，从而提高数值格式整体精度的方法。在此基础上，推导出它们的最佳步长比（$\Delta\psi/\Delta\zeta$）。在最佳步长比下，这些格式将具有沿光滑的特征线方向推进时所具有的近似精度水平。

1. 以 PCC 格式为例

记 D_ψ、D_ζ 为有限差分算子。那么，对于 PCC 方法[95]，有

$$D_\psi\approx\frac{dr}{d\psi}\bigg|_{\zeta_i+\frac{\Delta\zeta}{2},\psi_j+\frac{\Delta\psi}{2}}=\frac{1}{2}\left(\frac{r_{i+1,j+1}-r_{i+1,j}}{\Delta\psi}+\frac{r_{i,j+1}-r_{i,j}}{\Delta\psi}\right)$$
$$D_\zeta\approx\frac{dr}{d\zeta}\bigg|_{\zeta_i+\frac{\Delta\zeta}{2},\psi_j+\frac{\Delta\psi}{2}}=\frac{1}{2}\left(\frac{r_{i+1,j+1}-r_{i,j+1}}{\Delta\zeta}+\frac{r_{i+1,j}-r_{i,j}}{\Delta\zeta}\right) \tag{4.11}$$

将式（4.11）代入式（4.2）取代 $\partial r/\partial\psi$、$\partial r/\partial\zeta$，并用五点中心平均来离散式（4.2）右侧速度项，便可得到 PCC 方法完整的迭代方程。不过此处更关心的是离散后的偏微分主控方程的总截断误差，将式（4.11）中的各个节点位置向量在中心估值点 $r_{i+1/2,j+1/2}$ 按泰勒级数展开，相加得到

$$D_\psi+D_\zeta=\frac{\partial r}{\partial\psi}+\frac{\partial r}{\partial\zeta}+\left(\frac{1}{24}\frac{\partial^3 r}{\partial\psi^3}+\frac{1}{8}\frac{\partial^3 r}{\partial\psi^2\partial\zeta}\right)\Delta\psi^2+\left(\frac{1}{24}\frac{\partial^3 r}{\partial\zeta^3}+\frac{1}{8}\frac{\partial^3 r}{\partial\psi\partial\zeta^2}\right)\Delta\zeta^2 \tag{4.12}$$
$$+\mathcal{O}(\Delta\psi^3)+\mathcal{O}(\Delta\zeta^3)$$

等号右侧前两项就是主控方程（4.2）左侧项，因此可知 PCC 方法的总截断误差主项为

$$\varepsilon = \left(\frac{1}{24} \frac{\partial^3 r}{\partial \psi^3} + \frac{1}{8} \frac{\partial^3 r}{\partial \psi^2 \partial \zeta} \right) \Delta \psi^2 + \left(\frac{1}{24} \frac{\partial^3 r}{\partial \zeta^3} + \frac{1}{8} \frac{\partial^3 r}{\partial \psi \partial \zeta^2} \right) \Delta \zeta^2 \qquad (4.13)$$

式中，总截断误差具有 $\mathcal{O}(\Delta \psi^2, \Delta \zeta^2)$ 量级，表明 PCC 格式具有 2 阶精度。其中，右侧第一项是来自方位角方向上的截断误差，第二项为来自寿命角方向的截断误差。它们是完全对称的，即除偏导项不同外，系数完全相同。这是由于 PCC 方法在方位角 ψ 和寿命角 ζ 两个离散方向上都使用相同的差分格式，即梯形格式，见式（4.11）。

进一步，从偏微分主控方程（4.2）的形式以及上面的分析中已经知道，旋翼尾迹系统沿方位角 ψ 和寿命角 ζ 积分方向运动的解之和构成了特征线方向上的解曲线，即由常微分主控方程（4.1）决定的旋翼尾迹系统中拉格朗日流体标识点的运动轨迹。同理，数值计算方法在离散后旋翼尾迹系统中所产生的截断误差也可以在这三个离散方向上以关系式（4.2）任意转换。因此，主控方程（4.2）经过简单整理，可以得到关系

$$\frac{\partial r}{\partial \psi} = -\frac{\partial r}{\partial \zeta} + \frac{1}{\Omega} \frac{\mathrm{d} r}{\mathrm{d} t} \qquad (4.14)$$

将式（4.14）代入式（4.13）中各项高阶导数，并将所有关于方位角 ψ 的偏导数，转化为沿特征线相对于时间 t 的导数项与关于寿命角 ζ 的偏导数之差，得到

$$\frac{\partial^3 r}{\partial \psi^3} = -\frac{\partial^3 r}{\partial \zeta^3} + \frac{1}{\Omega} \frac{\mathrm{d}}{\mathrm{d} t} \left(\frac{\partial^2 r}{\partial \psi^2} + \frac{\partial^2 r}{\partial \zeta^2} - \frac{\partial^2 r}{\partial \psi \partial \zeta} \right)$$

$$\frac{\partial^3 r}{\partial \psi^2 \partial \zeta} = \frac{\partial^3 r}{\partial \zeta^3} + \frac{1}{\Omega} \frac{\mathrm{d}}{\mathrm{d} t} \left(\frac{\partial^2 r}{\partial \psi \partial \zeta} - \frac{\partial^2 r}{\partial \zeta^2} \right) \qquad (4.15)$$

$$\frac{\partial^3 r}{\partial \psi \partial \zeta^2} = -\frac{\partial^3 r}{\partial \zeta^3} + \frac{1}{\Omega} \frac{\mathrm{d}}{\mathrm{d} t} \left(\frac{\partial^2 r}{\partial \zeta^2} \right)$$

再定义步长比

$$\vartheta = \frac{\Delta \psi}{\Delta \zeta} \qquad (4.16)$$

这样，将式（4.15）和式（4.16）代入式（4.13），得到转换后的总截断误差主项可以表达成沿特征线 t 方向的误差分量 ε_c 以及剩余误差分量 ε_s（不在 t 方向上）之和，即

$$\varepsilon = \varepsilon_c + \varepsilon_s \qquad (4.17)$$

式中，

$$\varepsilon_c = \frac{\Delta\zeta^2}{\Omega}\frac{\mathrm{d}}{\mathrm{d}t}\left[\frac{\vartheta^2}{24}\frac{\partial^2 \boldsymbol{r}}{\partial\psi^2} + \frac{\vartheta^2}{12}\frac{\partial^2 \boldsymbol{r}}{\partial\psi\partial\zeta} + \left(\frac{1}{8} - \frac{\vartheta^2}{12}\right)\frac{\partial^2 \boldsymbol{r}}{\partial\zeta^2}\right]$$

$$\varepsilon_s = \frac{\Delta\zeta^2}{12}(\vartheta^2 - 1)\frac{\partial^3 \boldsymbol{r}}{\partial\zeta^3}$$

（4.18）

注意到，与式（4.13）相比，在该形式的总截断误差主项表达式中，ε_c 被表达成多个偏导数组合对特征线方向 t 的导数。这意味着该项代表了总截断误差中恰好落在特征线方向上的误差分量。这些误差分量是由式（4.13）中的沿方位角 ψ 离散方向的误差分量，以及与之匹配的沿寿命角 ζ 离散方向的误差分量按主控方程关系式（4.2）"组合"而成的。除此之外，可以看到，还有一些"剩余"的沿寿命角 ζ 离散方向的误差分量没有匹配成功，留在了截断误差主项表达式中，即 ε_s。

在式（4.18）中，将剩余误差分量表达成了沿寿命角 ζ 离散方向的形式，ε_s 中仅包含关于寿命角 ζ 的高阶偏导数。需要指出的是，在该式中，如果用等价关系

$$\frac{\partial \boldsymbol{r}}{\partial\zeta} = -\frac{\partial \boldsymbol{r}}{\partial\psi} + \frac{1}{\Omega}\frac{\mathrm{d}\boldsymbol{r}}{\mathrm{d}t}$$

（4.19）

取代关系式（4.14）重新推导，可以很容易地得到以方位角 ψ 方向的误差表达的剩余误差分量，这时，式（4.18）可重新写为 $\varepsilon = \varepsilon_c' + \varepsilon_s'$ 的形式，且两个分量有所不同，但总截断误差仍然不变，并不影响最终结果。

4.2 节的分析说明，沿特征线 t 积分方向的解要比沿方位角 ψ 和寿命角 ζ 积分方向的解光滑很多。在特征线方向上，离散后各阶截断误差主项都比在另两个方向上的同阶甚至高一阶的截断误差主项要小。因此，如果能让离散后数值方法的总截断误差恰好落在特征线 t 方向上，则意味着可以在不改变旋翼尾迹总离散密度的前提下，降低总误差，提高数值模拟精度。这种截断误差的"组合"方式也可以从直观上理解，如图 4.6 和图 4.7 所示，方位角 ψ 是不光滑的"圆周轨迹"离散方向，而寿命角 ζ 离散方向中包含与之相对应的同样不光滑的"反向圆周轨迹"。因此，通过调整步长比，当两个不光滑轨迹上的误差分量能够刚好抵消时，总截断误差中就只剩下沿着光滑特征线轨迹的分量，从而能够较大程度地降低总误差。

令式（4.18）中剩余误差 ε_s 的表达式为零，容易得到 PCC 方法的最优步长比为

$$(\vartheta_{op})_{\text{PCC}} = 1$$

（4.20）

产生这样的结果，是由于 PCC 方法在方位角和寿命角上都采用了相同的梯形格式，在两个离散方向上都具有相同的截断误差常数。因此，为了让这两个方向上的误差分量刚好能够匹配，它们仅需具有相同的步长（$\Delta\psi = \Delta\zeta$）。可见，在

旋翼自由尾迹的计算中，如果采用 PCC 格式，在离散计算域中，方位角与寿命角之比应该取 1。

2. 以 PC2B 格式为例

对于 PC2B 格式[14]，其方位角采用 2 阶后退差分如下

$$\tilde{\boldsymbol{D}}_\psi \approx \frac{\mathrm{d}\boldsymbol{r}}{\mathrm{d}\psi}\bigg|_{\zeta_i+\frac{\Delta\zeta}{2},\psi_j+\frac{\Delta\psi}{2}}$$

$$= \frac{1}{2}\left(\frac{3\boldsymbol{r}_{i+1,j+1} - \boldsymbol{r}_{i+1,j} - 3\boldsymbol{r}_{i+1,j-1} + \boldsymbol{r}_{i+1,j-2}}{4\Delta\psi} + \frac{3\boldsymbol{r}_{i,j+1} - \boldsymbol{r}_{i,j} - 3\boldsymbol{r}_{i,j-1} + \boldsymbol{r}_{i,j-2}}{4\Delta\psi} \right)$$

$$(4.21)$$

而在该 PC2B 格式中，寿命角方向的差分 $\boldsymbol{D}_\zeta$ 仍然采用中心差分格式，见式（4.11）。

将 $\tilde{\boldsymbol{D}}_\psi$ 和 $\boldsymbol{D}_\zeta$ 代入式（4.2）以取代 $\partial \boldsymbol{r}/\partial\psi$、$\partial \boldsymbol{r}/\partial\zeta$，并将各个节点位置向量在中心估值点 $\boldsymbol{r}_{i+1/2,j+1/2}$ 按泰勒级数展开，相加便可得到该格式离散后的偏微分主控方程的总截断误差，如下

$$\tilde{\boldsymbol{D}}_\psi + \boldsymbol{D}_\zeta = \frac{\partial \boldsymbol{r}}{\partial\psi} + \frac{\partial \boldsymbol{r}}{\partial\zeta} + \left(-\frac{5}{24}\frac{\partial^3 \boldsymbol{r}}{\partial\psi^3} + \frac{1}{8}\frac{\partial^3 \boldsymbol{r}}{\partial\psi^2\partial\zeta} \right)\Delta\psi^2 + \left(\frac{1}{24}\frac{\partial^3 \boldsymbol{r}}{\partial\zeta^3} + \frac{1}{8}\frac{\partial^3 \boldsymbol{r}}{\partial\psi\partial\zeta^2} \right)\Delta\zeta^2$$

$$+ \mathcal{O}(\Delta\psi^3) + \mathcal{O}(\Delta\zeta^3)$$

$$(4.22)$$

式中，总截断误差具有 $\mathcal{O}(\Delta\psi^2, \Delta\zeta^2)$ 量级，因此印证了 PC2B 格式同样具有 2 阶精度。

同样，将转换关系式（4.15）和式（4.16）代入式（4.22），可将 PC2B 格式的总截断误差主项表达成沿特征线 t 方向的误差分量 ε_c 以及剩余误差分量 ε_s 之和，以式（4.17）的形式给出，此时

$$\varepsilon_c = \frac{\Delta\zeta^2}{\Omega}\frac{\mathrm{d}}{\mathrm{d}t}\left[-\frac{5\vartheta^2}{24}\frac{\partial^2 \boldsymbol{r}}{\partial\psi^2} + \frac{\vartheta^2}{3}\frac{\partial^2 \boldsymbol{r}}{\partial\psi\partial\zeta} + \left(\frac{1}{8} - \frac{\vartheta^2}{3} \right)\frac{\partial^2 \boldsymbol{r}}{\partial\zeta^2} \right]$$

$$\varepsilon_s = \frac{\Delta\zeta^2}{12}(4\vartheta^2 - 1)\frac{\partial^3 \boldsymbol{r}}{\partial\zeta^3}$$

$$(4.23)$$

在式（4.23）中剩余误差 ε_s 的表达式中，令其为零，可以容易地得到 PC2B 格式的最优步长比为

$$(\vartheta_{\mathrm{op}})_{\mathrm{PC2B}} = \frac{1}{2} \tag{4.24}$$

产生这样的结果，首先，由于 PC2B 格式在方位角和寿命角上分别采用了 2

阶后退格式与梯形格式，而由前面关于误差常数的分析可知，2 阶后退格式的截断误差常数是梯形格式的 4 倍；其次，由于 PC2B 格式具有 2 阶精度，其误差主项中步长的次数是二次，见式（4.22）。因此，为了让这两个偏导方向上的误差分量刚好能够匹配，采用低精度 2 阶后退格式的方位角步长应是采用高精度 2 阶梯形格式的寿命角步长的一半。

图 4.9 给出了基于 PC2B 格式计算的前飞状态旋翼自由尾迹几何形状的后视图（自由尾迹计算方法见第 5 章），图中考虑了不同尾迹离散密度 $\Delta\zeta$ 及步长比 ϑ。左列三个图（图 4.9（a）、（c）和（e））是尾迹寿命角步长 $\Delta\zeta=15°$ 时的结果，右列三个图（图 4.9（b）、（d）和（f））为更高离散密度 $\Delta\zeta=5°$ 时的结果。从图排列的行的方向来看，具体地，第一行图 4.9（a）和（b）的方位角步长与寿命角相等，步长比为 1；第二行图 4.9（c）和（d）则采用 PC2B 格式的最佳步长比，即 0.5；第三行的图 4.9（e）和（f）的步长比则为更小的 0.125。在图 4.9 中可以观察到，尽管所有的结果都是旋翼尾迹收敛后取得的，但尾迹的形状却有明显的不同。

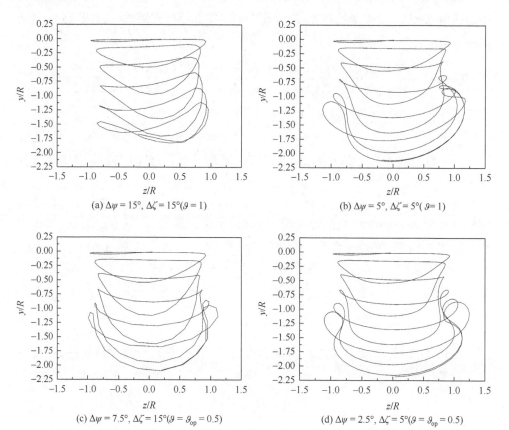

(a) $\Delta\psi=15°$, $\Delta\zeta=15°(\vartheta=1)$　　　　(b) $\Delta\psi=5°$, $\Delta\zeta=5°(\vartheta=1)$

(c) $\Delta\psi=7.5°$, $\Delta\zeta=15°(\vartheta=\vartheta_{op}=0.5)$　　　(d) $\Delta\psi=2.5°$, $\Delta\zeta=5°(\vartheta=\vartheta_{op}=0.5)$

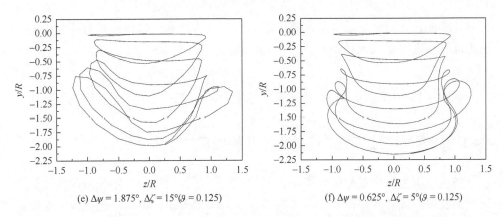

(e) $\Delta\psi = 1.875°$, $\Delta\zeta = 15°(\vartheta = 0.125)$　　　(f) $\Delta\psi = 0.625°$, $\Delta\zeta = 5°(\vartheta = 0.125)$

图 4.9　前飞状态旋翼尾迹在不同离散密度及步长比下的后视图（PC2B 格式）

　　首先，纵向比较，如图 4.9 所示，无论是在 $\Delta\zeta = 15°$ 时还是更高离散密度 $\Delta\zeta = 5°$ 时，都能看出，第二行的图 4.9（c）和（d），即最佳步长比 0.5 下所得出尾迹轨迹都更规整一些。而第一行和第三行四个图的结果或多或少都存在一些几何形状上的"歪曲"。很明显，这些尾迹几何形状的"歪曲"是由旋翼尾迹系统数值计算中的整体截断误差所造成的。

　　以上结果说明，尽管目前国际上通常所采用的单位步长比是最方便直观的方案，但却并不一定是所有数值格式的最好方案，如 PC2B 格式。事实上，由之前的推导可知，只要是在主控方程两个偏导方向上采用不同的数值格式（如 PC2B 格式），都会导致该数值方法"非 1"的最佳步长比。若仍然选择单位步长比，则会在不太光滑的方位角与寿命角方向上残留无法"组合"的剩余误差，从而增加总截断误差。

　　另外，步长比也并不是越小越好，步长比为 0.125 时的结果也存在一些几何形状上的"歪曲"，尾迹离散密度小时更为明显，见图 4.9（e）。因此可以看出，只有在最佳步长比 0.5 下的结果呈现出较好的对称性和正常畸变，随意地选择非最佳步长比都可导致额外的误差。

　　其次，比较离散密度的影响，即图 4.9 所示的横向的图形对比可见，无论在何种步长比下，当尾迹离散密度增大时，旋翼尾迹的形状都呈现出更为准确的趋势。尾迹离散密度的增大直接导致总截断误差主项式（4.23）中系数 $(\Delta\zeta)^2$ 的减小，从而使整体截断误差缩小。在实际计算中，增加离散密度常被用来作为提高旋翼尾迹计算精度的一种手段，但是，这种手段带来的负面作用是较大幅度地增加了诱导速度的计算量，降低了整体计算效率。

　　以上分析表明，上面所讨论的"采用最佳步长比"方案在不明显增加计算量的情况下可以提高旋翼尾迹的计算精度。因此，寻找并尽量采用最佳步长比，是在非拉格朗日类数值方法（即网格中心离散形式方法和半离散形式方法）中提高尾迹计算精度的有效途径。

4.4　旋翼尾迹系统求解方法的非线性数值稳定性研究

4.4.1　旋翼尾迹数值格式应具备的几种稳定性

精度分析主要研究数值计算中误差的产生，而稳定性分析则关心数值计算中误差的发展，二者同样重要。本节将结合旋翼尾迹系统的特点，选取较为重要的几种不同定义的数值稳定性先进行简单介绍，以便进一步应用到旋翼尾迹系统数值稳定性的分析中。

首先，在所有的数值格式稳定性要求中，零稳定性是最基本的要求。它是一种假设当该数值方法的步长 $h \to 0$ 时的理想状态下的格式稳定性[167]。零稳定性与该数值方法的收敛性、相容性都有密切的关系。由于不具备零稳定性的数值方法几乎没有实用价值，所以，一般在直升机旋翼自由尾迹数值计算中使用的方法也都是零稳定的。下面将不再提及零稳定性的问题。

其次，对于具有偏微分形式主控方程（式（4.2））的旋翼尾迹系统，由于其方程具有多积分分量，因而尽管在每个积分方向上都已选择"稳定"的数值格式，但最终的结果仍可能是不稳定的。所以求解格式还应满足双曲型偏微分方程组的数值稳定性要求。（注：由于式（4.2）的系数矩阵是单位矩阵，具有唯一一个多重实特征值，即 1，且有一组线性无关的特征向量。因而可判定其为双曲型。）在式（4.2）中，解沿着特征线从寿命角较小处逐渐传递到寿命角较大处，而不是按固定寿命角进行传递。因此处理双曲型偏微分方程的数值方法若能使误差也顺着特征线方向传递，则有利于保持数值稳定性[166]。这又要求求解格式所使用的节点需具备"逆风"形式。

此外，由于在实际情况中，步长不仅不会等于零，而且人们往往选择更大的步长以减小总计算量，这与上述零稳定性描述的步长 $h \to 0$ 时的情况不相符。因此，A-稳定性理论[169]往往更具有实用价值。A-稳定性理论研究的是当步长取某一固定值时，步数 $n \to \infty$ 时的数值误差传播的特性。

考虑一般线性多步法具有的形式[169]

$$\sum_{i=0}^{k} \alpha_i y_{n+i} = h \varphi_f(t_n; y_n, y_{n+1}, \cdots, y_{n+k}; h) \tag{4.25}$$

式中，h 是步长；k 是方法的步数；α_i 是实常系数，且 $\alpha_k \neq 0$；φ_f 是依赖于微分方程右端函数 f 的映射。

使用式（4.25）按定步长求解标量线性常系数方程 $y' = \lambda y$，则可导出常系数齐次线性差分方程 $\sum_{i=0}^{k} g_i(h\lambda)y_{n+i} = 0$。其特征多项式为 $\Pi(\xi, h\lambda) = \sum_{i=0}^{k} g_i(h\lambda)\xi$，即式（4.25）的稳定多项式。若某个 $(h\lambda)_0$ 代入后使它的每个根的模都严格小于 1，则称方程（4.25）关于复平面上的点 $(h\lambda)_0$ 是绝对稳定的。

由文献[169]可知，以一般多步法方程（4.25）按定步长求解任意常系数线性系统，若该系统系数矩阵的所有特征值 λ 与步长 h 所组成的量 $h\lambda$ 在复平面上都被包含在方程（4.25）的绝对稳定域之内，且误差随着计算步数 $n \to \infty$ 而趋于零，则该数值计算过程是稳定的。

那么，若方程（4.25）的绝对稳定域包含了整个复平面上实部为负的所有区域，则应用该方法计算任何稳定的系统时，无论其特征值的模是否过大，都不会受到线性稳定性的困扰，选择步长也仅需考虑数值精度，这样的一般多步法（式（4.25））称为 A-稳定的。此外，若方法不是 A-稳定的，则其绝对稳定域越大，稳定步长的选择面越宽，对数值计算越有利。因此，易见，A-稳定的数值方法对于刚性问题的数值模拟是非常重要的。在本书中，所研究的数值稳定性主要是指 A-稳定性，"数值稳定性"一词即指数值格式的"A-稳定性"。

最后，需要指出的是，在之前旋翼尾迹数值格式的研究中，尚没有针对时间步进方法应用于旋翼尾迹系统时开展过相应的非线性数值稳定性分析方法的研究，只能应用已有的线性数值稳定性分析方法对孤立的格式进行判断。然而，鉴于旋翼尾迹时间步进数值格式非线性稳定性研究的重要性（在 4.6.2 节中将详细描述），4.4.2 节将针对时间步进非拉格朗日类格式中的半离散格式，提出并建立一种旋翼尾迹系统半离散格式非线性数值稳定性分析方法。该方法充分考虑了旋翼尾迹系统中非线性诱导速度对稳定性的影响，可有效分析预测，各种半离散格式应用于高度非线性的旋翼尾迹系统时的数值稳定性。为此，分别以蛙跳格式和显式 1 阶半离散格式为例，对其非线性稳定性进行计算分析以及算例验证。

4.4.2　旋翼尾迹半离散格式非线性数值稳定性的分析方法及计算验证

本节将研究蛙跳格式用于旋翼尾迹系统时的数值稳定性，并结合实际计算进行对比。将分别使用傅里叶方法（也称分离变量法）和本书所提出的旋翼尾迹系统半离散格式非线性数值稳定性分析方法来进行分析。

图 4.10 给出了蛙跳格式[166]的节点示意图，图中以中心节点 $r_{i,j-1}$ 为估值点，分别在方位角和寿命角方向上使用中心差分代替导数，即

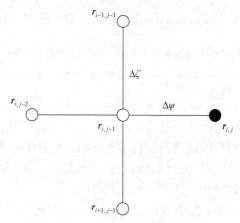

图 4.10　蛙跳格式节点示意图

$$D_{\psi} \approx \left. \frac{\mathrm{d}\boldsymbol{r}}{\mathrm{d}\psi} \right|_{\zeta_i, \psi_j - \Delta\psi} = \frac{\boldsymbol{r}_{i,j} - \boldsymbol{r}_{i,j-2}}{2\Delta\psi} \tag{4.26}$$

$$D_{\zeta} \approx \left. \frac{\mathrm{d}\boldsymbol{r}}{\mathrm{d}\zeta} \right|_{\zeta_i, \psi_j - \Delta\psi} = \frac{\boldsymbol{r}_{i+1,j-1} - \boldsymbol{r}_{i-2,j-1}}{2\Delta\zeta} \tag{4.27}$$

将式（4.26）与式（4.27）代入旋翼尾迹系统主控方程式（4.2）可得到其离散形式

$$\frac{\boldsymbol{r}_{i,j} - \boldsymbol{r}_{i,j-2}}{2\Delta\psi} + \frac{\boldsymbol{r}_{i+1,j-1} - \boldsymbol{r}_{i-2,j-1}}{2\Delta\zeta} = \frac{\boldsymbol{v}_{i,j-1}}{\Omega} \tag{4.28}$$

将步长比 $\vartheta = \Delta\psi / \Delta\zeta$ 代入式（4.28）可得蛙跳格式下旋翼尾迹的迭代方程，并整理得

$$\boldsymbol{r}_{i,j} = \boldsymbol{r}_{i,j-2} + \vartheta(\boldsymbol{r}_{i-2,j-1} - \boldsymbol{r}_{i+1,j-1}) + 2\Delta\psi \cdot \frac{\boldsymbol{v}_{i,j-1}}{\Omega} \tag{4.29}$$

易知，蛙跳格式（4.29）的截断误差为 $\mathcal{O}(\Delta\psi^2 + \Delta\zeta^2)$，具有 2 阶精度。

1. 傅里叶稳定性分析方法

首先，使用经典的傅里叶方法（也称为分离变量法）[166]来分析蛙跳格式（4.29）的稳定性，该方法常被用于线性偏微分方程组差分格式的数值稳定性分析。

取偏微分方程式（4.28）的齐次形式，导出不包含非线性项（即诱导速度项）的迭代方程形式为 $\boldsymbol{r}_{i,j} = \boldsymbol{r}_{i,j-2} + \vartheta(\boldsymbol{r}_{i-2,j-1} - \boldsymbol{r}_{i+1,j-1})$，令 $\boldsymbol{r}_{i,j} = \boldsymbol{r}_{i,j}\mathrm{e}^j\mathrm{e}^{i\sigma\Delta\zeta\sqrt{-1}} / |\boldsymbol{r}_{i,j}|$，其中 σ 为实数。从而可得到蛙跳格式下方程组中每一子方程的传播矩阵为[166]

$$\boldsymbol{G}(\sigma, \Delta\psi) = \begin{bmatrix} -\vartheta\sin(\sigma\Delta\zeta)\sqrt{-1} & 1 \\ 1 & 0 \end{bmatrix} \tag{4.30}$$

其特征值为 $\lambda_{1,2} = -\vartheta\sin(\sigma\Delta\zeta)\sqrt{-1}\pm\sqrt{1-\vartheta^2\sin(\sigma\Delta\zeta)}$ 。

当 $\vartheta\leqslant1$ 时，$\lambda_1=\overline{\lambda_2}$，即传播矩阵（4.30）的两个特征值互为共轭，且模为 1，故冯·诺伊曼条件成立[166]。即对于步长比 $\vartheta\leqslant1$ 情形下的蛙跳格式才具备实用价值。进一步，当 $\vartheta<1$ 时，$\lambda_1\neq\lambda_2$，传播矩阵（4.30）有两个线性无关的特征向量，将它们规范化后得到 $e_1=\sqrt{2}\left[\lambda_1,1\right]^{\mathrm{T}}/2$，$e_2=\sqrt{2}\left[\lambda_2,1\right]^{\mathrm{T}}/2$。那么，易知，以这两个规范后特征向量为列所构成的行列式的模为

$$\frac{1}{2}\left|\det\begin{bmatrix}\lambda_1 & \lambda_2\\ 1 & 1\end{bmatrix}\right| = \sqrt{1-\vartheta^2\sin^2(\sigma\Delta\zeta)} > 0 \qquad (4.31)$$

从而，由文献[166]的稳定性判别定理可知，当 $\vartheta<1$ 时的蛙跳格式稳定。而当步长比 $\vartheta=1$ 时，蛙跳格式是不稳定的。

2. 旋翼尾迹半离散格式非线性数值稳定性分析方法的建立

然而，上述稳定性分析是在将离散方程式（4.29）齐次化、去掉非线性项之后得到的。其结果在非线性项的影响之下将产生何种变化不得而知。因此，此处将蛙跳格式运用于旋翼尾迹系统并构造相应的半离散格式，重新考察蛙跳格式的数值稳定性。

由 4.4.1 节的讨论可知，数值格式的 A-稳定性分析主要针对具有常微分方程形式的系统。而对于具有偏微分方程形式的旋翼尾迹系统而言，直接采用 A-稳定性数值分析的方法在现有的数值方法文献中似乎没有涉及[167, 169]。如果将其进行半离散化，并转化为一个耦合了时间导数和有限差分的伪"常微分方程组"后，那么就可以进行相应半离散格式的 A-稳定性分析了。为此，这里提出一个旋翼尾迹系统半离散格式非线性数值稳定性分析方法，具体实施步骤如下。

（1）选取一个待分析的半离散格式。

（2）使用半离散格式中寿命角有限差分项取代主控方程中的寿命角偏导数，构成一个伪"常微分方程组"。

（3）计算该半离散系统的雅可比矩阵特征值，并画出其与时间步长的乘积（$\lambda\Delta t$）在复平面上的分布。

（4）推导半离散格式中方位角推进格式的绝对稳定域，并画在复平面上。

（5）判断，如果该稳定域能包含所有 $\lambda\Delta t$ 在内，则说明该半离散格式是稳定的，否则是不稳定的。

将其应用于蛙跳格式的稳定性分析，首先仅将寿命角方向的有限差分方程（式（4.27））代入旋翼尾迹系统的偏微分主控方程（式（4.2）），则可将这个发展型偏微分方程组转化为一个耦合了方位角导数和寿命角方向有限差分的所谓"常微分方程组"，即

$$\Omega\left(\frac{\partial \boldsymbol{r}}{\partial \psi}\right)_{i,j-1} = \boldsymbol{v}_{i,j-1} - \Omega \cdot \frac{\boldsymbol{r}_{i+1,j-1} - \boldsymbol{r}_{i-1,j-1}}{2\Delta \zeta} \qquad (4.32)$$

雅可比矩阵是

$$A = \frac{\partial \left(\Omega \cdot \dfrac{\partial \boldsymbol{r}}{\partial \psi}\right)}{\partial \boldsymbol{r}} = \boldsymbol{J} - \Omega \cdot \boldsymbol{K} \qquad (4.33)$$

式中，子矩阵为

$$\boldsymbol{J} = \frac{\partial \boldsymbol{v}}{\partial \boldsymbol{r}} \qquad (4.34)$$

式（4.34）可由第 3 章中的公式加以计算，此处不再赘述。另一子矩阵 $\boldsymbol{K}$ 可由其差分方程的形式直接构造如下

$$\boldsymbol{K} = \frac{\partial \left(\dfrac{\boldsymbol{r}_{i+1,j-1} - \boldsymbol{r}_{i-1,j-1}}{2\Delta \zeta}\right)}{\partial \boldsymbol{r}} = \frac{1}{2\Delta \zeta}\begin{bmatrix} \boldsymbol{0}_3 & \boldsymbol{I}_3 & & & & \boldsymbol{0} \\ -\boldsymbol{I}_3 & \boldsymbol{0}_3 & \boldsymbol{I}_3 & & & \\ & \ddots & \ddots & \ddots & & \\ & & \ddots & \ddots & \ddots & \\ & & & -\boldsymbol{I}_3 & \boldsymbol{0}_3 & \boldsymbol{I}_3 \\ \boldsymbol{0} & & & & -\boldsymbol{I}_3 & \boldsymbol{0}_3 \end{bmatrix} \qquad (4.35)$$

式中，$\boldsymbol{I}_3$ 是 3 阶单位矩阵；$\boldsymbol{0}_3$ 是 3 阶零矩阵。

由此，该半离散旋翼尾迹系统的雅可比矩阵特征值可以直接计算得出。图 4.11 计算给出了其与时间步长的乘积，即 $\lambda\Delta t$ 在复平面上的分布。

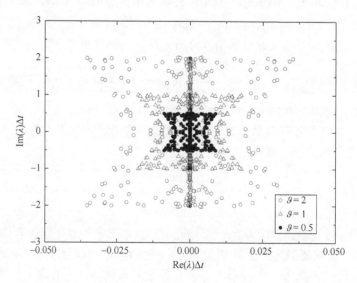

图 4.11　蛙跳格式下半离散旋翼尾迹系统的 $\lambda\Delta t$ 分布

由于这个半离散旋翼尾迹系统需要使用显式中心差分方法（式（4.26））沿方位角推进。因此，需要计算出其稳定域，以便判断图 4.11 中的特征值 $\lambda\Delta t$ 是否分布在这个稳定域内。为此，令

$$\begin{cases} \boldsymbol{r}_{i,j-k} = \xi^{2-k} \\ \left.\dfrac{\mathrm{d}\boldsymbol{r}}{\mathrm{d}\psi}\right|_{\zeta_i,\psi_j-k\Delta\psi} = \xi^{2-k} \\ \Delta\psi = \eta \end{cases} \tag{4.36}$$

将式（4.36）代入式（4.26）可得用于方位角推进的显式中心差分方法的稳定多项式为

$$\xi^2 - 2\eta\xi - 1 = 0 \tag{4.37}$$

它的两个根是

$$\xi_{1,2} = \eta \pm \sqrt{\eta^2 + 1} \tag{4.38}$$

经检验易知，无论 η 在整个复数域内取何值，都不能使稳定多项式（4.37）的两个根（式（4.38））的模都小于 1。因此，显式中心差分方法不存在绝对稳定域。但是，考虑到其稳定多项式（4.37）在式（4.39）条件时满足根条件，即所有根均在闭的复单位圆中，且所有具有单位模的零点都是单重的。因此，可以认定，显式中心差分方法尽管不存在绝对稳定域，但具有广义稳定域。

$$\begin{cases} \mathrm{Re}(\eta) = 0 \\ -1 < \mathrm{Im}(\eta) < 1 \end{cases} \tag{4.39}$$

广义稳定域为

$$\begin{cases} \mathrm{Re}(\lambda\cdot\Delta\psi) = 0 \\ -1 < \mathrm{Im}(\lambda\cdot\Delta\psi) < 1 \end{cases} \tag{4.40}$$

该稳定域即为复平面上虚轴之上正负 1 之间的开区间。

式（4.40）是使用显式中心差分方法计算偏导数 $\partial r/\partial\psi$ 时的广义稳定域，考虑到半离散系统方程（式（4.32））左侧包含系数 Ω，那么，使用显式中心差分方法计算 $\Omega(\partial r/\partial\psi)$ 时的步长单位，需要从方位角单位 $\Delta\psi$ 调整至时间单位 Δt，则其广义稳定域可改写为

$$\begin{cases} \mathrm{Re}(\lambda\cdot\Delta t) = 0 \\ -1 < \mathrm{Im}(\lambda\cdot\Delta t) < 1 \end{cases} \tag{4.41}$$

观察图 4.11 中半离散系统特征值 $\lambda\cdot\Delta t$ 的分布可知，在各种步长比下，$\lambda\cdot\Delta t$ 都以虚轴为中心在复平面内呈对称分布。因此，显式中心差分方法（式（4.26））的广义稳定域（式（4.41））显然无法包含半离散系统所有的 $\lambda\cdot\Delta t$。那么，由 4.4.1

节中关于 A-稳定性的讨论可知，对于旋翼尾迹系统，无论使用何种步长比 ϑ，蛙跳格式都是不稳定的。

综上所述，注意到，傅里叶方法所分析出的稳定性结论与半离散后推导出的数值稳定性结果相矛盾。这个矛盾主要出现在步长比 $\vartheta < 1$ 时，对于这种情形，前者认为蛙跳格式稳定，而后者则得出不稳定的结论。而对于步长比 $\vartheta \geqslant 1$ 的情形，两种稳定性分析方法都认为不稳定。

针对这个矛盾，为了判断孰是孰非，最好的方式就是通过实际计算来检验。此处选取悬停状态下的一个以 6 圈单根自由尾迹组成的桨尖涡旋翼尾迹系统来进行计算分析，令其涡强 $\Gamma = 0.1R^2\Omega$，初始涡核半径 $r_0 = 0.65R$。

应当指出，经第 3 章中物理稳定性分析方法检验，当前系统自身是稳定的。为验证这一点，图 4.12 给出了以稳定的 PC2B 格式（$\vartheta=1$）计算 30 圈后的旋翼尾迹几何形状。如图 4.12 所示，此时尾迹涡线已收敛，呈现出了光滑的尾迹曲线，并具有悬停状态下旋翼尾迹"先收缩后扩张"的典型特征[4]。由于物理不稳定的系统无论采用多么稳定的数值格式也无法得到稳定收敛的尾迹结果，而在图 4.12 中，当计算所用格式的数值稳定性得到满足时，当前系统可以得到收敛正确的尾迹几何形状，这就说明，当前系统是物理上稳定的。此外，图 4.13 进一步肯定了这个结论，图中使用第 3 章建立的欧拉形式旋翼尾迹系统稳定性分析方法求解出了当前系统的特征值分布，易见，它们全都分布在了负实半区，根据李雅普诺夫稳定性定理可知，当前系统自身是稳定的。

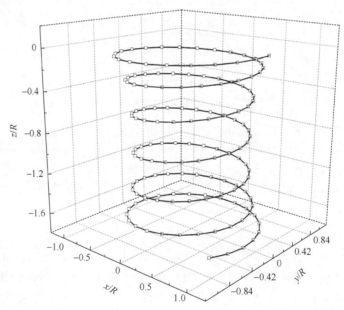

图 4.12　悬停状态下以 PC2B 格式（$\vartheta=1$）计算 30 圈后的单根旋翼尾迹

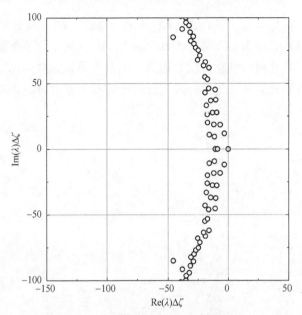

图 4.13　算例旋翼尾迹系统特征值分布

同时，这里也以本书中所使用的旋翼自由尾迹分析方法对众所周知的 Landgrebe 旋翼尾迹涡线空间位置的试验结果[45]进行了计算对比，结果如图 4.14 所示，对于尾迹涡线的垂向和径向位置，计算值与试验值吻合良好。由此验证了本书中所使用的旋翼自由尾迹分析方法的有效性，能够进一步进行不同数值格式的计算研究。

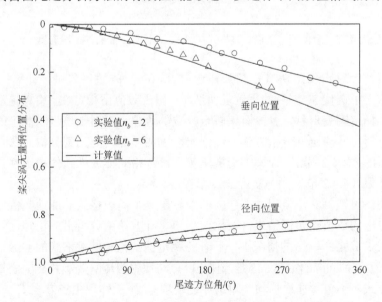

图 4.14　悬停状态下以 PC2B 格式计算的结果与文献试验值对比

　　那么，这里首先针对步长比 $\vartheta \geqslant 1$ 的情形，选取 $\vartheta = 2$ 以蛙跳格式进行自由尾迹计算，图 4.15 给出了计算 1 圈之后的尾迹结果。实际上，旋翼尾迹步进推进计算了若干圈，但其几何形状在几圈之内就由于数值不稳定性而迅速发散，对于该步长比下的数值不稳定性，傅里叶稳定性分析方法和本书旋翼尾迹半离散格式非线性数值稳定性分析方法都给出了正确的预测。

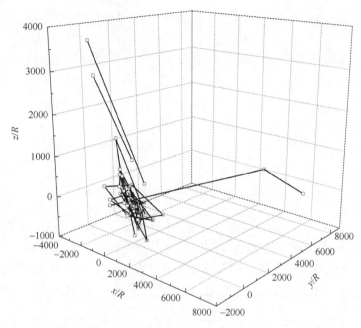

图 4.15　悬停状态下以蛙跳格式（ $\vartheta = 2$ ）计算 1 圈后的单根旋翼尾迹

　　接着，针对步长比 $\vartheta < 1$ 的情形，选取 $\vartheta = 0.5$ 以蛙跳格式进行计算，图 4.16 相应地给出了迭代 30 圈后的尾迹几何形状。由于数值不稳定性，旋翼尾迹呈现出明显的不稳定畸变形状，且没有缓解至收敛的迹象。但对于该步长比下的数值不稳定性，傅里叶稳定性分析方法不能给出准确的预测，因为其分析方法得出的结论是稳定的（4.4.2 节）。而本书旋翼尾迹半离散格式非线性数值稳定性分析方法得到的结果（4.4.2 节）则与实际计算相符合。

　　至此，可以判断，使用本书建立的旋翼尾迹半离散格式非线性数值稳定性分析方法得出的数值稳定性结果，要比使用傅里叶方法所分析出的稳定性结果更为准确。在步长比 $\vartheta = 0.5$ 的情况下，后者的稳定性结论与蛙跳格式的实际计算结果不符。产生这种问题的主要原因是，傅里叶方法使用的是偏微分主控方程式（4.28）的齐次形式，不包含非线性项（即诱导速度项），不能体现主控方程式（4.28）右端非线性诱导速度项对于系统稳定性的影响。因此在某些情况下，傅里叶方法会

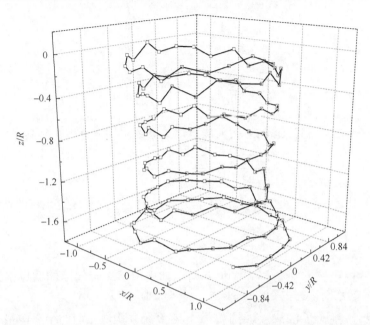

图 4.16　悬停状态下以蛙跳格式（$\vartheta = 0.5$）计算 30 圈后的单根旋翼尾迹

得出不准确的稳定性结论。另外，将旋翼尾迹偏微分形式的主控方程半离散后进行的数值稳定性分析，能够充分考虑到主控方程式（4.28）右端非线性诱导速度项对于系统稳定性的影响，这体现在对半离散系统傅里叶矩阵特征值的分布计算中。由此可见，对于旋翼尾迹系统而言，本书所建立的将其主控方程半离散后进行的数值稳定性分析方法，可能是一种更为可靠的数值稳定性判定依据，可适合于旋翼尾迹系统半离散格式非线性数值稳定性的分析判别。

使用新建立的稳定性分析方法，可以帮助我们分析确定，对于一个旋翼尾迹系统究竟该使用何种格式、何种步长比以及何种精度等级。因此，这种相对严谨的稳定性分析方法的建立，将对直升机旋翼尾迹系统数值/物理不稳定性的区分发挥作用。

4.4.3　显式半离散方法的非线性数值稳定性分析

本小节将运用本书所建立的旋翼尾迹系统半离散格式非线性数值稳定性分析方法，尝试计算验证一种显式半离散格式在不同步长比下的数值稳定性。如图 4.5 所示，该格式以节点 $r_{i,j-1}$ 为估值点，分别在方位角和寿命角方向上使用前进欧拉格式和后退欧拉格式代替导数，即

$$D_\psi \approx \left.\frac{\mathrm{d}\boldsymbol{r}}{\mathrm{d}\psi}\right|_{\zeta_i,\psi_j-\Delta\psi} = \frac{\boldsymbol{r}_{i,j} - \boldsymbol{r}_{i,j-1}}{\Delta\psi} \tag{4.42}$$

$$D_\zeta \approx \left.\frac{\mathrm{d}\boldsymbol{r}}{\mathrm{d}\zeta}\right|_{\zeta_i,\psi_j-\Delta\psi} = \frac{\boldsymbol{r}_{i,j-1} - \boldsymbol{r}_{i-1,j-1}}{\Delta\zeta} \tag{4.43}$$

将式（4.42）与式（4.43）代入旋翼尾迹系统主控方程可得到其离散形式

$$\frac{\boldsymbol{r}_{i,j} - \boldsymbol{r}_{i,j-1}}{\Delta\psi} + \frac{\boldsymbol{r}_{i,j-1} - \boldsymbol{r}_{i-1,j-1}}{\Delta\zeta} = \frac{\boldsymbol{v}_{i,j-1}}{\Omega} \tag{4.44}$$

将步长比 $\vartheta = \Delta\psi / \Delta\zeta$ 代入式（4.44）可得到一个旋翼尾迹系统的迭代方程

$$\boldsymbol{r}_{i,j} = \boldsymbol{r}_{i,j-1} - \vartheta(\boldsymbol{r}_{i,j-1} - \boldsymbol{r}_{i-1,j-1}) + \Delta\psi \cdot \frac{\boldsymbol{v}_{i,j-1}}{\Omega} \tag{4.45}$$

易知，由于在寿命角与方位角方向上都采用了 1 阶精度的欧拉格式，因此式（4.45）的截断误差为 $\mathcal{O}(\Delta\psi + \Delta\zeta)$，具有 1 阶精度。

进一步，将式（4.45）运用于旋翼尾迹系统并构造相应的半离散格式，从而可进行数值稳定性分析，以观察该格式的稳定性。具体地，将寿命角方向的有限差分方程（式（4.43））代入旋翼尾迹系统的偏微分主控方程，从而可将这个偏微分方程组转化为一个耦合了方位角导数和寿命角有限差分的所谓的"常微分方程组"，即

$$\Omega\left(\frac{\partial \boldsymbol{r}}{\partial \psi}\right)_{i,j-1} = \boldsymbol{v}_{i,j-1} - \Omega \cdot \frac{\boldsymbol{r}_{i,j-1} - \boldsymbol{r}_{i-1,j-1}}{\Delta\zeta} \tag{4.46}$$

式中，其雅可比矩阵 $\boldsymbol{A}$ 仍具有式（4.33）的形式，且子矩阵 $\boldsymbol{J}$ 的求解方法与所使用的数值格式无关。而另一子矩阵 $\boldsymbol{K}$ 可由其差分方程的形式直接构造出，即

$$\boldsymbol{K} = \frac{\partial\left(\dfrac{\boldsymbol{r}_{i,j} - \boldsymbol{r}_{i,j-1}}{\Delta\zeta}\right)}{\partial \boldsymbol{r}} = \frac{1}{\Delta\zeta}\begin{bmatrix} \boldsymbol{I}_3 & & & & \boldsymbol{0} \\ -\boldsymbol{I}_3 & \boldsymbol{I}_3 & & & \\ & \ddots & \ddots & & \\ & & \ddots & \ddots & \\ & & & -\boldsymbol{I}_3 & \boldsymbol{I}_3 \\ \boldsymbol{0} & & & -\boldsymbol{I}_3 & \boldsymbol{I}_3 \end{bmatrix} \tag{4.47}$$

式中，$\boldsymbol{I}_3$ 是 3 阶单位矩阵。

由此，该半离散旋翼尾迹系统的雅可比矩阵特征值可以直接计算得出。在不同步长比下，图 4.17 计算给出了特征值与时间步长的乘积，即 $\lambda\Delta t$ 在复平面上的分布。各种步长比下的特征值均呈现半径不同的圆形分布，这些圆形以复平面实轴为中心线上下对称，与虚轴相切，分布在负实半区。

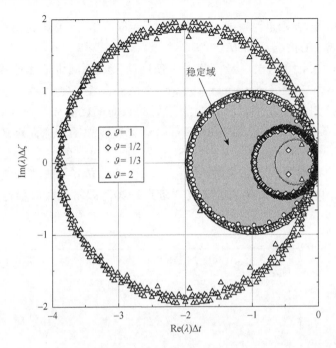

图 4.17　显式半离散方法（方位角欧拉前进，寿命角欧拉后退）的稳定域及其在
不同步长比下旋翼尾迹半离散系统的特征值（$\lambda\Delta t$）分布

此外，由于该半离散系统需要使用显式欧拉格式（式（4.42））沿方位角推进，因而需要计算出其稳定域，以观察图 4.17 中的特征值 $\lambda\Delta t$ 是否分布在这个稳定域内。易知，显式欧拉格式稳定多项式为

$$\eta = \xi - 1 \tag{4.48}$$

利用边界轨迹法[170]，令 $\xi = e^{\theta\sqrt{-1}}$，$\theta \in [0, 2\pi]$，代入式（4.48）中可求得其绝对稳定域如下

$$(\text{Re}(\lambda)\cdot\Delta t - 1)^2 + (\text{Im}(\lambda)\cdot\Delta t)^2 < 1 \tag{4.49}$$

该稳定域即为复平面上以 (-1,0) 为圆心、1 为半径的圆，见图 4.17。由 4.4.1 节中关于 A-稳定性的讨论可知，若系统的特征值 λ 与时间步长 Δt 的乘积全部分布在该圆内，则使用前进欧拉法进行迭代求解是稳定的，否则该数值方法是不稳定的。

由此，观察图 4.17，半离散系统 $\lambda\cdot\Delta t$ 一直分布在复平面的负实半区，并以实轴为中心呈现轴对称圆周分布。且随着步长比 ϑ 的增大，$\lambda\cdot\Delta t$ 分布的圆周半径一直在增大直至超出稳定域的范围。临界点出现在步长比 $\vartheta = 1$ 的时候，由此可知，$\vartheta \leqslant 1$ 时格式稳定，$\vartheta > 1$ 时格式不稳定。换句话说，对于旋翼尾迹系统，在使用式（4.45）时，出于稳定性考虑，步长比 ϑ 不能取大于 1，否则将出现数值不稳定导致计算不成功的情况。

　　相应地，图 4.18 给出了悬停状态下使用该格式不同步长比计算时，得到的旋翼尾迹收敛均方根（root mean square，RMS）（注：它常用于判断旋翼自由尾迹计算的收敛程度[20, 50-64, 69, 96]）随迭代圈数的变化曲线。在步长比 $\vartheta \leqslant 1$ 的三种情况下，旋翼尾迹收敛判据 RMS 都随着计算圈数的增加而迅速收敛至 10^{-7} 量级。反观步长比 $\vartheta = 2$ 的情况，RMS 在两三圈之内就已快速发散至 10^{15} 量级，由于数值不稳定而导致计算失败。这种计算结果与本节之前的稳定性理论分析结论相吻合。可见本书所建立的旋翼尾迹系统半离散格式数值稳定性分析方法是有效的。

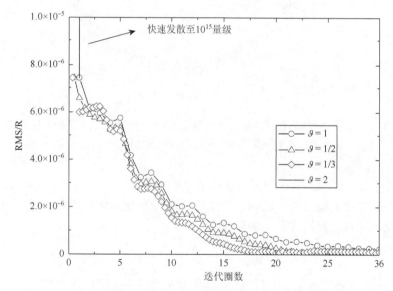

图 4.18　悬停状态不同步长比时旋翼尾迹收敛或发散情况
（使用显式半离散格式：方位角欧拉前进、寿命角欧拉后退）

4.5　预测-校正算法对旋翼尾迹系统隐式方法稳定域的影响研究

　　在 4.4.3 节分析了一种显式半离散格式的稳定特性。可以看出虽然显式半离散格式具有可直接求解、计算量较小的特点，但显式格式的稳定域是很有限的，对步长的取值亦有明显的限制，此外由于高阶显式格式稳定域很小，很难构造适合旋翼尾迹系统的高阶格式。为了取得更好的稳定特性，就需要采用隐式半离散方法。

　　然而，当采用隐式方法时，其求解过程要比显式格式复杂一些，往往无法直接求解而需要利用预测-校正算法。因此，本节首先将以两种典型格式为例，针对预测-校正算法对隐式格式稳定域的影响展开研究；接着，通过研究后，指出旋翼尾迹系统非拉格朗日类预测-校正算法具有"部分真隐式"的特点，并分析这种"部分真隐式"特点对稳定域的影响；最后，探讨 2 阶以上高阶隐式半离散格式的构造，分析高阶双 BDF 格式所遭遇的不稳定性，在此基础上，分别提出两种稳定的旋翼尾迹 3 阶隐式半离散方法和 4 阶隐式半离散方法。

4.5.1　预测-校正算法对隐式格式稳定域的影响

　　对于隐式方程，预测-校正算法虽然是一种简单明了的处理方法，即通过一个显式格式先预估出一个目标解，再使用此预估解，显式地求解隐式方程。但这种处理方法会对隐式方程本来优良的稳定性产生不良的影响。这是因为预测-校正算法从本质上来说仍是一个显式方法[171]，它仅是通过另一个更复杂的显式方程来逼近原来的隐式方程，这个复杂的显式方程可通过将预测步代入校正步中得到。

　　然而，在过去的旋翼尾迹系统数值计算的研究中，尽管预测-校正算法被广泛采用，也进行过其稳定性分析，但大多只是针对隐式的校正方程进行稳定性的研究[14,18,20,90,93]，而没有综合考虑显式预测步的影响。事实上，显式预测步对其稳定性的影响是很重要的。

　　本节将通过对两种典型的预测-校正算法的稳定域进行计算和分析，来说明这种不良的影响，它们分别是欧拉-梯形和欧拉-2 阶后退格式。这两种格式分别对应于旋翼尾迹求解 PCC 和 PC2B 方法中的方位角推进。

　　1. 用于旋翼尾迹求解的 PCC 方法的欧拉-梯形格式

　　欧拉-梯形格式是一种 2 阶格式[168]，是时间步进方法中的 PCC 格式（松弛方法中的 PIPC 格式[164]）在方位角和寿命角方向上所采用的数值方法。它采用 1 阶显式欧拉法作为预测步，并使用 2 阶隐式梯形公式作校正，令步长为 h，具体如下

$$预测步：\quad y_{n+1}^* = y_n + hf_n \tag{4.50}$$

$$校正步：\quad y_{n+1} = y_n + \frac{h}{2}(f_n + f_{n+1}^*) \tag{4.51}$$

　　由预测-校正格式的精度分析[171]可知，欧拉-梯形格式的精度为 2 阶，其所对应的稳定多项式为

$$预测步：\quad \xi^* = 1 + \eta \tag{4.52}$$

$$\text{校正步：} \quad \xi = 1 + \frac{\eta}{2}(1 + \xi^*) \tag{4.53}$$

将式（4.52）代入式（4.53）得

$$\eta^2 + 2\eta + 2(1 - \xi) = 0 \tag{4.54}$$

因而，最终稳定多项式（4.54）的两个根分别为

$$\eta = -1 \pm \sqrt{1 - 2(1 - \xi)} \tag{4.55}$$

其中，$\xi = e^{\theta\sqrt{-1}}$，$\theta \in [0, 2\pi]$。

由此，可画出欧拉-梯形预测-校正格式的稳定域，如图 4.19 所示。该格式的稳定域只包含了复平面上负实半区中的很小一部分，换言之，欧拉-梯形预测-校正格式的稳定性并不理想，不够大的稳定域就要求相应半离散旋翼尾迹系统的特征值也不能太大，否则会导致出现数值不稳定。

值得注意的是，若仅对隐式 2 阶梯形格式（式（4.51），仅校正步）进行稳定域分析，其稳定多项式则由式（4.53）变为

$$\xi = 1 + \frac{\eta}{2}(1 + \xi) \tag{4.56}$$

用类似的方法可画出式（4.56）的稳定域，见图 4.20，稳定域覆盖了复平面整个负实半区。尽管欧拉-梯形预测-校正格式的稳定性并不理想，但隐式 2 阶梯形格式却是 A-稳定的（稳定域覆盖了整个负实半区）。

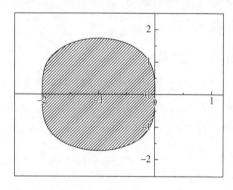
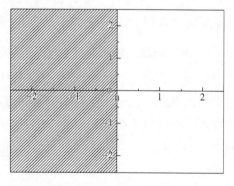

图 4.19　欧拉-梯形预测-校正格式的稳定域　　图 4.20　隐式 2 阶梯形格式的稳定域

换言之，若能直接采用隐式 2 阶梯形格式则可得到很好的数值稳定性，相应半离散旋翼尾迹系统的特征值也几乎不受限制。然而，隐式格式不方便直接求解，在采用显式格式进行预测后，隐式梯形格式的稳定性被很大地削弱了，如图 4.19 和图 4.20 所示。

2. 用于旋翼尾迹求解的 PC2B 方法的欧拉-2 阶后退格式

欧拉-2 阶后退格式是一种 2 阶格式[168]，是时间步进 PC2B 方法[95]在方位角方向上所采用的数值方法。它同样采用 1 阶显式欧拉法作为预测步，并采用 2 阶隐式后退公式作校正，令步长为 h，具体如下

$$\text{预测步：}\quad y_{n+3}^* = y_{n+2} + h f_{n+2} \tag{4.57}$$

$$\text{校正步：}\quad y_{n+3} = \frac{1}{3}y_{n+2} + y_{n+1} - \frac{1}{3}y_n + \frac{2}{3}h(f_{n+3}^* + f_{n+2}) \tag{4.58}$$

由预测-校正格式的精度分析[171]可知，欧拉-2 阶后退格式的精度为 2 阶，其所对应的稳定多项式为

$$\text{预测步：}\quad (\xi^*)^3 = \xi^2(1+\eta) \tag{4.59}$$

$$\text{校正步：}\quad \xi^3 = \frac{1}{3}\xi^2 + \xi - \frac{1}{3} + \frac{2}{3}\eta((\xi^*)^3 + \xi^2) \tag{4.60}$$

将式（4.59）代入式（4.60）得

$$2\xi^2\eta^2 + 4\xi^2\eta - 3\xi^3 + \xi^2 + 3\xi - 1 = 0 \tag{4.61}$$

因此，最终稳定多项式（4.61）的两个根分别为

$$\eta = -1 \pm \frac{\sqrt{4\xi^4 + 2\xi^2(3\xi^3 - \xi^2 - 3\xi + 1)}}{2\xi^2} \tag{4.62}$$

式中，$\xi = e^{\theta\sqrt{-1}}$，$\theta \in [0, 2\pi]$。

由此，可画出欧拉-2 阶后退预测-校正格式的最终稳定域，如图 4.21 所示。图中欧拉-2 阶后退格式的稳定多项式的根轨迹曲线表明，该预测-校正格式的稳定域非常小，仅为复平面上两个点，即 $(0,0)$ 和 $(-2,0)$。且严格意义上说，这两个点中仅有前者为绝对稳定域，后者其实属于广义稳定域，如图 4.21 所示。

值得注意的是，若仅对隐式 2 阶后退格式（式（4.58））进行稳定域分析，其稳定多项式则由式（4.60）变为

$$\xi^3 = \frac{1}{3}\xi^2 + \xi - \frac{1}{3} + \frac{2}{3}\eta(\xi^3 + \xi^2) \tag{4.63}$$

用类似的方法可画出其稳定域，如图 4.22 所示。

与之前其他格式的分析类似，对比有无显式预测步时预测-校正格式的稳定域可知，显式预测步对隐式格式的稳定性造成了很大的损害。这一点在欧拉-2 阶后退格式中似乎尤其明显，这与 2 阶后退格式的稳定域虽大但"稳定程度"较弱有关，此处不作深入展开。

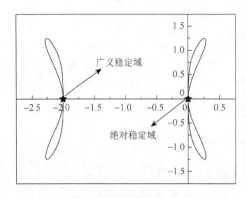 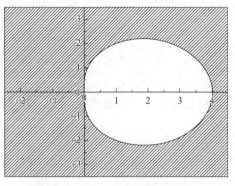

图 4.21　欧拉-2 阶后退预测-校正格式的　　　　图 4.22　隐式 2 阶后退格式的稳定域
　　　　　稳定域

　　另外，隐式 2 阶后退格式具有强稳定性，这与 A-稳定的梯形格式（图 4.20）作比较就可发现，A-稳定的梯形格式的稳定域刚好覆盖了复平面的负实半区，而隐式 2 阶后退格式还覆盖了一些区域，如图 4.22 所示。Bhagwat 和 Leishman[71]在提出 PC2B 格式的时候，正是注意到了隐式 2 阶后退格式的这种优于隐式梯形格式的强稳定性，从而认为 PC2B 格式比 PCC 格式更加稳定。然而，事实上，单独的隐式方程无法构成一个完整的数值计算步，当综合考虑显式预测步对格式稳定性的影响后，就可看出欧拉-2 阶后退格式几乎是不稳定的，仅具有由两个点组成的广义稳定域，如图 4.21 所示，似乎远不如欧拉-梯形格式稳定。

　　然而，这并不意味着欧拉-2 阶后退格式是不够稳定的或没有实用价值的。在4.5.2 节的分析中，将表明由于旋翼尾迹系统非拉格朗日类预测-校正算法所特有的"部分真隐式"特性，欧拉-2 阶后退格式（PC2B）虽然没有 Bhagwat 和 Leishman[71]所认为的那样远优于欧拉-梯形格式（PCC），但也拥有足以应付旋翼尾迹计算问题的稳定性。事实上，本书认为，在"部分真隐式"特性的影响下，PCC 与 PC2B 这两种格式都"足够"稳定。

4.5.2　旋翼尾迹系统非拉格朗日类预测-校正算法的"部分真隐式"特性

　　尽管校正步方程是一个隐式格式，但所谓的预测-校正格式从本质上说仍是一个显式格式。这是因为，若将显式预测步直接代入隐式校正步，便可以得到一个复杂的、可直接求解的"显式综合方程"。这也正是前述稳定性分析中，校正步隐式方程的稳定性在与显式预测步组合成一个预测-校正算法后，整体稳定性有大幅下降的原因。但是，对于应用在旋翼尾迹系统中的非拉格朗日类数值方法，其预测-校正算法并不是完全的"显式综合方程"，校正步中有一部分的"导数项"也不需要显式预测步来预测就可直接隐式求解。因此其稳定性要显著优于一般的预测-校正算法，在本书中，不妨称这种特性为"部分真隐式"特性，下面对此展开详细讨论。

　　由于上述的各种预测-校正格式是应用在方位角方向，因此所有格式中的"导数项" f 指的是沿方位角方向节点位置的变化速度，即节点位置向量沿方位角方向的偏导数，统一单位后即

$$f = \Omega \cdot \left(\frac{\partial \boldsymbol{r}}{\partial \psi} \right) \tag{4.64}$$

　　此外，又由旋翼尾迹系统偏微分形式的主控方程可知，"导数项" f 包含两个分量，分别是节点当地速度、节点位置向量沿寿命角方向的偏导数，那么将式（4.64）右侧项展开后可得

$$f = \boldsymbol{v} - \Omega \cdot \left(\frac{\partial \boldsymbol{r}}{\partial \zeta} \right) \tag{4.65}$$

　　此时，需要注意的是，在隐式校正方程中，待求节点上的 f 无法直接求解，需要由预测步先估计出一个值 f^*，再将此 f^* 代入隐式校正方程中求解待求节点，见式（4.51）以及式（4.58）。

　　然而，事实上，对于"导数项" f（式（4.65）），并不是其所有分量都需要预测步先行估计。其第二项偏导数 $\Omega \cdot (\partial r / \partial \zeta)$ 在被合适的差分方程代替后，可与校正方程中的其余项进行整合，并转化为待求节点的一次方程，从而具有可直接求解而无须预测的特性。

　　具体地，例如，取后退欧拉差分格式代替导数 $\Omega \cdot (\partial r / \partial \zeta)$，那么对于尾迹中某一节点，设其由第 j 片桨叶产生，寿命角为 $(i-1)\Delta \zeta$，方位角为 $n\Delta \psi$，则

$$\Omega \cdot \left(\frac{\partial \boldsymbol{r}}{\partial \zeta} \right)^j_{i,n} = \Omega \cdot \frac{\boldsymbol{r}^j_{i,n} - \boldsymbol{r}^j_{i-1,n}}{\Delta \zeta} \tag{4.66}$$

　　此时，已知方位角为 $n\Delta \psi$ 之前方位上的所有旋翼尾迹节点位置，欲求方位 $n\Delta \psi$ 时的尾迹空间坐标。所以，无论使用式（4.51）或式（4.58）等何种校正方程进行计算，将式（4.65）代入计算后，隐式校正方程都可写成包含三个未知量的方程，或将某目标节点的位置向量写成两个未知量的函数，即

$$\boldsymbol{r}^j_{i,n} = F(\boldsymbol{r}^j_{i-1,n}, \boldsymbol{v}^j_{i,n}) \tag{4.67}$$

　　该节点沿寿命角的上一个节点可写为

$$\boldsymbol{r}^j_{i-1,n} = F(\boldsymbol{r}^j_{i-2,n}, \boldsymbol{v}^j_{i-1,n}) \tag{4.68}$$

　　以此类推，当该节点的上面第 m 个节点是该根尾迹的第二个节点时，由于第一个尾迹节点是固定在旋翼桨叶上的，它的位置可由桨叶运动确定，那么，这个节点的位置向量可仅写成单个未知量的函数，即

$$\boldsymbol{r}^j_{i-m,n} = F(\boldsymbol{v}^j_{i-m,n}), \quad i-m=2 \tag{4.69}$$

此时，仅代入预测步给出的速度估计值 $(v_{i-m,n}^{j})^{*}$，便可显式地直接求解出第二个节点 $r_{i-m,n}^{j}$ 的位置。因此，第三个节点 $r_{i-m+1,n}^{j}$ 的位置向量也可仅写成单个未知量的函数，同样仅由预测步给出的估计值 $(v_{i-m+1,n}^{j})^{*}$ 显式求出。以此类推，当前方位角 $n\Delta\psi$ 上的全部尾迹节点空间位置便都可确定。

从上面的推导过程可以看出，由于旋翼尾迹系统中每根尾迹的第一个节点位置可由桨叶运动确定，因而，对于应用于方位角方向上的预测-校正格式，并非其"导数项" f 的每个分量都需要预测步先行估算。f 中仅有当地速度项 v 需要通过由显式格式预测出的尾迹空间位置进行计算，而其余部分都能够以隐式方程的形式直接求解。

预测-校正格式本质上是用一个更复杂的显式方程逼近替代原来无法直接求解的隐式方程，会令隐式方程损失很大的稳定性。所以，在此处不妨称"导数项" f 中需要预测步先行估算的分量为"伪隐式分量"，而称其余可隐式直接求解的分量为"真隐式分量"。也正是由于旋翼尾迹系统非拉格朗日类预测-校正格式具有"部分真隐式"的特性，非常有必要重新考察其稳定性，以及这种"部分真隐式"特性对于预测-校正格式的稳定域的影响。

为此，需要改造预测-校正格式中的"导数项" f，使其能够体现"伪隐式分量"与"真隐式分量"两个部分，于是令待求点上的"导数项"为

$$f^{*} = pf^{*} + (1-p)f \tag{4.70}$$

式中，"伪隐系数" $p \in [0,1]$，为实数，表达了"导数项" f 中"伪隐式分量"所占的比例。并且注意到

$$\begin{cases} f^{*} = f, & \text{若 } p = 0 \\ f^{*} = f^{*}, & \text{若 } p = 1 \end{cases} \tag{4.71}$$

当 $p=0$ 时，$f^{*} = f$，说明整个"导数项" f 都是可以直接隐式求解的"真隐式分量"，此时整个隐式校正步不需要显式预测步进行预测即可直接求解；而当 $p=1$ 时，$f^{*} = f^{*}$ 则说明整个"导数项" f 都无法直接隐式求解，是需要显式预测步先行估算的"伪隐式分量"，绝大多数应用预测-校正算法的系统都属于此种范畴。

下面，再以旋翼尾迹求解中具有代表性的欧拉-梯形和欧拉-2阶后退这两种预测-校正格式为例，研究这种"部分真隐式"特性对于预测-校正格式的稳定域的影响。

1. 用于旋翼尾迹求解的 PCC 方法的欧拉-梯形格式

将包含"伪隐系数" p 的"导数项" f，即式（4.70），替换欧拉-梯形格式校正步方程（式（4.51））中的待求点"导数项" f_{n+1}^{*}，有

$$f_{n+1}^{*} = pf_{n+1}^{*} + (1-p)f_{n+1} \tag{4.72}$$

代入式（4.51），从而得到该格式新的方程

预测步：　$y_{n+1}^{*} = y_n + hf_n$ （4.73）

校正步：　$y_{n+1} = y_n + \dfrac{h}{2}(f_n + pf_{n+1}^{*} + (1-p)f_{n+1})$ （4.74）

其各自的稳定多项式为

预测步：　$\xi^{*} = 1 + \eta$ （4.75）

校正步：　$\xi = 1 + \dfrac{\eta}{2}(1 + p\xi^{*} + (1-p)\xi)$ （4.76）

将式（4.75）代入式（4.76）得预测-校正格式综合的稳定多项式为

$$p\eta^2 + (1 + p + \xi(1-p))\eta + 2(1-\xi) = 0 \tag{4.77}$$

当 $p > 0$ 时，其两个根分别为

$$\eta = \frac{-(1 + p + \xi(1-p)) \pm \sqrt{(1 + p + \xi(1-p))^2 + 8(\xi-1)p}}{2p} \tag{4.78}$$

式中，$\xi = e^{\theta\sqrt{-1}}$，$\theta \in [0, 2\pi]$。

由此，可画出欧拉-梯形预测-校正格式在"伪隐系数" p 影响下的稳定域，如图 4.23 所示。在图中，分别给出了 $p = 0 \sim 1$ 的若干值时的稳定域结果。易知，"伪隐系数" $p = 1$ 时，即意味着隐式方程中的隐式项全部由显式方程逼近所得，其稳定域与图 4.19 中一般意义上欧拉-梯形预测-校正格式的稳定域相同；而当"伪隐系数" $p = 0$ 时，即意味着隐式方程中的隐式项全部可直接求得，其稳定域与图 4.20 中无预测的隐式梯形格式的稳定域相同，即为整个负实半区，如图 4.23 所示。而当 $p = 0 \sim 1$ 的若干值时，从图中注意到，随着"伪隐系数" p 从 1 逐渐减小至 0，稳定域的范围也随之不断增大。由此可知，旋翼尾迹系统"部分真隐式"特性越显著，即"伪隐系数" p 越小，欧拉-梯形预测-校正格式的实际稳定域范围也越大，逐步从正常情况下欧拉-梯形预测-校正后的稳定域（图 4.19）接近至无预测的隐式梯形格式的稳定域（图 4.20），从而方法的稳定特性也越好。

2. 用于旋翼尾迹求解的 PC2B 方法的欧拉-2 阶后退格式

将包含"伪隐系数" p 的"导数项" f，即式（4.70），替换欧拉-2 阶后退格式校正步方程（式（4.58））中的待求点"导数项" f_{n+3}^{*}，有

$$f_{n+3}^{*} = pf_{n+3}^{*} + (1-p)f_{n+3} \tag{4.79}$$

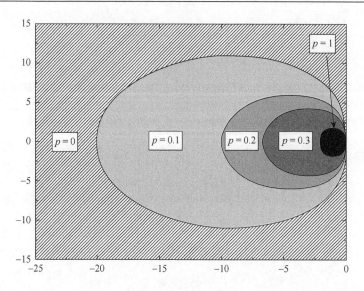

图 4.23　在"伪隐系数" p 影响下的欧拉-梯形预测-校正格式的稳定域

代入式（4.58），可以得到该格式新的方程

$$预测步：\quad y_{n+3}^{*} = y_{n+2} + h f_{n+2} \tag{4.80}$$

$$校正步：\quad y_{n+3} = \frac{1}{3} y_{n+2} + y_{n+1} - \frac{1}{3} y_n + \frac{2}{3} h(p f_{n+3}^{*} + (1-p) f_{n+3} + f_{n+2}) \tag{4.81}$$

其各自的稳定多项式为

$$预测步：\quad (\xi^{*})^3 = \xi^2 (1 + \eta) \tag{4.82}$$

$$校正步：\quad \xi^3 = \frac{1}{3}\xi^2 + \xi - \frac{1}{3} + \frac{2}{3}\eta(p(\xi^{*})^3 + (1-p)\xi^3 + \xi^2) \tag{4.83}$$

将式（4.82）代入式（4.83）得预测-校正格式综合的稳定多项式为

$$2p\xi^2\eta^2 + 2((1-p)\xi^3 + (1+p)\xi^2)\eta - 3\xi^3 + \xi^2 + 3\xi - 1 = 0 \tag{4.84}$$

当 $p > 0$ 时，其两个根分别为

$$\eta = \frac{-2((1-p)\xi^3 + (1+p)\xi^2) \pm \sqrt{4((1-p)\xi^3 + (1+p)\xi^2)^2 + 8p\xi^2(3\xi^3 - \xi^2 - 3\xi + 1)}}{4p\xi^2}$$

$$\tag{4.85}$$

式中，$\xi = \mathrm{e}^{\theta\sqrt{-1}}$，$\theta \in [0, 2\pi]$。

由此，可画出欧拉-2 阶后退预测-校正格式在"伪隐系数" p 影响下的稳定域，如图 4.24 所示。在图中，分别给出了 $p = 0 \sim 1$ 的若干值时的稳定域结果。易知，"伪隐系数" $p = 1$ 时，即意味着隐式方程中的隐式项全部由显式方程逼近所得，其稳定域与图 4.21 中一般意义上欧拉-2 阶后退预测-校正格式的稳定域相同，即为实轴上两个点；而当"伪隐系数"$p=0$时，即意味着隐式方程中的隐式项全部可直接求得，其稳定域与图 4.22 中无预测的隐式 2 阶后退格式的稳定域相同，即为除正实半区上一区域外的所有剩余区域，见图 4.24。而当 $p=0\sim1$ 的若干值时，从图中注意到，随着"伪隐系数"p 从 1 逐渐减小，稳定域的范围也随之不断增大。由此可知，旋翼尾迹系统"部分真隐式"特性越显著，即"伪隐系数"p越小，欧拉-2 阶后退预测-校正格式的实际稳定域范围越大，即逐步从正常情况下欧拉-2 阶后退预测-校正后的稳定域（图 4.21）接近至无预测步的隐式 2 阶后退格式的稳定域（图 4.22），从而方法的稳定特性也越好。

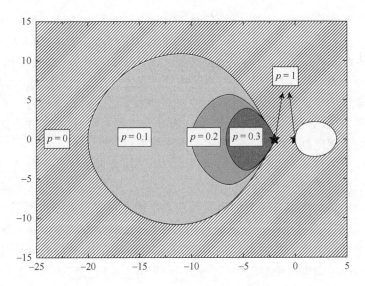

图 4.24　在"伪隐系数"p 影响下的欧拉-2 阶后退预测-校正格式的稳定域

在"伪隐系数"p 影响下的欧拉-2 阶后退预测-校正格式的稳定域的结果更合理地解释了：为何 PC2B 预测-校正格式可以在其稳定域极小（图 4.21）的情况下，仍在计算中能够保证数值稳定性，从而成为一个较为可靠的旋翼尾迹数值方法。

综上，可以得出结论，对于 PCC 和 PC2B 格式，若单独比较校正步的稳定性，则 PC2B 格式明显占优，如图 4.20 和图 4.22 所示，Bhagwat 和 Leishman[71]使用不同的方法得到类似的结果，这也部分地表明了本书方法的合理性。进一步，若综合考虑显式预测步的影响，PCC 格式则无疑要稳定许多，如图 4.19 和图 4.21 所示。但这仍然是没有考虑旋翼尾迹系统非拉格朗日类预测-校正算法的"部分真隐式"特性得出的结果。若在此基础上更进一步考虑"部分真隐式"特性，则又会得出，PCC 和 PC2B 格式都会受这种特性的较大影响而大幅度提高稳定性的新结果，如图 4.23 和图 4.24 所示。因此，考虑旋翼尾迹系统非拉格朗日类预测-校正算法的"部分真隐式"的特性后，可得出结论：PCC 和 PC2B 格式都具有良好的稳定性，而不是之前文献[71]所得出的 PC2B 格式稳定性明显好于 PCC 格式。

4.6　用于旋翼尾迹求解的稳定高阶隐式半离散格式的建立

4.6.1　旋翼尾迹半离散系统中寿命角高阶 BDF 格式的不稳定特性分析

在高阶隐式格式中，向后差分公式（backward differentiation formulas，BDF）格式具有一定的稳定性优势，且结构相对简单，因而在科学计算领域是较为常见的一种数值计算格式[169]。然而，遗憾的是，本书的研究表明，若使用高阶 BDF 格式取代寿命角偏导数来构造半离散直升机旋翼尾迹系统，则该系统会存在固有（物理）不稳定性的问题，从而导致无论使用何种数值格式对其进行方位角推进，也不能令尾迹结果稳定收敛。这就意味着，寿命角采用高阶 BDF 格式不能构造出稳定的、适合旋翼尾迹系统的高阶隐式半离散数值格式。

需要指出的是，半离散旋翼尾迹系统的构造形式与第 3 章中欧拉形式旋翼尾迹系统的情况很类似（注：除坐标系稍有差别外，几乎是相同的），也是将偏微分主控方程转化为一个耦合了方位角导数和寿命角方向有限差分的所谓"常微分方程组"。只不过半离散系统是数值分析中的称谓，而欧拉形式系统是从流体动力学系统的角度来命名的。因此，本节研究"由寿命角高阶 BDF 格式所构造的半离散旋翼尾迹系统"的固有不稳定性的方法，也与第 3 章研究欧拉形式旋翼尾迹系统物理不稳定性的过程相类似。

在第 3 章中，欧拉形式旋翼尾迹系统的建立采用的是寿命角欧拉差分格式，多个稳定的结果显示，该低阶差分格式不会对其所构造的欧拉形式旋翼尾迹系统带来额外的不稳定性。那么在本节中，将进一步运用第 3 章所建立的欧拉形式旋翼尾迹系统物理稳定性分析方法，对由寿命角 3 阶和 4 阶 BDF 格式构造的欧拉形式旋翼尾迹系统（在本章中也称为半离散系统）的固有不稳定特性进行详细分析，并使用相应的双 BDF 半离散数值格式进行计算验证。

1. 寿命角偏导数的 3 阶 BDF 格式

具体地，以 3 阶 BDF 格式取代偏微分主控方程中寿命角方向上的偏导数，即

$$D_\zeta \approx \frac{\mathrm{d}r}{\mathrm{d}\zeta}\bigg|_{\zeta_i,\psi_j} = \frac{11r_{i,j}-18r_{i-1,j}+9r_{i-2,j}-2r_{i-3,j}}{6\Delta\zeta} \tag{4.86}$$

从而可将这个发展型偏微分方程组转化为一个耦合了方位角导数和寿命角方向有限差分的"常微分方程组"，即

$$\Omega \left(\frac{\partial \boldsymbol{r}}{\partial \psi}\right)_{i,j} = \boldsymbol{v}_{i,j} - \Omega \cdot \frac{11r_{i,j} - 18r_{i-1,j} + 9r_{i-2,j} - 2r_{i-3,j}}{6\Delta\zeta} \qquad (4.87)$$

其雅可比矩阵 $\boldsymbol{A}$ 仍具有式（4.33）的形式，即

$$\boldsymbol{A} = \frac{\partial \left(\Omega \cdot \dfrac{\partial \boldsymbol{r}}{\partial \psi}\right)}{\partial \boldsymbol{r}} = \boldsymbol{J} - \Omega \cdot \boldsymbol{K}$$

且子矩阵 $\boldsymbol{J} = \partial \boldsymbol{v} / \partial \boldsymbol{r}$ 的求解方法与所使用的数值格式无关。那么，另一子矩阵 $\boldsymbol{K}$ 可由其差分方程的形式直接构造出

$$\boldsymbol{K} = \frac{\partial \left(\dfrac{11r_{i,j} - 18r_{i-1,j} + 9r_{i-2,j} - 2r_{i-3,j}}{6\Delta\zeta}\right)}{\partial \boldsymbol{r}} = \frac{1}{\Delta\zeta} \begin{bmatrix} \dfrac{11}{6}\boldsymbol{I}_3 & & & & & \boldsymbol{0} \\ -3\boldsymbol{I}_3 & \dfrac{11}{6}\boldsymbol{I}_3 & & & & \\ \ddots & \ddots & \ddots & & & \\ \ddots & \ddots & \ddots & \ddots & & \\ & & -\dfrac{1}{3}\boldsymbol{I}_3 & \dfrac{3}{2}\boldsymbol{I}_3 & -3\boldsymbol{I}_3 & \dfrac{11}{6}\boldsymbol{I}_3 \\ \boldsymbol{0} & & & -\dfrac{1}{3}\boldsymbol{I}_3 & \dfrac{3}{2}\boldsymbol{I}_3 & -3\boldsymbol{I}_3 & \dfrac{11}{6}\boldsymbol{I}_3 \end{bmatrix}$$

$$(4.88)$$

式中，$\boldsymbol{I}_3$ 是 3 阶单位矩阵。

由此，耦合了方位角导数和寿命角方向有限差分的半离散旋翼尾迹系统的雅可比矩阵特征值可以直接计算得出。继续采用 4.4.2 节中的物理稳定的单根涡线旋翼尾迹系统进行算例计算。图 4.25 计算给出了在不同步长比下，特征值与时间步长的乘积（$\lambda \Delta t$）在复平面上的分布。由图可见，各种步长比下的特征值分布均呈现出大小不一的类似水滴的形状（不再是标准的圆形），且步长比越大，特征值分布的范围也越大。这些特征值以复平面实轴为中心线上下对称，大致与虚轴相切，主要分布在负实半区。

然而，如图 4.25（b）所示，在复平面原点附近，特征值的分布没有严格与虚轴相切并完全分布在负实半区，而是以实轴为中心有个别特征值点上下对称地分布在了正实半区。需要指出的是，当前算例是 4.4.2 节中已被验证为物理稳定的旋翼尾迹系统，因此图 4.25（b）中所表现出来的个别特征值点正实分布，完全是由于寿命角采用了 3 阶 BDF 格式。依据李雅普诺夫稳定性定理可知，这一个由寿命

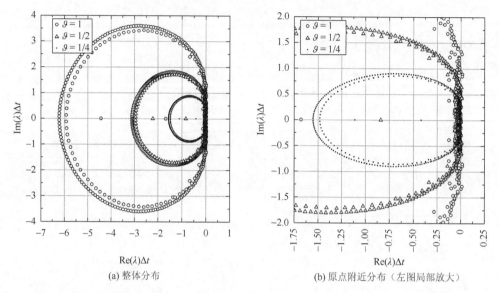

(a) 整体分布 (b) 原点附近分布（左图局部放大）

图 4.25 寿命角 3 阶 BDF 差分时对应的旋翼尾迹半离散系统在不同步长比下的 $\lambda\Delta t$ 分布

角 3 阶 BDF 格式所构造的旋翼尾迹半离散系统（式（4.87））具有本质不稳定性，因此，它无论采用何种稳定的数值方法在方位角方向上进行计算推进，都不能得到稳定收敛的旋翼尾迹结果。

为验证上述结论，在上面半离散旋翼尾迹系统的基础上，进一步引入方位角数值格式，构造一个旋翼尾迹半离散计算方法。具体地，如图 4.26 所示，以节点 $r_{i,j}$ 为估值点，在方位角方向上使用 3 阶 BDF 格式代替导数，即

$$D_\psi \approx \frac{\mathrm{d}r}{\mathrm{d}\psi}\bigg|_{\zeta_i,\psi_j} = \frac{11r_{i,j} - 18r_{i,j-1} + 9r_{i,j-2} - 2r_{i,j-3}}{6\Delta\psi} \tag{4.89}$$

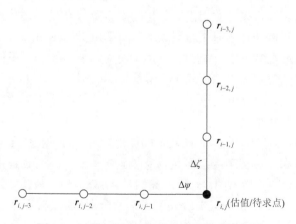

图 4.26 3 阶双 BDF 隐式半离散格式示意图

　　将式（4.89）与式（4.86）代入旋翼尾迹系统主控方程，得到 3 阶双 BDF 隐式方法的完全离散形式（注：方程中所有导数全部使用相应的差分格式替代）

$$\frac{11r_{i,j}-18r_{i,j-1}+9r_{i,j-2}-2r_{i,j-3}}{6\Delta\psi}+\frac{11r_{i,j}-18r_{i-1,j}+9r_{i-2,j}-2r_{i-3,j}}{6\Delta\zeta}=\frac{v_{i,j}}{\Omega}\quad(4.90)$$

　　将步长比 $\vartheta=\Delta\psi/\Delta\zeta$ 代入式（4.90）可得到 3 阶双 BDF 隐式格式的迭代方程如下

$$r_{i,j}=\frac{1}{11+11\vartheta}\left[18r_{i,j-1}-9r_{i,j-2}+2r_{i,j-3}+\vartheta(18r_{i-1,j}-9r_{i-2,j}+2r_{i-3,j})+6\Delta\psi\cdot\frac{v_{i,j}}{\Omega}\right]\quad(4.91)$$

　　由于在两个离散方向上都采用了 3 阶格式，易知 3 阶双 BDF 隐式格式具有 3 阶精度。

　　对于隐式方法，旋翼尾迹系统非拉格朗日类预测-校正算法具有"部分真隐式"的特性，其稳定域既不等同于隐式校正步的稳定域，也不等同于综合了显式预测步影响后的稳定域，而要受到当前旋翼尾迹系统"伪隐系数" $p\in[0,1]$ 的影响，因此不能准确地给出稳定域的大小。鉴于此，此处直接采用实际计算模拟的方式对隐式 3 阶双 BDF 半离散格式的稳定性进行检验。继续采用 4.4.2 节中的物理稳定的单根涡线旋翼尾迹系统进行算例计算。图 4.27 给出了不同步长比时悬停状态下该系统使用此格式计算 20 圈后的尾迹几何形状结果。在各种步长比下，旋翼尾迹的几何形状都出现严重的畸变和发散。需要说明的是，在 4.4.2 节中已经表明，本书的尾迹计算方法是可靠的，即图 4.27 中的不稳定计算结果是由数值格式造成的。因此无论步长比有多小，也就是说，无论半离散系统特征值的分布范围有多小（图 4.25），方位角上 3 阶 BDF 格式的实际稳定域都不能完全覆盖所有特征值从而使数值计算稳定。这主要是因为，由寿命角 3 阶 BDF 格式所构造的旋翼尾迹半离散系统（式（4.87））具有本质不稳定性，即无论对其在方位角方向上采用何

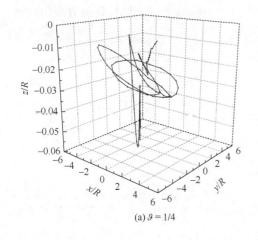

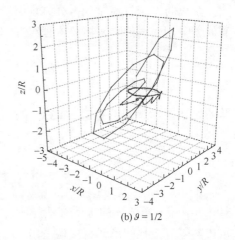

(a) $\vartheta=1/4$　　　　　　　　　　　　　(b) $\vartheta=1/2$

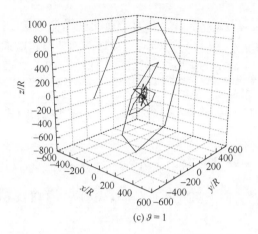

(c) $\vartheta = 1$

图 4.27　不同步长比时悬停状态单根旋翼尾迹使用 3 阶双 BDF 隐式半离散格式计算
20 圈后的尾迹几何形状

种稳定的数值方法进行计算，都无法得到稳定收敛的旋翼尾迹结果。这一计算结果与本节的特征值分析是相吻合的。

2. 寿命角偏导数的 4 阶 BDF 格式

在寿命角方向上采用 3 阶 BDF 格式会导致半离散系统本质不稳定（见 4.6.1 节），同样会出现在更高阶的情况下，此处以 4 阶 BDF 格式取代偏微分主控方程中寿命角方向上的偏导数来加以考察，即

$$D_\zeta \approx \left. \frac{\mathrm{d}r}{\mathrm{d}\zeta} \right|_{\zeta_i, \psi_j} = \frac{25r_{i,j} - 48r_{i-1,j} + 36r_{i-2,j} - 16r_{i-3,j} + 3r_{i-4,j}}{12\Delta\zeta} \qquad (4.92)$$

从而将这个发展型偏微分方程组转化为一个耦合了方位角导数和寿命角方向有限差分的所谓的"常微分方程组"，即

$$\Omega\left(\frac{\partial r}{\partial \psi}\right)_{i,j} = v_{i,j} - \Omega \cdot \frac{25r_{i,j} - 48r_{i-1,j} + 36r_{i-2,j} - 16r_{i-3,j} + 3r_{i-4,j}}{12\Delta\zeta} \qquad (4.93)$$

其雅可比矩阵 A 仍具有式（4.33）的形式，如下

$$A = \frac{\partial\left(\Omega \cdot \dfrac{\partial r}{\partial \psi}\right)}{\partial r} = J - \Omega \cdot K$$

且子矩阵 $J = \partial v / \partial r$ 的求解方法与所使用的数值格式无关。那么，另一子矩阵 K 可由其差分方程的形式直接构造出

$$K = \dfrac{\partial\left(\dfrac{25r_{i,j} - 48r_{i-1,j} + 36r_{i-2,j} - 16r_{i-3,j} + 3r_{i-4,j}}{12\Delta\zeta}\right)}{\partial r}$$

$$= \frac{1}{\Delta\zeta}\begin{bmatrix}
\frac{25}{12}I_3 & & & & & \mathbf{0} \\
-4I_3 & \frac{25}{12}I_3 & & & & \\
3I_3 & -4I_3 & \frac{25}{12}I_3 & & & \\
\ddots & \ddots & \ddots & \ddots & & \\
& \ddots & \ddots & \ddots & \ddots & \\
& \frac{1}{4}I_3 & -\frac{4}{3}I_3 & 3I_3 & -4I_3 & \frac{25}{12}I_3 \\
\mathbf{0} & & \frac{1}{4}I_3 & -\frac{4}{3}I_3 & 3I_3 & -4I_3 & \frac{25}{12}I_3
\end{bmatrix} \tag{4.94}$$

式中，I_3 是 3 阶单位矩阵。

　　由此，耦合了方位角导数和寿命角方向有限差分的半离散旋翼尾迹系统的雅可比矩阵特征值可以直接计算得出。继续采用 4.4.2 节中的物理稳定的单根涡线旋翼尾迹系统进行算例计算。在不同步长比下，图 4.11 和图 4.28 给出了特征值与时间步长的乘积，即 $\lambda\Delta t$ 在复平面上的分布。由图可以看出，与之前 3 阶 BDF 格式

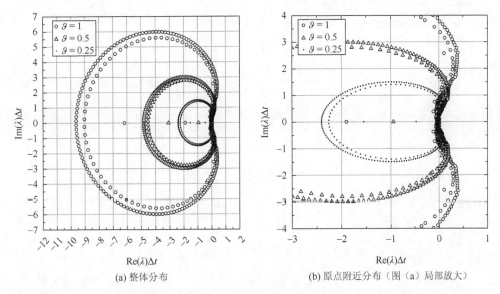

(a) 整体分布　　　　　　　　　　(b) 原点附近分布（图（a）局部放大）

图 4.28　寿命角偏导数 4 阶 BDF 差分时旋翼尾迹半离散系统在不同步长比下的 $\lambda\Delta t$ 分布

时的结果类似，各种步长比下的特征值分布均呈现出大小不一的类似水滴状，且步长比越大，则特征值分布范围也越大。这些特征值以复平面实轴为中心线呈上下对称，大致与虚轴相切，主要分布在负实半区。

另外，在复平面原点附近，如图 4.11 和图 4.28（b）所示，注意到特征值的分布并不严格与虚轴相切并完全分布在负实半区，而是呈现出类似数字"3"形状的分布特征与虚轴相割。这种情形相对于之前 3 阶 BDF 差分处理寿命角偏导数时（图 4.25（b））明显得多，有大量特征值点以实轴为中心上下对称地分布在了正实半区。当前算例是 4.4.2 节中已被验证为物理稳定的旋翼尾迹系统，因而图 4.11 和图 4.28（b）中所表现出来的大量特征值点正实分布，完全是由于寿命角采用了 4 阶 BDF 格式。那么，依据李雅普诺夫稳定性定理，可得出结论，这个由寿命角 4 阶 BDF 格式所构造的旋翼尾迹半离散系统（式（4.93））具有本质不稳定性，无论对其在方位角方向上采用何种稳定的数值方法进行计算，都不能得到稳定收敛的旋翼尾迹结果。

为验证上述结论，在上面半离散旋翼尾迹系统的基础上，进一步引入方位角数值格式，从而构造一个旋翼尾迹半离散计算方法。具体地，如图 4.29 所示，以节点 $r_{i,j}$ 为估值点，相应地在方位角方向上也使用 4 阶 BDF 格式代替导数，即

$$D_\psi \approx \left.\frac{\mathrm{d}r}{\mathrm{d}\psi}\right|_{\zeta_i,\psi_j} = \frac{25r_{i,j} - 48r_{i,j-1} + 36r_{i,j-2} - 16r_{i,j-3} + 3r_{i,j-4}}{12\Delta\psi} \tag{4.95}$$

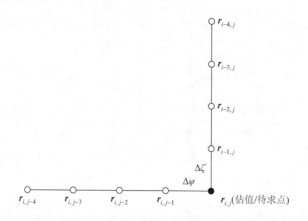

图 4.29　4 阶双 BDF 隐式半离散格式示意图

将式（4.92）与式（4.95）代入旋翼尾迹系统主控方程，得到 4 阶双 BDF 隐式方法的完全离散形式为

$$\frac{25r_{i,j}-48r_{i,j-1}+36r_{i,j-2}-16r_{i,j-3}+3r_{i,j-4}}{12\Delta\psi}+\frac{25r_{i,j}-48r_{i-1,j}+36r_{i-2,j}-16r_{i-3,j}+3r_{i-4,j}}{12\Delta\zeta}=\frac{v_{i,j}}{\Omega}$$

$$(4.96)$$

将步长比 $\vartheta=\Delta\psi/\Delta\zeta$ 代入式（4.96）可得到完整的 3 阶双 BDF 隐式格式的迭代方程为

$$r_{i,j}=\frac{1}{25+25\vartheta}\left[48r_{i,j-1}-36r_{i,j-2}+16r_{i,j-3}-3r_{i,j-4}+\vartheta(48r_{i-1,j}-36r_{i-2,j}+16r_{i-3,j}-3r_{i-4,j})+12\Delta\psi\cdot\frac{v_{i,j}}{\Omega}\right]$$

$$(4.97)$$

由于在两个离散方向上都采用了 4 阶格式，因此易知 4 阶双 BDF 隐式格式具有 4 阶精度。

与之前对隐式 3 阶 BDF 格式的处理类似，此处直接采用实际计算模拟的方式对隐式 4 阶双 BDF 格式的稳定性进行检验。对于 4.4.2 节中物理稳定的单根旋翼尾迹系统，图 4.30 给出了不同步长比时，悬停状态下该系统使用此格式计算 2 圈后的尾迹几何形状结果。在各种步长比下，旋翼尾迹的几何形状都出现严重的畸变和发散。由此可见，无论步长比有多小，即无论半离散系统特征值的分布范围有多小（图 4.11 和图 4.28），也不能够被方位角上 4 阶 BDF 格式的实际稳定域所覆盖，从而使数值计算稳定。这主要是因为，这个由寿命角 4 阶 BDF 差分格式所构造的旋翼尾迹半离散系统（式（4.93））具有本质不稳定性，无论对其在方位角方向上采用何种稳定的数值方法进行计算，都无法得到稳定收敛的旋翼尾迹结果。此处的计算结果与本小节的特征值分析结果相吻合。

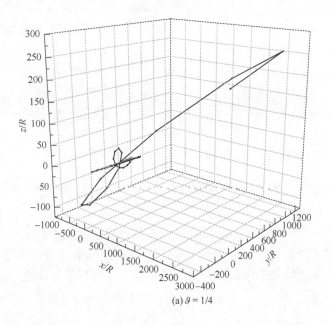

(a) $\vartheta=1/4$

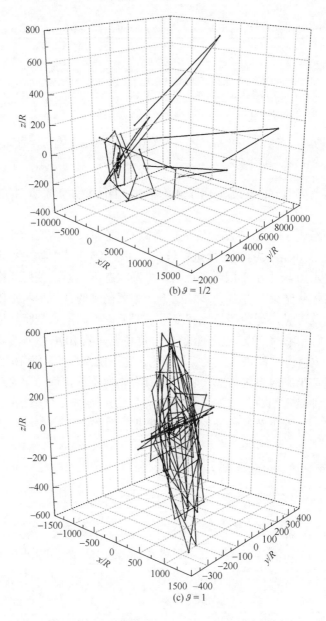

图 4.30　不同步长比时悬停状态下旋翼尾迹使用 4 阶双 BDF 隐式格式计算 2 圈后的结果

　　在本小节中，针对采用 3 阶和 4 阶 BDF 格式取代主控方程中寿命角偏导数所构造的半离散系统的稳定性进行了计算分析。易知，寿命角采用高阶 BDF 格式而得到的半离散旋翼尾迹系统具有固有不稳定性，其特征值在原点附近都呈现出类似于数字"3"形状的分布，并有一部分特征值出现在正实半区。而且，这种特征在 4 阶 BDF 格式下更为明显。由此可以推断，若采用更高阶 BDF 差分格式取代寿命角偏导数，仍将导致半离散系统具有强烈的固有不稳定。

另外，由于高阶数值方法时，方位角格式的稳定域通常较小，导致其步长必须非常小才能保证半离散系统特征值全部分布其中。因此，随着阶数的提高，其实用价值也逐步降低。鉴于此，本书将不再推导寿命角偏导数采用 5 阶及其以上的 BDF 格式，而在 4.6.2 节和 4.6.3 节尝试建立稳定的 3 阶及 4 阶隐式半离散格式。

4.6.2　3 阶稳定隐式半离散格式的建立

在之前的直升机旋翼尾迹研究中，虽然一些学者已开展了时间步进方法应用于旋翼尾迹系统的计算，但并没有针对时间步进方法的非线性数值稳定性问题进行深入分析。因此，只能应用相关数值分析著作中已有的线性稳定性分析方法，对孤立的格式进行判断：即一种格式是否比另一种格式相对更稳定，或一种格式在未应用于旋翼尾迹系统时是否是稳定的。换言之，当一种时间步进方法被应用于一个物理稳定的旋翼尾迹系统时，由于系统具有高度非线性的偏微分形式主控方程，因而目前的研究水平还不能够完全确定该格式是否一定能够得出稳定收敛的结果。这也是旋翼尾迹系统数值/物理不稳定性长期受到争论[14, 101]的主要原因之一。

因此，尽管 Celi[94]于 2005 年在假设尾迹涡线上所有节点诱导速度一致的简化前提下，针对线性化后的旋翼尾迹系统使用高阶（4 阶）"直线法"（半离散）格式进行过计算研究，但迄今仍没有可以证明在非线性旋翼尾迹系统中是稳定的高阶格式提出。然而，众所周知，不论在何种科学计算领域，稳定的高阶数值方法一直都是研究者所期望得到的，其高精度的价值不言而喻。

另外，鉴于在 4.4 节已经提出并建立了针对时间步进非拉格朗日类格式中的半离散格式的非线性数值稳定性分析方法，并已经表明可以从理论上分析一种半离散格式在被应用于高度非线性的旋翼尾迹系统时，是否具有数值稳定性。因此，在本节及 4.6.3 节中，将分别建立两种适合于旋翼尾迹系统的 3 阶及 4 阶隐式半离散格式，并使用 4.4.2 节中建立的旋翼尾迹系统半离散格式非线性数值稳定性分析方法证明其是稳定的。在此基础上，通过对物理稳定的旋翼尾迹系统进行实际计算以进一步检验它们的稳定性。

具体地，一方面，在寿命角方向上采用高阶 BDF 格式会导致其构造的半离散旋翼尾迹系统具有固有不稳定性；另一方面，鉴于旋翼尾迹系统双曲型偏微分主控方程的数值稳定性要求，又必须采用逆风格式。因此，若要构造适合旋翼尾迹系统的高阶半离散格式，则需要考虑采用除 BDF 外的其他逆风格式。对于 4 点

3 阶多步格式，以估值点为中心，不同于 3 点在后的 BDF 格式，此处尝试 2 点在后、1 点在前的逆风格式。

具体地，如图 4.31 所示，以节点 $r_{i,j}$ 为估值点，分别在方位角和寿命角方向上使用 3 阶 BDF 格式以及 4 点 3 阶逆风差分格式代替偏导数，即

$$D_\psi \approx \frac{\mathrm{d}\mathbf{r}}{\mathrm{d}\psi}\bigg|_{\zeta_i,\psi_j} = \frac{11r_{i,j} - 18r_{i,j-1} + 9r_{i,j-2} - 2r_{i,j-3}}{6\Delta\psi} \tag{4.98}$$

$$D_\zeta \approx \frac{\mathrm{d}\mathbf{r}}{\mathrm{d}\zeta}\bigg|_{\zeta_i,\psi_j} = \frac{2r_{i+1,j} + 3r_{i,j} - 6r_{i-1,j} + r_{i-2,j}}{6\Delta\zeta} \tag{4.99}$$

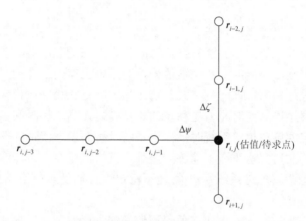

图 4.31　3 阶隐式半离散格式（方位角 BDF，寿命角逆风）示意图

将式（4.98）与式（4.99）代入旋翼尾迹系统主控方程得到其离散形式

$$\frac{11r_{i,j} - 18r_{i,j-1} + 9r_{i,j-2} - 2r_{i,j-3}}{6\Delta\psi} + \frac{2r_{i+1,j} + 3r_{i,j} - 6r_{i-1,j} + r_{i-2,j}}{6\Delta\zeta} = \frac{v_{i,j}}{\Omega} \tag{4.100}$$

将步长比 $\vartheta = \Delta\psi / \Delta\zeta$ 代入式（4.100）可得到 3 阶隐式半离散格式（方位角 3 阶 BDF，寿命角 4 点 3 阶逆风）的迭代方程如下

$$r_{i,j} = \frac{1}{11+3\vartheta}\left[18r_{i,j-1} - 9r_{i,j-2} + 2r_{i,j-3} - \vartheta(2r_{i+1,j} - 6r_{i-1,j} + r_{i-2,j}) + 6\Delta\psi \cdot \frac{v_{i,j}}{\Omega}\right] \tag{4.101}$$

本书将上面推导的格式称为 3-upwind-BDF 格式。

此外，将式（4.98）与式（4.99）代入旋翼尾迹系统主控方程，并在估值点 $r_{i,j}$ 按泰勒级数展开，相加得到

$$D_\psi + D_\zeta = \frac{\partial \mathbf{r}}{\partial\psi} + \frac{\partial \mathbf{r}}{\partial\zeta} - \frac{1}{4}\frac{\partial^4 \mathbf{r}}{\partial\psi^4}\Delta\psi^3 + \frac{1}{12}\frac{\partial^4 \mathbf{r}}{\partial\zeta^4}\Delta\zeta^3 + \mathcal{O}(\Delta\psi^4) + \mathcal{O}(\Delta\zeta^4) \tag{4.102}$$

因此格式（4.101）的截断误差主项的量级为 $\mathcal{O}(\Delta\psi^3, \Delta\zeta^3)$，具有 3 阶精度。

将转换关系式（4.15）和式（4.16）代入式（4.102），可将该格式的总截断误差主项表达成沿特征线 t 方向的误差分量 ε_c 以及剩余误差分量 ε_s 之和，以式（4.17）的形式 $\varepsilon = \varepsilon_c + \varepsilon_s$ 给出，此时其中的剩余误差分量为

$$\varepsilon_s = -12\Delta\zeta^3 \frac{\partial^4 r}{\partial \psi^4}(3\vartheta^4 - 1) \tag{4.103}$$

令其为零，由此可得出，使该高阶格式精度最高的最佳步长比为

$$(\vartheta_{op})_{\text{3-upwind-BDF}} = \frac{\sqrt[3]{9}}{3} \tag{4.104}$$

因此，对于该 3-upwind-BDF 格式，计算时采用的步长比越接近 $\sqrt[3]{9}/3$，则系统总截断误差越小，计算精度越高。

另外，观察该 4 点 3 阶逆风格式下的半离散旋翼尾迹系统的特征值分布，以确定其是否存在固有不稳定性。具体地，仅将寿命角方向的有限差分方程（式（4.99））代入旋翼尾迹系统的偏微分主控方程，可将这个发展型偏微分方程组转化为一个耦合了方位角导数和寿命角方向有限差分的所谓"常微分方程组"，即

$$\Omega\left(\frac{\partial r}{\partial \psi}\right)_{i,j} = v_{i,j} - \Omega \cdot \frac{2r_{i+1,j} + 3r_{i,j} - 6r_{i-1,j} + r_{i-2,j}}{6\Delta\zeta} \tag{4.105}$$

其雅可比矩阵 A 仍具有式（4.33）的形式，为

$$A = \frac{\partial\left(\Omega \cdot \dfrac{\partial r}{\partial \psi}\right)}{\partial r} = J - \Omega \cdot K$$

子矩阵 $J = \partial v / \partial r$ 的求解方法与所使用的数值格式无关。而另一子矩阵 K 可由其差分方程的形式直接构造出，即

$$K = \frac{\partial\left(\dfrac{2r_{i+1,j} + 3r_{i,j} - 6r_{i-1,j} + r_{i-2,j}}{6\Delta\zeta}\right)}{\partial r} = \frac{1}{\Delta\zeta}\begin{bmatrix} \frac{1}{2}I_3 & \frac{1}{3}I_3 & & & & \mathbf{0} \\ -I_3 & \frac{1}{2}I_3 & \frac{1}{3}I_3 & & & \\ \ddots & \ddots & \ddots & \ddots & & \\ \ddots & \ddots & \ddots & \ddots & \ddots & \\ & & \frac{1}{6}I_3 & -I_3 & \frac{1}{2}I_3 & \frac{1}{3}I_3 \\ \mathbf{0} & & & \frac{1}{6}I_3 & -I_3 & \frac{1}{2}I_3 \end{bmatrix} \tag{4.106}$$

式中，I_3 是 3 阶单位矩阵。

　　由上面的矩阵可以直接计算得出耦合了方位角导数和寿命角方向有限差分的半离散旋翼尾迹系统的雅可比矩阵特征值。继续采用 4.4.2 节中的物理稳定的单根涡线旋翼尾迹系统进行算例计算。图 4.32 计算给出了在不同步长比下，特征值与时间步长的乘积（$\lambda \Delta t$）在复平面上的分布。各种步长比下的特征值分布均呈现出大小不一的相似水滴状分布，且步长比越大，则特征值分布范围也越大。这些特征值以复平面实轴为中心线上下对称，与虚轴相切，分布在负实半区。

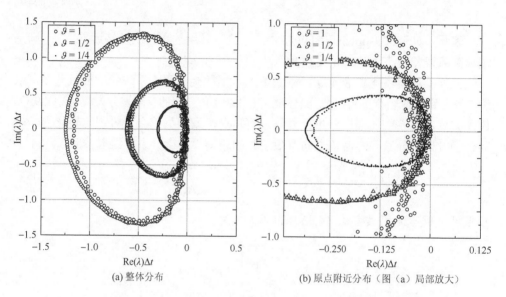

(a) 整体分布　　　　　　　　　　(b) 原点附近分布（图（a）局部放大）

图 4.32　采用寿命角偏导数 4 点 3 阶逆风格式差分时，旋翼尾迹半离散系统在不同步长比下的 $\lambda \Delta t$ 分布

　　值得注意的是，当寿命角方向上的空间离散差分使用 4 点 3 阶逆风格式时，由于半离散旋翼尾迹系统特征值呈水滴状分布，在复平面上是可以与虚轴整体相切的，即所有特征值都分布在负实半区，如图 4.32（b）所示。因此，根据李雅普诺夫稳定性定理可知，由寿命角 4 点 3 阶逆风格式所构造的半离散旋翼尾迹系统没有固有不稳定性的问题。那么，只要保证方位角方向上的数值格式具有足够大的稳定域，即可保证迭代计算满足数值稳定性要求。

　　下面直接采用实际计算算例对该 3-upwind-BDF 格式的稳定性进行计算检验。继续采用 4.4.2 节中物理稳定的单根涡线旋翼尾迹系统进行计算。图 4.33 给出了悬停状态下使用该格式不同步长比时旋翼尾迹收敛情况。仍需要指出，在 4.4.2 节中已经表明，本书的尾迹计算方法是可靠的，这里仅考察隐式 3 阶半离散格式的稳定性。在 3 种步长比的情况下，旋翼尾迹收敛判据 RMS 都随着计算圈数的增加而迅速收敛。其中，步长比为 1 的情况下收敛较慢，这主要与数值格式在该步长比下的总截断误差较大有关。由此可见，在方位角方向上，隐式 3 阶 BDF 格式在旋翼尾迹系统"伪隐系数"的影响下，其实际稳定域的大小在图 4.32 中可以完全包含 $\vartheta=1$ 时的特征值分布。

综上可见，在寿命角方向上采用 4 点 3 阶逆风格式所得到的半离散旋翼尾迹系统不具有固有不稳定性，在此基础上所构造的 3-upwind-BDF 格式经实际计算验证，可以在多种步长比计算时满足稳定性要求，并在最优步长比 $\sqrt[3]{9}/3$ 时总截断误差最小。

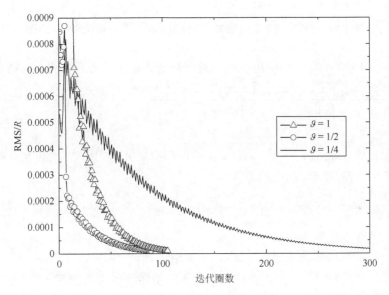

图 4.33　悬停状态下不同步长比时旋翼尾迹收敛情况（采用 3-upwind-BDF 格式）

4.6.3　4 阶稳定隐式半离散格式的建立

当寿命角采用 4 点 3 阶逆风格式构造取得成功后，进一步地，尝试构造更高阶的隐式半离散数值方法。具体地，如图 4.34 所示，以节点 $r_{i,j}$ 为估值点，分别在方位角和寿命角方向上使用 4 阶 BDF 格式以及 5 点 4 阶逆风差分格式代替偏导数，即

$$D_{\psi} \approx \frac{\mathrm{d}r}{\mathrm{d}\psi}\bigg|_{\zeta_i,\psi_j} = \frac{25r_{i,j} - 48r_{i,j-1} + 36r_{i,j-2} - 16r_{i,j-3} + 3r_{i,j-4}}{12\Delta\psi} \tag{4.107}$$

$$D_{\zeta} \approx \frac{\mathrm{d}r}{\mathrm{d}\zeta}\bigg|_{\zeta_i,\psi_j} = \frac{3r_{i+1,j} + 10r_{i,j} - 18r_{i-1,j} + 6r_{i-2,j} - r_{i-3,j}}{12\Delta\zeta} \tag{4.108}$$

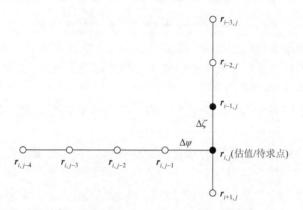

图 4.34 4 阶隐式半离散格式（方位角 BDF，寿命角逆风）示意图

将式（4.107）与式（4.108）代入旋翼尾迹系统主控方程，得到其离散形式

$$\frac{25r_{i,j} - 48r_{i,j-1} + 36r_{i,j-2} - 16r_{i,j-3} + 3r_{i,j-4}}{12\Delta\psi} + \frac{3r_{i+1,j} + 10r_{i,j} - 18r_{i-1,j} + 6r_{i-2,j} - r_{i-3,j}}{12\Delta\zeta} = \frac{v_{i,j}}{\Omega}$$

（4.109）

将步长比 $\vartheta = \Delta\psi / \Delta\zeta$ 代入式（4.109）可得到 4 阶隐式格式（方位角 4 阶 BDF，寿命角 5 点 4 阶逆风）的迭代方程为

$$r_{i,j} = \frac{1}{25 + 10\vartheta}\left[48r_{i,j-1} - 36r_{i,j-2} + 16r_{i,j-3} - 3r_{i,j-4} - \vartheta(3r_{i+1,j} - 18r_{i-1,j} + 6r_{i-2,j} - r_{i-3,j}) + 12\Delta\psi \cdot \frac{v_{i,j}}{\Omega}\right]$$

（4.110）

本书将上面推导的格式称为 4-upwind-BDF 格式。

此外，将式（4.107）与式（4.108）代入旋翼尾迹系统主控方程并在估值点 $r_{i,j}$ 按泰勒级数展开，相加可得到

$$\boldsymbol{D}_\psi + \boldsymbol{D}_\zeta = \frac{\partial\boldsymbol{r}}{\partial\psi} + \frac{\partial\boldsymbol{r}}{\partial\zeta} - \frac{1}{5}\frac{\partial^5\boldsymbol{r}}{\partial\psi^5}\Delta\psi^4 + \frac{1}{20}\frac{\partial^5\boldsymbol{r}}{\partial\zeta^5}\Delta\zeta^4 + \mathcal{O}(\Delta\psi^5) + \mathcal{O}(\Delta\zeta^5) \quad (4.111)$$

因此式（4.110）的截断误差主项的量级为 $\mathcal{O}(\Delta\psi^4, \Delta\zeta^4)$，具有 4 阶精度。将转换关系式（4.15）和式（4.16）代入式（4.111），可将该格式的总截断误差主项表达成沿特征线 t 方向的误差分量 ε_c 以及剩余误差分量 ε_s 之和，以式（4.17）的形式给出，此时其中的剩余误差分量为

$$\varepsilon_s = -\frac{\Delta\zeta^4}{20} \cdot \frac{\partial^5\boldsymbol{r}}{\partial\psi^5}(4\vartheta^4 + 1) \quad (4.112)$$

让式（4.112）的绝对值取到最小，可得到使该高阶格式精度最高的最佳步长比为

$$(\vartheta_{op})_{\text{4-upwind-BDF}} = 0 \quad (4.113)$$

　　由于方位角步长不可能为 0°，该最佳步长比实际上无法达到。因此，对于该格式，步长比越小则精度越高。但考虑到该格式的精度已经达到 4 阶，尽管无法达到最佳步长比，它在数值精度方面仍能够满足计算要求。

　　另外，观察该 5 点 4 阶逆风格式下的半离散旋翼尾迹系统的特征根分布，以确定它是否存有稳定性障碍。具体地，仅将寿命角方向的有限差分方程（式（4.108））代入旋翼尾迹系统的偏微分主控方程，从而可将这个发展型偏微分方程组转化为一个耦合了方位角导数和寿命角方向有限差分的"常微分方程组"，即

$$\Omega\left(\frac{\partial \boldsymbol{r}}{\partial \psi}\right)_{i,j} = \boldsymbol{v}_{i,j} - \Omega \cdot \frac{3\boldsymbol{r}_{i+1,j} + 10\boldsymbol{r}_{i,j} - 18\boldsymbol{r}_{i-1,j} + 6\boldsymbol{r}_{i-2,j} - \boldsymbol{r}_{i-3,j}}{12\Delta\zeta} \qquad (4.114)$$

其雅可比矩阵 $\boldsymbol{A}$ 仍具式（4.33）的形式，为

$$A = \frac{\partial\left(\Omega \cdot \frac{\partial \boldsymbol{r}}{\partial \psi}\right)}{\partial \boldsymbol{r}} = \boldsymbol{J} - \Omega \cdot \boldsymbol{K}$$

　　且子矩阵 $\boldsymbol{J} = \partial \boldsymbol{v} / \partial \boldsymbol{r}$ 的求解方法与所使用的数值格式无关。而另一子矩阵 $\boldsymbol{K}$ 则可由其差分方程的形式直接构造出，如下

$$
\begin{aligned}
\boldsymbol{K} &= \frac{\partial\left(\dfrac{3\boldsymbol{r}_{i+1,j} + 10\boldsymbol{r}_{i,j} - 18\boldsymbol{r}_{i-1,j} + 6\boldsymbol{r}_{i-2,j} - \boldsymbol{r}_{i-3,j}}{12\Delta\zeta}\right)}{\partial \boldsymbol{r}} \\[2mm]
&= \frac{1}{\Delta\zeta}
\begin{bmatrix}
\frac{5}{6}\boldsymbol{I}_3 & \frac{1}{4}\boldsymbol{I}_3 & & & & \boldsymbol{0} \\
-\frac{3}{2}\boldsymbol{I}_3 & \frac{5}{6}\boldsymbol{I}_3 & \frac{1}{4}\boldsymbol{I}_3 & & & \\
\ddots & \ddots & \ddots & \ddots & & \\
\ddots & \ddots & \ddots & \ddots & \ddots & \\
& -\frac{1}{12}\boldsymbol{I}_3 & \frac{1}{2}\boldsymbol{I}_3 & -\frac{3}{2}\boldsymbol{I}_3 & \frac{5}{6}\boldsymbol{I}_3 & \frac{1}{4}\boldsymbol{I}_3 \\
\boldsymbol{0} & & -\frac{1}{12}\boldsymbol{I}_3 & \frac{1}{2}\boldsymbol{I}_3 & -\frac{3}{2}\boldsymbol{I}_3 & \frac{5}{6}\boldsymbol{I}_3
\end{bmatrix}
\end{aligned}
\qquad (4.115)
$$

式中，$\boldsymbol{I}_3$ 是 3 阶单位矩阵。

　　由此，可以直接计算得出耦合了方位角导数和寿命角方向有限差分的半离散旋翼尾迹系统的雅可比矩阵特征值。继续采用 4.4.2 节中的物理稳定的单根涡线旋翼尾迹系统进行算例计算。在不同步长比下，图 4.35 给出了特征值与时间步长的乘积（$\lambda\Delta t$）在复平面上的分布。各种步长比下的特征值均呈现出大小不一的相似水滴状分布，且步长比越大，则特征值分布范围也越大。还可

看出，这些特征值以复平面实轴为中心线上下对称，与虚轴相切，分布在负实半区。

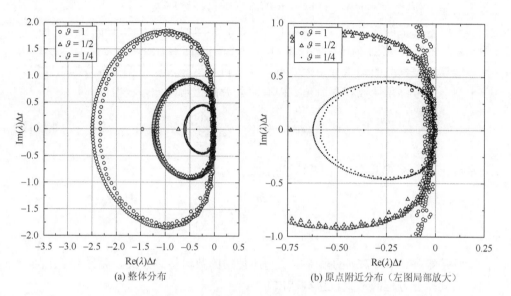

(a) 整体分布　　　　　　　　　　　　　　(b) 原点附近分布（左图局部放大）

图 4.35　寿命角偏导数采用 5 点 4 阶逆风格式差分时，计算的旋翼尾迹半离散系统在不同步长比下的 $\lambda\Delta t$ 分布

　　值得注意的是，当寿命角方向上的空间离散差分使用 5 点 4 阶逆风格式时，由于半离散旋翼尾迹系统特征值呈水滴状分布，在复平面上是可以与虚轴整体相切的，即所有特征值都分布在负实半区，如图 4.35（b）所示。因而，根据李雅普诺夫稳定性定理可知，由寿命角 5 点 4 阶逆风格式所构造的半离散旋翼尾迹系统没有固有不稳定性的问题。那么，只要保证方位角方向上的数值格式具有足够大的稳定域，就可以保证迭代计算满足数值稳定性要求。

　　下面仍采用实际计算算例的方式对该 4-upwind-BDF 格式的稳定性进行计算验证。继续选择 4.4.2 节中物理稳定的单根涡线旋翼尾迹系统进行计算。图 4.36 给出了悬停状态下使用该格式不同步长比时旋翼尾迹的收敛情况。由图可以看出，在步长比 $\vartheta<1$ 的两种情况下，旋翼尾迹收敛判据 RMS 都随着计算圈数的增加而迅速收敛。反观步长比 $\vartheta=1$ 的情况，RMS 在若干圈之内就已快速发散至 10^6 量级，从而由于数值不稳定而导致计算失败。由此可见，方位角方向上隐式 4 阶 BDF 格式在当前的"伪隐系数"的影响下，其实际稳定域的大小在图 4.35 中介于 $\vartheta=1$ 和 $\vartheta=0.5$ 之间，可以完全包含后者（$\vartheta=0.5$）的特征值分布，但不能够完全包含前者（$\vartheta=1$）。

　　综上所述，在寿命角方向上采用 5 点 4 阶逆风格式所得到的半离散旋翼尾迹系统不具有本质不稳定性，在此格式基础上所构造的 4-upwind-BDF 格式经实际计算验证，在步长比 0.5 以下时满足稳定性要求。

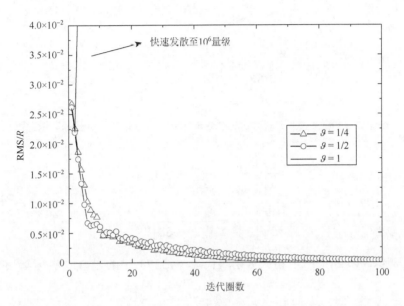

图 4.36　悬停状态下不同步长比时旋翼尾迹收敛和发散情况（使用 4-upwind-BDF 格式）

4.6.4　旋翼尾迹预测–校正求解算法的建立

4.6.3 节中推导了两种新的稳定隐式高阶半离散格式，以其中的 3 阶隐式半离散 3-upwind-BDF 格式为例，构建完整的旋翼尾迹求解算法。

由于隐式格式不易直接求解，需使用预测–校正算法才能方便地进行计算。鉴于预测–校正算法的精度要求，为保证格式最终仍能具有 3 阶精度，在仅进行一次校正计算的情况下，预测步应至少具有 2 阶精度[171]。因此，本书提出采用 2 阶显式半离散格式（寿命角 2 阶 BDF，方位角显式 2 阶 Adams 格式）作为对应的预测步格式，如图 4.37 所示。

具体地，对于待求节点 $r_{i,j}$，使用显式 2 阶 Adams 格式可得到其求解表达式为

$$r_{i,j} = r_{i,j-1} + \Delta\psi\left(\frac{3}{2}\left.\frac{\mathrm{d}r}{\mathrm{d}\psi}\right|_{\zeta_i,\psi_{j-1}} - \frac{1}{2}\left.\frac{\mathrm{d}r}{\mathrm{d}\psi}\right|_{\zeta_i,\psi_{j-2}}\right) \tag{4.116}$$

由主控方程可知，方位角方向的导数可转化为寿命角方向的导数，即

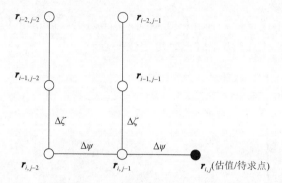

图 4.37　2 阶显式半离散格式（寿命角 BDF，方位角显式 Adams）示意图

$$\frac{\mathrm{d}\boldsymbol{r}}{\mathrm{d}\psi}\bigg|_{\zeta_i,\psi_{j-1}} = \frac{\boldsymbol{v}_{i,j-1}}{\varOmega} - \frac{\mathrm{d}\boldsymbol{r}}{\mathrm{d}\zeta}\bigg|_{\zeta_i,\psi_{j-1}}$$
$$\frac{\mathrm{d}\boldsymbol{r}}{\mathrm{d}\psi}\bigg|_{\zeta_i,\psi_{j-2}} = \frac{\boldsymbol{v}_{i,j-2}}{\varOmega} - \frac{\mathrm{d}\boldsymbol{r}}{\mathrm{d}\zeta}\bigg|_{\zeta_i,\psi_{j-2}} \tag{4.117}$$

进一步，以 2 阶 BDF 格式分别取代式（4.117）中的寿命角导数项，得

$$\frac{\mathrm{d}\boldsymbol{r}}{\mathrm{d}\zeta}\bigg|_{\zeta_i,\psi_{j-1}} = \frac{\frac{3}{2}\boldsymbol{r}_{i,j-1} - 2\boldsymbol{r}_{i-1,j-1} + \frac{3}{2}\boldsymbol{r}_{i-2,j-1}}{\Delta\zeta}$$
$$\frac{\mathrm{d}\boldsymbol{r}}{\mathrm{d}\zeta}\bigg|_{\zeta_i,\psi_{j-2}} = \frac{\frac{3}{2}\boldsymbol{r}_{i,j-2} - 2\boldsymbol{r}_{i-1,j-2} + \frac{3}{2}\boldsymbol{r}_{i-2,j-2}}{\Delta\zeta} \tag{4.118}$$

那么，将式（4.117）和式（4.118）代入式（4.116），可得预测步的完整格式，同时采用 4.6.2 节中推导的 3 阶隐式半离散 3-upwind-BDF 格式（式（4.101））作为校正步。由此，构建一个旋翼尾迹求解的预测–校正完整迭代方程如下

$$预测步: \boldsymbol{r}_{i,j} = \boldsymbol{r}_{i,j-1} + \frac{\Delta\psi}{\varOmega}\left(\frac{3}{2}\boldsymbol{v}_{i,j-1} - \frac{1}{2}\boldsymbol{v}_{i,j-2}\right)$$
$$+ \vartheta\left(-\frac{9}{4}\boldsymbol{r}_{i,j-1} + 3\boldsymbol{r}_{i-1,j-1} - \frac{3}{4}\boldsymbol{r}_{i-2,j-1} + \frac{3}{4}\boldsymbol{r}_{i,j-2} - \boldsymbol{r}_{i-1,j-2} + \frac{1}{4}\boldsymbol{r}_{i-2,j-2}\right)$$

$$校正步: \boldsymbol{r}_{i,j} = \frac{1}{11+3\vartheta}\left[18\boldsymbol{r}_{i,j-1} - 9\boldsymbol{r}_{i,j-2} + 2\boldsymbol{r}_{i,j-3} - \vartheta(2\boldsymbol{r}_{i+1,j} - 6\boldsymbol{r}_{i-1,j} + \boldsymbol{r}_{i-2,j}) + 6\Delta\psi\cdot\frac{\boldsymbol{v}_{i,j}}{\varOmega}\right] \tag{4.119}$$

式（4.119）最终精度仍为 3 阶，这是因为，正如文献[171]所指出的那样，校正步 3 阶，在预测步 2 阶且进行一次校正计算的情况下，预测–校正算法的最终精度则为 3 阶。

接着，继续采用 4.4.2 节中的物理稳定的单根涡线旋翼尾迹系统进行算例计算，以验证该 3 阶预测–校正算法的计算效率。取方位角步长 7.5°，寿命角步长为 15°，图 4.38 分别计算了 2 阶精度 PC2B 格式[14]以及本书的 3 阶 3-upwind-BDF 格式针对相同算例时的收敛情况。从图中可以明显看出，在指数坐标系下，两种格式的旋翼尾迹收敛判据 RMS 都随着迭代圈数的增加而近似直线逼近至零，所不同的是，本书的 3 阶 3-upwind-BDF 格式的收敛曲线相对更为陡峭，从而可以比 2 阶精度的 PC2B 格式更早达到收敛标准并完成计算。具体地，若以 10^{-5} 为收敛标准，则本书方法大致需要 120 圈，而 PC2B 方法则需要 140 圈左右。这主要是由于数值格式的精度等级与其误差随计算步长收敛的速度具有直接关系：在 2 阶精度情况下，误差以步长的三次方速度收敛至零；而在 3 阶精度情况下，误差则以步长的四次方速度收敛至零。因此，在相同步长下，高阶精度格式具有更高的计算效率。

此外，需要指出的是，在总计算步数更少的前提下，3-upwind-BDF 格式在每一步中的计算量与 PC2B 格式相差无几，主要的计算量都是求解两次诱导速度场。综上，可以看出，更高精度的 3-upwind-BDF 格式相对 2 阶格式，在计算效率上占有一定优势。在第 5 章中还将介绍高阶格式的优势不仅体现在计算效率上，在离散密度较低时，高阶格式所求得结果的误差也更小些。

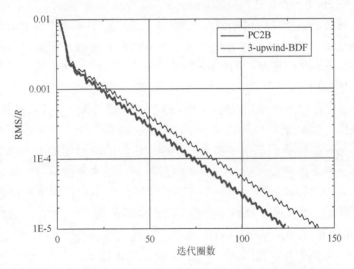

图 4.38　本书的 3-upwind-BDF 格式与 PC2B 格式收敛速度对比

4.7　本 章 小 结

本章首先对旋翼自由尾迹时间步进求解方法的不同离散形式进行了分析。针对非拉格朗日类方法,从数值精度和稳定性两个方面进行了研究,分析了尾迹不同积分方向解的光滑度差异,提出了通过选取合适的步长比来提高数值精度的方法。同时,建立了一种针对旋翼尾迹系统半离散格式非线性数值稳定性的分析方法,并针对预测-校正格式,分析了显式预测步对数值方法稳定性的破坏影响。在此基础上,首次分析了旋翼尾迹系统非拉格朗日类预测-校正算法所具有的"部分真隐式"特性对其稳定性的积极作用。最后,讨论了 3 阶和 4 阶双 BDF 半离散格式求解旋翼尾迹系统时所具有的固有不稳定性,并建立了两种稳定的高阶隐式半离散格式(它们分别为 3 阶和 4 阶)。针对其中的 3 阶 3-upwind-BDF 格式,构建了一个完整的预测-校正旋翼尾迹求解算法。本章结论如下。

(1)在旋翼尾迹系统三个不同的积分方向(方位角 ψ、寿命角 ζ 和时间 t)上,时间 t 方向上解的光滑度要远高于前两者。

(2)对于非拉格朗日类数值方法,采用最佳步长比($\Delta\psi/\Delta\zeta$)可以令尾迹计算的总截断误差恰好落在最光滑的时间 t 积分方向,从而在不显著增加离散密度和计算量的前提下,提高数值方法的计算精度。本书的推导表明,PC2B 格式的最佳步长比是 1/2,而非目前常用的 1。

(3)建立了一种适合于旋翼尾迹系统半离散格式非线性数值稳定性分析的方法,算例表明,对于高度非线性的旋翼尾迹系统来说,它相对于传统的傅里叶线性稳定性分析方法,结果更为可靠。

(4)旋翼尾迹系统非拉格朗日类预测-校正算法所具有的"部分真隐式"特性会对稳定性产生正面的作用,其影响大小与当前旋翼尾迹系统的"伪隐系数"值密切相关。而在旋翼尾迹系统的预测-校正算法中,显式预测步又会对其稳定域产生明显的破坏作用。

(5)当在寿命角方向采用高阶 BDF 格式离散偏导数时,所得旋翼尾迹半离散系统的特征值不能完全分布在负实半区,即具有固有不稳定性,因而无论在方位角方向采用何种数值格式,都不能进一步构造稳定的自由尾迹半离散数值方法。当在寿命角方向采用 4 点 3 阶或 5 点 4 阶逆风差分格式离散偏导数时,所得旋翼尾迹半离散系统的特征值可完全分布在负实半区,即不存在固有不稳定性问题。

(6)分别提出了一种 3 阶和 4 阶稳定隐式半离散格式——3-upwind-BDF 格式和 4-upwind-BDF 格式,并在前者的基础上,构建了一个 3 阶预测-校正旋翼尾迹求解算法。算例表明,相比于传统的 2 阶 PC2B 格式,3-upwind-BDF 格式和 4-upwind-BDF 格式具有更高的计算效率。

第5章　基于旋翼自由尾迹方法的非定常气动载荷及瞬态气动响应计算

5.1　概　　述

旋翼是直升机主要的升力面和操纵面，它的气动特性直接影响直升机的整体飞行性能。因此，旋翼的气动特性一直是直升机研究的重点之一，能否准确计算旋翼气动特性对于直升机的设计具有重要的意义。但是，由于直升机旋翼的工作方式不同于固定翼飞行器，其桨尖会拖出并卷起强烈的集中涡。该桨尖涡呈螺旋几何形状，并随当地速度自由畸变和运动，产生复杂的诱导速度场，反过来又影响旋翼的气动载荷和气动性能。因此，直升机旋翼的气动特性具有很大的计算难度，这其中尤其以前飞非定常气动载荷以及总距突增瞬态气动响应的准确计算更具挑战性。

Wilkinson[172]最早建立了一套用于分析孤立旋翼气动载荷的计算方法。该方法考虑了旋翼空气动力学和动力学多方面的因素，但由于受理论分析方法和计算条件的限制，方法中存在很多局限性：如没有考虑到非定常空气动力、翼型的升阻系数通过查表确定、诱导速度的分布使用简单的 Glauer 分布或涡环分布模型计算等。随后，Hansford[173]及 Young[174]等在之前方法的基础上，针对旋翼气动环境的复杂特征，对气动力模型进行了改进。考虑了非定常空气动力的影响，对动态失速采用了两种计算模型：一是时间延迟模型[175]；二是适用于低马赫数的前缘速度准则模型[176]。另外，研究者在改进旋翼入流模型方面也开展了许多工作，如发展了动态入流[177]和广义动态尾迹理论[178, 179]。动态入流和广义动态尾迹理论不需要求解尾迹模型而直接给定桨盘处的诱导速度分布，它简化了计算模型，已广泛应用于飞行力学计算领域。但是，该模型对于旋翼非定常气动载荷计算显得不足，仍需要建立适合于旋翼气动载荷计算的更为准确的方法。

正如 Landgrebe 和 Cheney[180]所指出的那样，旋翼尾迹对正确计算桨叶气动特性至关重要。为了准确地计算诱导速度场，随后的研究工作主要围绕着旋翼尾迹展开。例如，在固定尾迹和旋翼气动试验的基础上，Miller[57]、Beddoes[181]分别给出了悬停和前飞状态下的预定尾迹模型，很好地提高了对诱导速度的预测精度。

之后，自由尾迹方法更是得到了进一步发展，它考虑了旋翼尾迹实际的收缩和畸变，允许尾迹涡线随当地气流速度自由移动，可以更准确地模拟尾迹诱导速度场[14]。在此基础上，文献[86]等使用自由尾迹分析方法对旋翼前飞时的气动载荷进行了计算，收到了较好的效果。但该方法并未耦合计算旋翼挥舞和配平的影响，计算时需以实验所提供的预定操纵量作为输入参数，才能计算出与实验测得的旋翼载荷相符的计算结果。因此，配平、挥舞模块对于一个旋翼非定常气动载荷计算方法的实用性而言是十分重要的。

为了能够进行准确的旋翼非定常载荷的预测，本章基于第 4 章中所建立的稳定高阶隐式半离散格式时间步进自由尾迹方法，建立了耦合配平和桨叶挥舞运动模型的旋翼气动特性综合分析方法。方法中采用 Beddoes 非定常气动模型[182]来计算桨叶的压缩、气流分离效应。通过对多种前飞速度下旋翼非定常载荷以及悬停时总距突增时瞬态气动响应的计算验证了方法的有效性。

5.2　旋翼自由尾迹计算方法

旋翼自由尾迹数值计算方法包括所使用的桨叶非定常气动模型、桨叶挥舞动力学模型、旋翼配平分析模型以及尾迹求解的数值格式。本节将分别阐述桨叶非定常气动模型、桨叶挥舞动力学模型、旋翼配平分析模型，有关数值格式已在第 4 章进行了详细推导，此处不再赘述。

5.2.1　桨叶非定常气动模型

直升机工作时，旋翼处于复杂的非定常流场中。前行侧桨叶的桨尖马赫数很大，可受到气流压缩性的影响，而后行侧的桨叶则可受到气流分离的影响。因此，为了更为准确地计算桨叶剖面的升力和阻力，本书尾迹方法的气动模型采用非定常 Beddoes 气动模型[182]以计算翼型的非线性升阻特性。

在 Beddoes 气动模型中，应用基尔霍夫/亥姆霍兹规则，相对气流分离临界点的升力系数可表示为

$$C_l(\alpha) = 2\pi \left(\frac{1+\sqrt{f}}{2} \right)^2 \alpha \cos\alpha \qquad (5.1)$$

式中，α 是剖面来流迎角；f 是无量纲的后缘气流分离点位置，其位置与桨叶迎角 α 有关，表达式为

$$f = \begin{cases} 1 - 0.3\exp\left(\dfrac{(\alpha - \alpha_0) - \alpha_1}{S_1}\right), & \alpha - \alpha_0 \leqslant \alpha_1 \\[3mm] 0.04 + 0.66\exp\left(\dfrac{\alpha_1 - (\alpha - \alpha_0)}{S_2}\right), & \alpha - \alpha_0 > \alpha_1 \end{cases} \tag{5.2}$$

式中，α_0 是翼型零升迎角；α_1 是气流分离点为 0.7 时的失速迎角；S_1 和 S_2 定义了翼型的静态失速特性，由经验公式给出。

进一步，通过修正法向力线斜率的值来考虑气流压缩性及气流分离的影响，引入普朗特-格劳特因子 $\sqrt{1 - Ma^2}$，修正后的升力表达式为

$$C_l(\alpha) = \frac{2\pi}{\sqrt{1 - Ma^2}}\left(\frac{1 + \sqrt{f}}{2}\right)^2 \alpha\cos\alpha \tag{5.3}$$

式中，Ma 是来流马赫数。

同时，在该模型中，阻力系数也考虑了气流压缩和分离的影响，表示为

$$C_d = C_{d_0} + 0.035 C_n \sin\alpha + K_D C_n \sin(\alpha - \alpha_{DD}) \tag{5.4}$$

式中，C_{d_0} 是零升阻力系数；α_{DD} 是阻力发散角；参数 K_D 可给出如下

$$K_D = \begin{cases} 0, & \alpha \leqslant \alpha_{DD} \\ 2.7\mathrm{e}^{-d_f f}, & \alpha > \alpha_{DD} \end{cases} \tag{5.5}$$

其中，d_f 由经验公式确定。

图 5.1 给出了本书采用 Beddoes 模型计算的 NACA0012 翼型的升力特性、阻力特性在来流马赫数为 0.3 时与试验值[182]的对比。从图中可以看出，计算结果与试验值吻合良好，表明该模型在计算翼型升力及阻力时是较有效的。

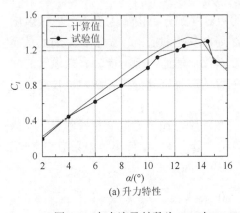
(a) 升力特性

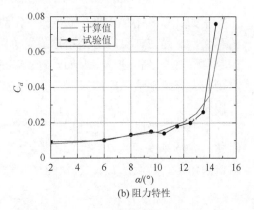
(b) 阻力特性

图 5.1　在来流马赫数为 0.3 时 NACA0012 翼型升阻特性计算值与试验值对比

5.2.2　桨叶挥舞动力学模型

众所周知，直升机旋翼工作时，桨叶会产生挥舞运动。该运动不仅影响桨叶的有效迎角及升力分布，也会影响桨叶尾迹的空间位置。因此，为了能准确计算旋翼非定常载荷，需要建立合适的桨叶挥舞动力学模型。

本书中桨叶挥舞模型采用通常的刚性桨叶假设[183]，根据挥舞铰处的力矩平衡关系：

$$M_{CF} + M_I = M_\beta \tag{5.6}$$

式中，离心力力矩 $M_{CF} = (I_\beta + eS_\beta)\Omega^2\beta$，挥舞惯性力矩 $M_I = I_\beta\ddot{\beta}$。其中，$\Omega$ 是桨叶转速；β 是挥舞角；e 是挥舞铰偏置量；I_β 和 S_β 则分别是桨叶绕挥舞铰的惯性矩和质量矩。由此可以得到桨叶挥舞动力学方程为

$$\frac{\ddot{\beta}}{\Omega^2} + \upsilon_\beta{}^2\beta = \frac{M_\beta}{I_\beta\Omega^2} \tag{5.7}$$

式中，υ_β^2 是无量纲挥舞固有频率。

将式（5.7）转化为一阶常微分方程组，在每一方位上建立力矩平衡方程，应用相应阶数的数值方法时间推进求解，便可与时间步进的自由尾迹方法同时在时间步上进行旋翼尾迹的耦合迭代求解。

5.2.3　旋翼配平分析模型

正如文献[93]所指出的那样，在先前的旋翼尾迹分析中，大多不考虑操纵量的配平，而是在计算时直接指定旋翼总距和周期变距的值，一个重要原因就是模型包含旋翼配平将进一步增加尾迹求解的复杂性，然而，不考虑旋翼操纵量的配平可能会导致不恰当的结果[20, 184]。因此，完整的旋翼气动分析方法须包含旋翼配平模型。

本书在配平时，给定旋翼的轴倾角和前飞速度，通过调整旋翼操纵量 z（总距角 θ_0 和周期变距角 θ_{1c}, θ_{1s}）来满足给定的状态量 y（包括旋翼拉力系数 C_T 和桨盘侧倾角 a_1、后倒角 b_1）。旋翼配平方程可以表示为

$$\Delta z = \lambda J^{-1}\Delta y \tag{5.8}$$

式中，$y = (C_T, a_1, b_1)^T$；$z = (\theta_0, \theta_{1c}, \theta_{1s})^T$；雅可比矩阵为

$$J = \begin{bmatrix} \dfrac{\partial C_T}{\partial \theta_0} & \dfrac{\partial C_T}{\partial \theta_{1c}} & \dfrac{\partial C_T}{\partial \theta_{1s}} \\[2ex] \dfrac{\partial a_1}{\partial \theta_0} & \dfrac{\partial a_1}{\partial \theta_{1c}} & \dfrac{\partial a_1}{\partial \theta_{1s}} \\[2ex] \dfrac{\partial b_1}{\partial \theta_0} & \dfrac{\partial b_1}{\partial \theta_{1c}} & \dfrac{\partial b_1}{\partial \theta_{1s}} \end{bmatrix} \tag{5.9}$$

在求解过程中，当初始值不在真实解附近时，为保证稳定性，可以引入一阻尼因子 $\lambda(0 < \lambda \leqslant 1)$。

旋翼的配平模型与时间步进自由尾迹方法也是需要耦合的[95, 164]，然而实际计算中，若采用每步均耦合迭代是耗费时间且不易收敛的。由于状态量（旋翼拉力系数、侧倾角和后倒角）都是宏观量，这些参数需以旋翼旋转周期为最小计算单位才能获得，因此配平模块只在旋翼旋转周期的整数倍时才进行计算。

在时间步进旋翼自由尾迹计算中，配平分析的大致步骤为：①在固定了旋翼的轴倾角和前飞速度等条件下，应用时间步进自由尾迹方法迭代得到旋翼一周随方位角变化的拉力和挥舞角；②取一周内的平均值，可得到时均拉力系数、旋翼侧倒角和后倒角作为当前旋翼状态量；③利用配平方程（5.8），略微调整操纵量（旋翼总距角和周期变距角），以使当前状态量逐步逼近目标旋翼拉力系数和桨盘后倒角、侧倒角；④在若干圈内重复上述步骤，直至当前状态量与目标状态量足够接近，则可认为已得到收敛的配平操纵量，配平完成。

5.2.4　旋翼自由尾迹计算方法及流程图

结合上述的桨叶挥舞模型、旋翼配平模型、非定常气动模型，可以给出旋翼自由尾迹综合迭代求解的计算方法，具体流程见图 5.2。计算步骤如下。

（1）给出飞行条件和旋翼参数，生成桨叶附着涡、尾随涡系和桨尖涡初始尾迹，给出预定旋翼操纵量和状态量。

（2）求解当前桨叶及桨尖涡上的环量分布。

（3）由毕奥-萨伐尔公式计算尾迹涡线节点的诱导速度，并通过自由尾迹迭代算法对旋翼尾迹的几何形状进行更新。

（4）计算当前桨叶上的气动力，并预测其挥舞动力学响应特性。

（5）方位角前进一个步长，并重复步骤（2）～（4）。

（6）当旋翼旋转满一圈时，计算出旋翼时均状态量，并返回步骤（2）。但如果其与上一圈相比已经收敛，则判断其是否与目标状态量相一致。若不一致则进入配平模块，使用旋翼配平模型计算旋翼新的操纵量，并返回步骤（2）。若一致则计算结束，输出结果。

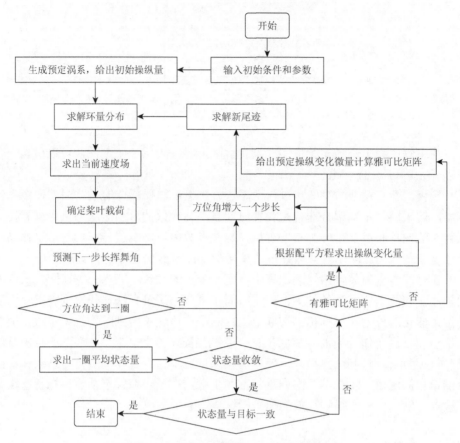

图 5.2   旋翼时间步进自由尾迹计算流程图

5.2.5   自由尾迹计算方法的验证

为验证本书提出的自由尾迹求解格式的可靠性,以已知的 PC2B 格式[14]作为参照,图 5.3 计算给出了不同自由尾迹求解格式在不同涡线离散密度下所计算得到的旋翼尾迹径向分布,图中选取了分歧较大的旋翼后三圈尾迹进行显示对比。当 $\Delta\psi = \Delta\zeta = 15°$ 时,涡线离散密度较小,尽管同样都是计算收敛后得到的旋翼尾迹几何形状,本书的 3-upwind-BDF 格式与已知的 PC2B 格式计算所得到的结果明显存在一定的差异,如图 5.3(a)所示。这主要是由于二者的精度等级不同,即 3-upwind-BDF 是 3 阶格式,而 PC2B 是 2 阶格式,这种截断误差上的差异会最终反映到计算结果中。随着涡线离散密度的增大,二者结果的差异得到显著缓解,至 $\Delta\psi = \Delta\zeta = 5°$ 时,两种方法所计算得到的尾迹形状已几乎一致,如图 5.3(c)所示。这主要是由于在高离散密度下,这两种不同精度等级的方法的截断误差同样都很小,差距已不再那么明显。

以上结果说明，本书所提出的自由尾迹求解格式（3-upwind-BDF）能够计算得到与已知的 PC2B 格式相同的旋翼尾迹几何形状结果，同时还具有更高精度（参见第 4 章推导验证），是一种可靠且高效的自由尾迹求解格式。

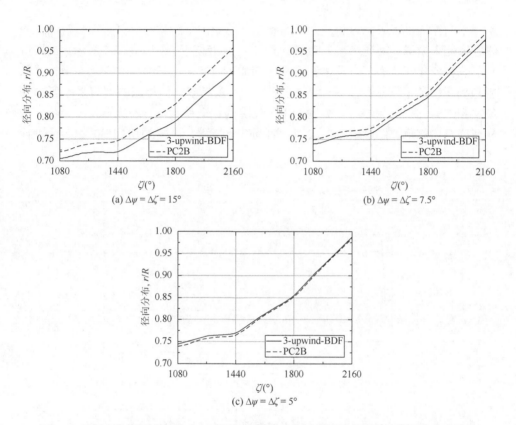

图 5.3　不同自由尾迹求解格式在不同涡线离散密度下所计算得到的旋翼尾迹径向分布

5.3　旋翼瞬态气动响应和非定常气动载荷的计算

5.3.1　旋翼瞬态气动响应计算分析

直升机大机动飞行时，飞行员的操纵是突变的，此时旋翼周围的气动环境变化剧烈，从而导致旋翼气动力以及桨叶的运动产生显著的非定常变化。因此，准确地预测操纵突变状态下旋翼的气动响应具有较大的难度。本节将使用所建立的方法应用于悬停状态下总距突增时旋翼瞬态气动响应的计算，其中旋翼模型[185]参数如表 5.1 所示。

表 5.1 算例旋翼基本参数

桨叶片数	旋翼半径/m	旋翼实度	挥舞铰外伸量	转速/s^{-1}
3	5.79	0.042	0	23

本书算例以旋翼稳定悬停为初始状态，总距的阶跃输入用总距在短时间内的线性变化来模拟，其变化率为 200(°)/s、48(°)/s 及 20(°)/s，如图 5.4 所示。由图可见，三种变化率状态下，总距都是从零增加到 12°，这三种线性变化模拟了从剧烈到平缓的不同总距阶跃输入方式[185]，用以考察它们相应的旋翼瞬态气动响应。图 5.5、图 5.6 和图 5.7 分别给出了计算的这三种状态下的旋翼拉力系数、诱导速度及挥舞角（桨盘下方 0.1R 处）时间变化历程，并与文献[185]的试验值进行了对比。

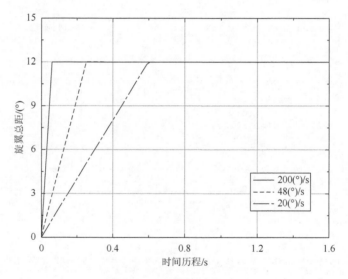

图 5.4 总距输入时间历程

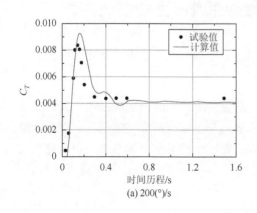

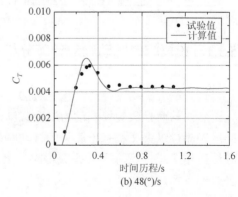

(a) 200(°)/s

(b) 48(°)/s

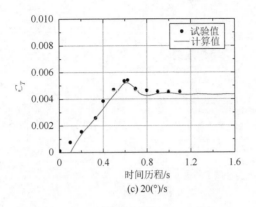

图 5.5　总距突增时旋翼拉力系数的响应

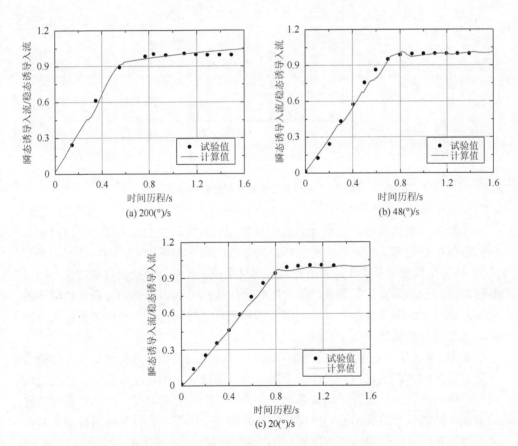

图 5.6　总距突增时桨盘下方 0.6m 处的诱导速度响应

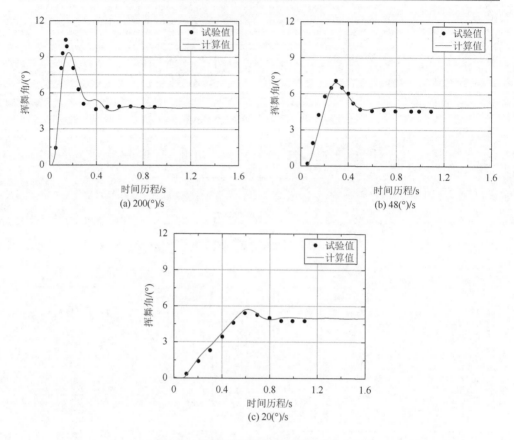

图 5.7　总距突增时旋翼挥舞角的响应

当桨叶总距突增时，在桨叶表面会产生抑制拉力增大的反向涡[4]，该反向涡的抑制作用会使得桨叶附体涡的总环量与总距的增长率不同步，而由茹科夫斯基升力-环量定理知道，桨叶剖面的升力与涡量是成正比的。因此旋翼总的拉力响应会出现滞后于总距变化的现象，即响应峰值出现的时间迟于输入总距到达峰值的时间。通过对比图 5.5 中不同突增率下的响应迟滞时间，可看出突增率越大响应迟滞现象相对越明显。

如图 5.6 所示，在桨盘下方 0.6m 处，在桨距突增过程中，不仅反向涡量的存在会对旋翼拉力产生影响，同样由于尾迹响应的滞后，诱导速度的变化也是远滞后于总距的变化的，且总距增长率越大，诱导速度响应越迟滞。因此，在反向涡的抑制、减弱以及旋翼诱导速度逐渐增加的共同作用下，会导致旋翼拉力系数在总距增长过程中出现瞬时过冲现象，即出现大于最后稳态值的响应峰值。由图 5.5 可见，过冲响应的幅度与总距突增率呈正比关系。随着桨叶的环量完全传导至旋翼尾迹，诱导速度场也会逐步增大并趋于稳定，此时桨叶由于受诱导速度影响，有效迎角显著降低，因此旋翼拉力系数也从过冲峰值逐渐降低，直至达到稳态值。而挥舞由于主要受旋翼气动力的影响，其响应过程完全呼应拉力系数的变化。

　　由上述计算结果与试验数据的对比可知，本书的方法能较好地模拟总距突增时旋翼的动态响应，其给出的响应变化趋势与试验值是一致的，尤其是捕捉到了总距突增时的瞬时过冲现象及响应迟滞现象。

5.3.2　旋翼非定常载荷计算分析

　　为验证 5.3.1 节中建立的计算方法的有效性，首先以 H-34 型直升机[155]为算例进行了计算，该直升机的旋翼参数如表 5.2 所示。

表 5.2　H-34 型直升机旋翼详细参数

桨叶片数	桨叶半径/m	弦长/m	桨叶根梢比	扭转角/(°)	挥舞质量矩 /(kg·m)	挥舞惯性矩 /(kg·m²)	旋翼转速 /s⁻¹
4	8.534	0.417	1	−8	268.4	1594.44	22

　　图 5.8 给出了小前进比 0.0296 状态下配平求解中得出的旋翼操纵量、状态量的变化。由图可见，从结果中可以看出，本书建立的耦合配平和挥舞模块的计算方法可以使操纵量很快收敛到稳态值，并且旋翼状态量与目标值吻合良好，表明该计算方法能有效地用于直升机飞行状态下的配平计算。

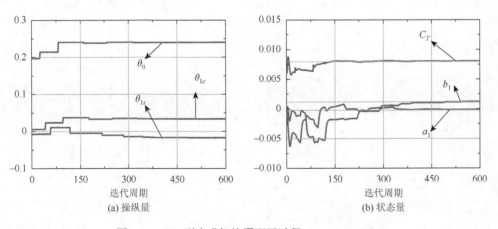

图 5.8　H-34 型直升机旋翼配平过程（$\mu = 0.0296$）

　　图 5.9 和图 5.10 分别给出了在中速（$\mu = 0.129$）和大速（$\mu = 0.291$）前飞下，桨叶不同剖面上的载荷随方位角（时间）的变化。直升机在中小速飞行时（图5.9），

前飞来流与桨盘夹角小，且尾迹向后的相对运动也慢，易引起尾迹聚集在旋翼附近，并使得桨叶载荷在一周方位角内变化较大。而在一些特殊情况下，轴向气流

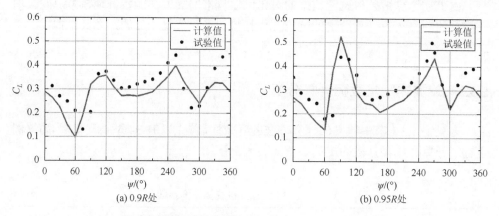

图 5.9　不同剖面处的桨叶拉力分布（ $\mu = 0.129$ ）

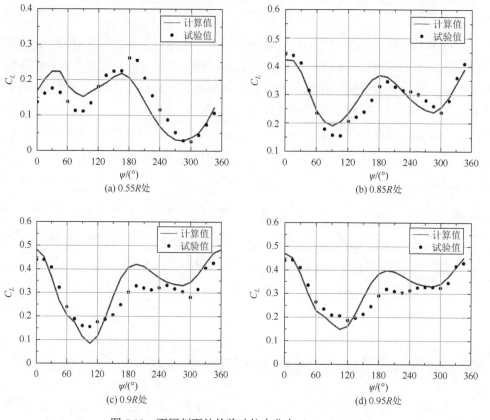

图 5.10　不同剖面处的桨叶拉力分布（ $\mu = 0.291$ ）

会从下而上穿过桨盘，使得桨叶与尾迹直接相撞，导致桨-涡干扰现象的产生。当前进比较大（图 5.10）时，桨盘前倾角加大，轴向气流加速了尾迹的向下运动，同时大的前飞速度也使得尾迹向后的相对运动加快，因而桨叶载荷受到的干扰也明显减小。由图可见，本书计算方法均较好地预测到了不同飞行状态下的桨叶载荷分布，图中试验值来自于文献[155]。

5.4　本 章 小 结

本章在时间步进旋翼自由尾迹方法的基础上，结合桨叶挥舞模型和旋翼配平模型，建立了一个用于旋翼非定常气动特性计算的方法。通过前飞条件下的旋翼气动载荷以及悬停状态下总距突增时旋翼瞬态气动响应的计算与分析，可得到如下结论。

（1）通过分析配平过程中旋翼操纵量和状态量的变化，表明具备耦合计算分析能力的旋翼尾迹、配平和挥舞模型对于准确计算前飞状态下旋翼非定常载荷是很有必要的。

（2）在总距突增过程中，旋翼的拉力和挥舞运动会出现明显的过冲（出现大于最后稳态值的响应峰值）和迟滞（响应峰值出现的时间迟于输入总距到达峰值的时间）响应现象，本书的计算值与试验值吻合良好，说明该方法亦可以用于旋翼瞬态气动响应的计算。

（3）在中低速前飞状态下的直升机旋翼易受到桨-涡干扰的影响，其气动载荷分布在一周方位角内变化剧烈，尤其在方位角 90°/270°附近；而在大速度前飞时，旋翼尾迹从桨尖释放后快速后移，使得干扰明显减小。本书方法很好地预测到了不同前飞状态下桨叶气动载荷的变化特征。

第6章　基于自由尾迹方法的 ABC 旋翼复合推力式 直升机气动特性研究

6.1　概　　述

与固定翼飞行器相比,直升机存在飞行速度低、航程短等缺点。为了克服这些缺点,近几十年来,世界直升机界一直在致力于研究高速直升机的新构型。其中,ABC 旋翼[3, 122]复合推力式直升机[2, 186]是较为成功的构型之一。如最具代表性的 X2 高速直升机,它的主要特点是充分保留并发展了传统常规直升机的技术特征,不依靠机翼就能实现大速度前飞[3],并且结构相对简单可靠。ABC 旋翼复合推力式直升机(简称 ABC 直升机)相对于传统单旋翼带尾桨直升机,大幅度提高了飞行速度(80%左右),是未来直升机发展的重要方向之一[109]。同时,正由于其构型独特,也带来了更为复杂的气动干扰等问题。因此,展开 ABC 直升机气动特性的研究具有重要的学术意义和实际价值。

当前 ABC 直升机(如 X2)主要采用了共轴式主旋翼加推进旋翼的布局。对于传统共轴式直升机气动干扰,学者先前已经开展了许多理论和试验研究工作,所采用的理论分析方法主要有涡流理论方法[65, 115, 118-128, 139, 143, 187]和 CFD 方法[116, 129-138, 144]。然而,在共轴式基础上增加了推进旋翼后,具有高速特性的 ABC 直升机的气动干扰特性,与传统共轴式相比发生了很大变化,先前的研究成果并不能直接借鉴过来。在这种情况下,专门针对 ABC 直升机,并建立起合适的气动模型,详细分析各个气动部件间气动干扰特性的研究工作却又非常少。在 X2 型 ABC 验证直升机开展试飞以来,这种情况逐步得到改善,一些直升机气动研究者正在把注意力转移到这种新构型的直升机上来。

长期以来,由于计算资源的限制等,一直没有公开发表的文献针对 ABC 直升机各个气动部件间的气动干扰特性展开详细计算分析。直到英国格拉斯哥大学的 Kim 等[112]首次构建了一个用于 ABC 直升机气动干扰分析的综合模型,在直升机周围的笛卡儿三维网格中采用涡量输送模型[137, 138]来求解和计算,该方法本质上仍属于黏性涡方法[148, 149]。桨叶则采用了 Weissinger-L 升力线模型的改进形式。Kim 等较为详细地计算分析了主旋翼、平尾、推进旋翼在不同前飞速度下所遭受到的气动干扰特性等,指出了主旋翼为三片桨叶时气动部件上存在的两种主要的气动载荷振动频率，即 3Ω 和 6Ω，并初步分析了它们的成因。随后，Kim 等又在自己工作的基础上，进一步分析了机身对上述气动干扰特性的影响[110, 111]。在国内，关于建立 ABC 直升机的气动模型并研究其气动干扰特性的工作尚未开展。

然而，需要指出的是，前述 Kim 等采用的 VTM 方法是属于黏性涡方法，该方法在计算分析的过程中需要承担相当大的计算量[148]。这就导致了 Kim 等采用了较为简单的直升机配平方式[150]，即强制上下主旋翼采用相同的周期变距[110-112]，仅对每种前进比下的单一配平状态进行了计算，而且 Kim 等在文献中并没有给出具体的配平量结果。

配平分析对于计算直升机气动干扰特性具有重要意义。由于在直升机尤其是 ABC 直升机的气动干扰计算中，必须输入正确的操纵量，而这需要通过适当的配平计算才能获得。因此，Kim 等的配平简化处理方式可能存在一定的不足，主要体现在以下三个方面。

（1）传统的单旋翼带尾桨和共轴式直升机在固定了飞行速度与机身姿态后，其配平结果仅具有单一解。但是，与之不同的是，ABC 直升机由于增加了一个推进旋翼，其配平结果不再是单一解，即多种配平操纵量结果都能使其达到相同的飞行速度和机身姿态。因此，仅对每种前进比下的单一配平状态进行计算，不足以充分了解 ABC 直升机的气动干扰特性。

（2）Burgess[151]认为，主旋翼升力中心（即桨盘上升力最大的位置）的横向控制是 ABC 旋翼的核心内容，它能控制前、后行侧桨叶的升力分配，从而达到优化的飞行效率。升力中心过于偏向桨盘前行侧会导致过高的桨根应力，并导致大幅的弹性挥舞从而引起过高的振动以及上下旋翼打桨的高风险[151]；反之，升力中心过于偏向桨盘后行侧，则又会导致弱势的桨盘后行侧承担更多负担，主旋翼升阻特性降低[112]。由此可见，上、下主旋翼桨盘升力中心位置的选择会对主旋翼气动特性造成重要影响。而这些操控主要需要通过主旋翼的横向周期变距来调整，现有文献中只考虑单一的配平状态不足以计算分析上述问题。

（3）此外，正如文献[151]和[188]中所指出的那样，对于 ABC 直升机，利用上、下主旋翼不同操纵量来控制和降低其载荷振动、并改善旋翼性能，是一种具有较大研究价值的技术[113, 151, 152, 188, 189]。然而，现有文献中只考虑单一的配平状态不能计算分析该操纵技术，需考虑多解配平方法。但是，多解配平计算分析是具有一定复杂性的，尚未有文献对该操控技术进行计算和分析。

鉴于以上原因，本书拟建立一个 ABC 直升机新的配平模型（注：与第 5 章的旋翼配平/风洞配平不同）。该配平模型可以计算求解同一飞行状态下的多种配平操纵量。在此基础上，进一步将本书所建立的自由尾迹模型和该直升机配平模型相结合，建立一个新的适用于 ABC 直升机气动干扰计算的方法，以便综合分析其上下主旋翼、推进旋翼、平尾等气动部件的干扰影响。然后，使用该方法，在不同前飞速度下，针对上下主旋翼间的气动干扰、主旋翼尾迹对推进旋翼和平尾的气动干扰、主旋翼和推进旋翼的气动力等方面进行计算研究。同时，深入分析不同主旋翼垂向间距对气动干扰的影响、旋翼周期变距操纵量对主旋翼气动特性的影响以及推进旋翼安装位置对其气动特性的影响，尝试得出对直升机设计具有一定指导意义的结论。

6.2　计　算　模　型

　　传统的单旋翼直升机在前飞时为了维持滚转力矩的平衡，通过挥舞运动，让旋翼前行侧和后行侧的升力力矩大致相等[163, 190]。然而，由于在大速度前飞时，旋翼前行侧的桨尖附近剖面来流马赫数较大，容易出现压缩性甚至激波失速现象，而后行侧的桨尖附近又可导致气流分离出现。换句话说，在较大速度前飞过程中，前行侧的压缩性影响、后行侧的气流分离现象是限制传统单旋翼直升机前飞速度的重要因素。

　　由此，诞生了前行桨叶概念旋翼以应对上述传统的单旋翼直升机在较大速度前飞时的"结构性"缺陷，并用于近年来出现的高速直升机上，如早期的概念验证机 XH59A 和近期的试验机 X2[114]。高速直升机的 ABC 旋翼也称为共轴刚性旋翼，该主旋翼由上下两幅尺寸相同而旋转方向相反的旋翼组成，省去了桨叶挥舞铰和摆振铰。

　　由于在现有的文献中不容易找到 X2 高速直升机主旋翼的详细数据，因而，本书中采用的复合推力式高速共轴直升机计算模型是在参考 XH59A 和 X2 数据的基础上，并借鉴近年来参考文献中的类似计算模型[112, 116, 134, 191]，同时进行了一定的简化而形成的，以方便使用自由尾迹方法进行计算分析，如图 6.1 所示。该计

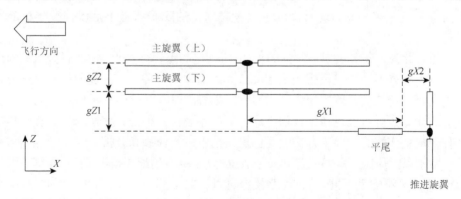

图 6.1　ABC 直升机计算模型气动部件布置示意图

算模型不考虑机身部件的影响，这是因为本章的主要目的是研究主旋翼和推进旋翼的气动干扰，同时机身的存在会给涡尾迹方法的使用带来很大困难。

　　计算模型中各气动部件的布局采用类似 X2 的设计，即共轴式主旋翼带后置平尾及推进旋翼的布局形式，如图 6.1 所示。其中，定义主旋翼轴为 Z 轴，方向向上；以机身水平方向为 X 轴，指向后方；Y 轴方向符合右手法则。上下主旋翼垂向间距设为 $gZ2$，下旋翼与平尾的垂向间距为 $gZ1$；平尾无扭转、呈矩形，采用 NACA0012 翼型，沿 X 轴水平布置，其后缘至主旋翼轴的水平距离为 $gX1$；平尾与推进旋翼桨毂中心没有垂向间距，其水平间距为 $gX2$。以上各气动部件相对位置的布置参数以及平尾的几何参数详见表 6.1。

表 6.1　平尾几何参数及各气动部件相对位置

参数	平尾展向宽度/m	平尾弦长/m	平尾翼型	$gZ1$ /m	$gZ2$ /m	$gX1$ /m	$gX2$ /m
数值	3.74	0.935	NACA0012	1.543	0.7645	6.93	0.44

　　主旋翼的几何参数设置为前行桨叶概念旋翼，即两幅反向旋转、中心对称的三叶旋翼呈上下布置，垂向间距 0.7645m，桨叶半径 5.5m。当从上向下观察时，下旋翼为逆时针旋转，而上旋翼为顺时针旋转，如图 6.2 所示。出于降低直升机滚转和俯仰力矩振动的目的[109, 192]，选择上下旋翼桨叶重合方位角的位置为沿 X

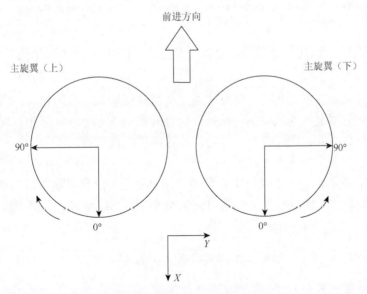

图 6.2　主旋翼旋转方向及方位角示意图

轴方向。在本书中，上下主旋翼共 6 片桨叶均采用了相同的几何构型，并对其进行了一定的简化，这其中包括：桨叶从根部到尖部使用统一的翼型 NACA0012；具有线性扭转–10°；采用根梢比为 2 的标准梯形桨叶；所有桨叶均为刚性的，不具备弹性挥舞，且无挥舞和摆振铰[112, 116, 134, 191]。主旋翼的详细几何参数如表 6.2 所示。

表 6.2　主旋翼及推进旋翼几何参数

参数	旋翼半径/m	旋翼数量	每幅旋翼桨叶片数	根切比	扭转角/(°)	桨尖弦长/m	根梢比	翼型
主旋翼	5.5	2	3	0.12	−10	0.554	2	NACA0012
推进旋翼	1.54	1	5	0.2	−30	0.2772	1	NACA0012

实际中，ABC 旋翼桨叶的几何构型设计是很复杂的[109, 114]。但有研究表明，简化后的旋翼系统仍然能较为准确地进行气动载荷计算及旋翼尾迹预测[150]，与真实 ABC 旋翼的计算结果[152, 193]相近。因此，本书将采用的简化计算模型不会对 ABC 直升机气动干扰的结论带来影响。

此外，计算模型中的推进旋翼亦参考了 X2 的布置方式，与平尾后缘有 0.44m 的水平距离，如图 6.1 所示。推进旋翼共有五片矩形桨叶，具有 1.54m 的旋翼半径以及–30°扭转角，翼型为 NACA0012，并假设这些桨叶同样是刚性的。从直升机后部向前看，推进旋翼为逆时针旋转。其详细几何参数如表 6.2 所示。

6.3　ABC 旋翼复合推力式直升机配平分析模型

在直升机的飞行过程中，驾驶员通过旋翼操纵输入（总距和纵、横向周期变距）来改变旋翼桨叶的气动力，从而改变直升机的飞行姿态。因此，气动干扰分析也需要包含直升机配平模型，以提供计算所需的操纵量。

与第 5 章孤立旋翼的配平过程不同，在此处，直升机具有更多的操纵输入量，取其中最重要的 7 个量：下旋翼的总距 $A0_L$，下旋翼纵横向周期变距 $A1_L$ 与 $A2_L$，上旋翼的总距 $A0_U$，上旋翼纵横向周期变距 $A1_U$ 与 $A2_U$，推进旋翼的总距 $A0_P$。即

$$z = (A0_L, A1_L, A2_L, A0_U, A1_U, A2_U, A0_P)^{\mathrm{T}} \tag{6.1}$$

式中，主旋翼在各个方位角上的桨距定义为

$$\theta_i(\psi) = A0_i + A1_i \cdot \cos\psi + A2_i \cdot \sin\psi, \quad i = L,U \tag{6.2}$$

其中，上下主旋翼的方位角 ψ 的定义已在图 6.2 中示出，即都以正后方为 0°起始方位角，上下旋翼分别沿各自旋转方向增加方位角（下旋翼逆时针，上旋翼顺时针）。

采用图 6.1 所示的笛卡儿坐标系，取三个坐标轴上的力分量以及力矩分量，共 6 个量，作为配平状态量。即

$$y = (F_x, F_y, F_z, M_x, M_y, M_z)^{\mathrm{T}} \tag{6.3}$$

在配平计算中，要求状态量的个数等于操纵量的个数。因此，为了避免配平方程由于存在多个解或无解而导致配平失败，需要对操纵量以及状态量进行进一步处理。

在为数不多的 ABC 直升机气动干扰特性研究文献中，由于真实的 ABC 直升机的配平是比较复杂的，它们或者是没有考虑配平而直接指定操纵量，或者是采用较为简单的配平方式，即强制上下主旋翼采用相同的周期变距[110-112, 150]，并且仅对每种前进比下的一种配平状态进行计算。此外，这些文献中也并没有给出具体的配平结果。然而，先前这样的处理存在一定的局限性，因为主旋翼升力中心的横向控制是 ABC 旋翼的核心内容，它能控制桨盘前后行侧的升力分配，从而达到最优的飞行效率[151]。此外，ABC 直升机还有一种重要技术，即要求利用上下主旋翼不同操纵量来控制和降低其载荷振动、提高旋翼性能[113, 151, 152, 188, 189]。可见，如果强制上下主旋翼采用相同的周期变距这种简化配平处理方式，可能不能够对上述重要内容进行深入的分析。

针对上述问题，本书中配平不再采用参考文献中过于简化的方案，而是提出如下处理方法：忽略状态量中相对很微弱的 Y 轴作用力 F_y，并提取出上旋翼的纵横向周期变距系数 $A1_U$ 与 $A2_U$ 作为预先设定值，在配平过程中不发生变化，以此避免配平方程出现求解失败而无法配平。那么，经过处理的操纵量和状态量此时都具有 5 个量，即

$$\bar{z} = (A0_L, A1_L, A2_L, A0_U, A0_P)^{\mathrm{T}} \tag{6.4}$$

$$\bar{y} = (F_x, F_z, M_x, M_y, M_z)^{\mathrm{T}} \tag{6.5}$$

需要指出的是，预先设定值 $A1_U$ 与 $A2_U$ 也具有一定的取值范围，并不是任意设定的，当超出系统配平范围时，将无法达成配平状态。

这样，全机配平方程可以表示为

$$\Delta \bar{z} = \lambda J^{-1} \Delta \bar{y} \tag{6.6}$$

式中，雅可比矩阵

$$J = \begin{bmatrix} \dfrac{\partial F_x}{\partial A0_L} & \dfrac{\partial F_x}{\partial A1_L} & \dfrac{\partial F_x}{\partial A2_L} & \dfrac{\partial F_x}{\partial A0_U} & \dfrac{\partial F_x}{\partial A0_P} \\[2mm] \dfrac{\partial F_z}{\partial A0_L} & \dfrac{\partial F_z}{\partial A1_L} & \dfrac{\partial F_z}{\partial A2_L} & \dfrac{\partial F_z}{\partial A0_U} & \dfrac{\partial F_z}{\partial A0_P} \\[2mm] \dfrac{\partial M_x}{\partial A0_L} & \dfrac{\partial M_x}{\partial A1_L} & \dfrac{\partial M_x}{\partial A2_L} & \dfrac{\partial M_x}{\partial A0_U} & \dfrac{\partial M_x}{\partial A0_P} \\[2mm] \dfrac{\partial M_y}{\partial A0_L} & \dfrac{\partial M_y}{\partial A1_L} & \dfrac{\partial M_y}{\partial A2_L} & \dfrac{\partial M_y}{\partial A0_U} & \dfrac{\partial M_y}{\partial A0_P} \\[2mm] \dfrac{\partial M_z}{\partial A0_L} & \dfrac{\partial M_z}{\partial A1_L} & \dfrac{\partial M_z}{\partial A2_L} & \dfrac{\partial M_z}{\partial A0_U} & \dfrac{\partial M_z}{\partial A0_P} \end{bmatrix} \tag{6.7}$$

在求解过程中，当初始值不在真实解附近时，为保证稳定性，可以引入阻尼因子 $\lambda(0 < \lambda \leqslant 1)$。

由此，ABC 直升机配平的具体流程如下。

（1）预先设定上旋翼的纵横向周期变距系数 $A1_U$ 与 $A2_U$ 作为计算常数，不随配平过程而变化。

（2）上下主旋翼以及推进旋翼随方位角时间步推进，每个时间步内更新主旋翼尾迹、求解环量、速度场以及所有气动部件上的当前气动力和力矩。

（3）当主旋翼方位角达到一圈时，求出直升机当前的平均状态量，并且判断该状态量是否已收敛，若未收敛则继续随方位角推进迭代。

（4）若收敛则判断该状态量是否为零，如果尚未平衡则重新进入配平计算，按配平方程更新操纵量，如果达到平衡状态则程序计算结束，输出结果。

此外，需要注意的是，由于 ABC 直升机在高速前飞时，采用了降低主旋翼转速的措施，以降低前行侧桨尖的压缩性效应。因此，在本书的程序中也考虑到这一特点，即要求在各种前飞速度 V_0 下主旋翼桨尖速度 V_{tip} 不超过一定的马赫数，由此确定出主旋翼转速 $\varOmega$。另外，设定推进旋翼的转速 $\varOmega_P$ 为主旋翼转速的 4 倍。此外，为了方便横向比较不同前进比下的气动特性，在计算各种无量纲系数时使用统一的当量转速 $\varOmega_{re}$ 而非当前主旋翼实际转速。直升机在各种不同前进比下的相关运行参数详见表 6.3。

表 6.3　计算模型直升机在多种前进比下的相关参数

前进比	$\varOmega$ / (rad/s)	$\varOmega_{re}$ / (rad/s)	$\varOmega_P$ / (rad/s)	V_{tip} / (m/s)	V_0 / (m/s)	α_s / (°)	C_W	C_D
$\mu = 0.05$	55.9	50	223.6	323	15.38	0	0.011	0.00008
$\mu = 0.1$	53.39	50	213.56	323	29.36	0	0.011	0.00032
$\mu = 0.15$	51.07	50	204.28	323	42.13	4	0.011	0.00072

续表

前进比	Ω / (rad/s)	Ω_e / (rad/s)	Ω_p / (rad/s)	V_{tip} / (m/s)	V_0 / (m/s)	α_s /(°)	C_W	C_D
$\mu = 0.2$	48.94	50	195.76	323	53.83	4	0.011	0.0012
$\mu = 0.25$	46.98	50	187.92	323	64.6	4	0.011	0.00205
$\mu = 0.3$	45.17	50	180.68	323	74.54	4	0.011	0.00288

此外，机身重量系数 C_W 和不同前进比下前飞阻力系数 C_D 的选取也参考了 XH59A 型直升机（注：XH59A 的发表数据比 X2 多），前者定为 0.011，后者随前进比的增加呈二次方增长，详见表 6.3。另外，在本书中，主旋翼的轴倾角 α_s 在前进比 0.1 及以下时为零，而当前进比大于 0.1 时轴倾角 α_s 变为 4°，从而让主旋翼也适度参与提供前进推力，以此平衡前飞阻力，详见表 6.3。

对于具有多操纵量的 ABC 直升机，在同一飞行状态下，不同的预设值 $A1_U$ 与 $A2_U$（上旋翼周期变距）可以让直升机达到不同的配平状态。因此，为了便于横向比较不同前进比下模型旋翼的气动特性，本书首先应用上述配平分析模型计算一组基础配平状态，它们的预设值 $A1_U$ 与 $A2_U$ 都为零。在这组配平状态中，得到的配平结果详见表 6.4。下面将首先对这些基础配平状态下的直升机气动干扰特性展开研究。

需要说明的是，虽然前飞状态下这两个配平预设值可以设为多种不同的值，都能通过配平计算使直升机达到不同的平衡状态[163]。但由于此时尚未充分了解这些操纵量的变化对 ABC 直升机的载荷振动和性能方面产生的影响，因此此处先将这两个配平预设值设为零，以作为基础配平状态对各部件间的气动干扰特性进行研究。在 6.5.3 节中，将调整这两个配平预设值的值，从而开展对多种不同配平状态，以及主旋翼不同操纵量对其气动特性的影响研究。

表 6.4　计算模型直升机多种前飞状态配平参数（$A1_U$、$A2_U = 0$）

前进比	$A0_L$	$A0_U$	$A1_L$	$A1_U$（预设）	$A2_L$	$A2_U$（预设）	$A0_P$
$\mu = 0.05$	0.09171	0.11163	0.11079	0	0.00566	0	0.10354
$\mu = 0.1$	0.04947	0.08059	0.0844	0	0.00969	0	0.20154
$\mu = 0.15$	0.05725	0.08321	0.07588	0	0.01312	0	0.24664
$\mu = 0.2$	0.05567	0.08255	0.07279	0	0.01842	0	0.30669
$\mu = 0.25$	0.05327	0.08552	0.07636	0	0.02731	0	0.37689
$\mu = 0.3$	0.04422	0.09251	0.08724	0	0.04677	0	0.45258

具体地，以前进比 0.15 时的飞行状态为例，图 6.3 和图 6.4 分别给出了计算模型直升机的状态量和操纵量的配平收敛过程。5 个状态量分别以 N 或 N·m 为单位，尽管它们在开始阶段由于不正确的操纵量而出现过很大的值，但随着配平计算逐渐全部收敛到零，即达到直升机的平衡状态，如图 6.3 所示。反观操纵量，并不是每一圈都需要使用配平方程进行计算调整，而仅在当前状态量已稳定的情况下才可进行计算更新，且每次只更新一个操纵量。因此，操纵量在配平过程中

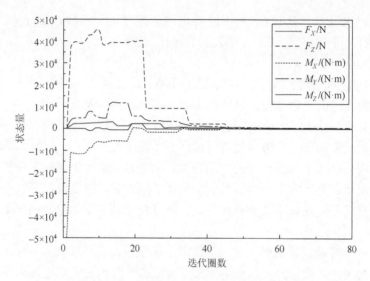

图 6.3　计算模型直升机在前进比 0.15 时状态量配平收敛过程

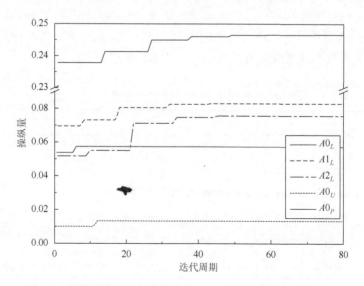

图 6.4　计算模型直升机在前进比 0.15 时操纵量配平收敛过程

呈现出明显的阶梯状变化，并最终趋于收敛，如图 6.4 所示。从该配平过程可以看出，本书的 ABC 直升机配平分析模型可以有效地进行配平计算，使直升机达到平衡状态并得到相应的配平操纵量。

6.4　主旋翼尾迹结构的分析

对于 ABC 直升机，其上下主旋翼的尾迹对于直升机各个气动部件都施加了重要的气动干扰作用。因此，有必要首先观察不同前进比下主旋翼的尾迹结构，各个飞行状态的配平参数如表 6.4 所示。图 6.5 给出了不同前进比时上下主旋翼共 6 片桨叶的桨尖涡侧视图，其中下旋翼尾迹用实线表示，上旋翼尾迹则用虚线表示。此外，几个主要气动部件都已标识在图上，包括上下主旋翼、平尾以及推进旋翼。

图 6.5（a）给出了前进比为 0.05 时的上下主旋翼尾迹侧视图，此时由于前飞速度较低，尾迹结构由悬停状态下的圆柱形，向前飞时斜向后洗的尾迹形状过渡，

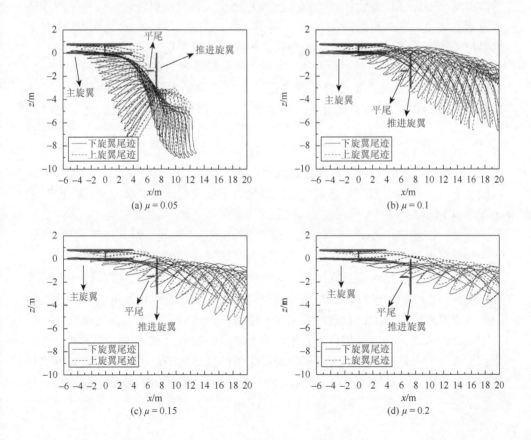

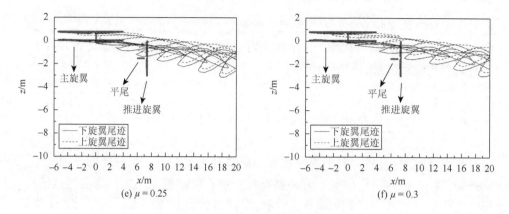

图 6.5　不同前进比时旋翼尾迹侧视图

因而仍接近圆柱形。此时主旋翼尾迹并没有明显地冲击到平尾和推进旋翼，主旋翼尾迹刚好从平尾的前方以及推进旋翼的下方掠过，表明在前进比很小时主旋翼尾迹对平尾和推进旋翼的影响不大，但从平尾的前缘及推进旋翼桨盘的下方掠过的尾迹对它们仍有诱导作用。从图 6.5（a）中还注意到，虚线的上旋翼尾迹几乎下洗通过了下旋翼桨盘的后侧大部分区域，因此，在低速前飞时，上旋翼会对下旋翼产生较大的气动干扰，尤其集中在下旋翼桨盘的后半区。

　　图 6.5（b）给出了前进比为 0.1 时的上下主旋翼尾迹侧视图。与图 6.5（a）的结果不同，此时的上下旋翼的尾迹已经完全脱离了类似圆柱形的结构，以较为剧烈的畸变形式影响了桨盘下、后方的大部分区域。值得注意的是，此时上下主旋翼尾迹完全覆盖了直升机后侧的平尾和推进旋翼，可对它们施加严重的气动干扰。从后面的计算将看到，在前进比为 0.1 前飞速度时将产生严重的气动干扰，这就意味着会引起严重的载荷振动、飞行性能以及操纵效率的降低。另外，从图 6.5（b）中可以看出，虚线的上旋翼尾迹下洗通过下旋翼桨盘的区域比前进比 0.05 时略少。

　　此外，在图 6.5（c）～（f）中，依次分别给出了前进比为 0.15～0.3 时的上下主旋翼尾迹侧视图。这些结果呈现出较为明显的规律性，即随着速度的增加，上下主旋翼的尾迹相对直升机尾部气动部件的位置进一步上升，逐步离开平尾和推进旋翼，并在前进比为 0.25 时完全脱离与平尾的直接接触，如图 6.5（e）所示。因此，当前进比在 0.1 之后继续增加时，主旋翼尾迹对直升机尾部气动部件的气动干扰逐步减少，且速度越高，对推进旋翼桨盘的影响区域就越小、越靠上端。此外，虚线的上旋翼尾迹下洗通过下旋翼桨盘的区域随着前飞速度的增加而越来越少且越靠后方。如图 6.5（f）所示，此时与前进比 0.05 时的情况相差很大，上旋翼尾迹只对下旋翼桨盘后方很小的一块区域发生直接影响。

因此，在速度稍大时，主旋翼尾迹对尾部气动部件（平尾和推进旋翼）的影响区域较小。

在本章的算例中主要针对前进比为 0.05～0.3 时的前飞状态，而并没有计算更高前进比时的气动干扰特性。一个原因是，旋翼尾迹受大来流影响会过度拉伸，从而对其他气动部件的干扰会大幅度减小。另一个原因是，旋翼在高速飞行时，前行侧有很强的压缩性效应，后行侧受到大面积反流区的影响，使用自由尾迹方法会受到限制。但需要指出，没有考虑高速状态前进比并不影响本书对 ABC 直升机主要气动干扰特性的计算分析，下面将看到，各个气动部件上的主要气动特征仍然能被捕捉到。在英国格拉斯哥大学的研究[112]中，其计算的前进比范围也是 0.05～0.3。

6.5　上下主旋翼间的气动干扰

6.5.1　气动干扰对主旋翼载荷的影响

首先，对主旋翼的上、下旋翼由于相互气动干扰而产生的载荷振动特性进行计算分析。图 6.6 给出了 0.05～0.3 的多个前进比状态时，上下主旋翼各自的拉力系数，以及其平均值在旋翼旋转一周中的变化历程。由图可见，在所有的前飞速度时，上旋翼都承担了总拉力中较大的部分，这是由于在此基础配平状态下，上旋翼的周期变距要低于下旋翼的值（表 6.4），其旋转过程中由气动阻力所产生的反扭矩也要低于下旋翼。因此为了平衡直升机的偏航力矩（M_z），上旋翼必须采用比下旋翼更大的总距（表 6.4）才能使二者产生的反扭矩相接近。如图 6.6 所示，上旋翼会产生比下旋翼更大的拉力，但是在反映主旋翼功率系数的图中可以看到，上下主旋翼在各种前飞速度下都产生相当的功率，这是由于旋翼功率由其反扭矩决定，而配平状态下的上下旋翼反扭矩一定是大致相当的。

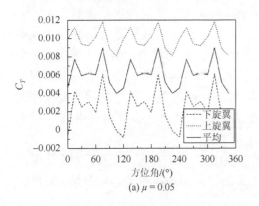

(a) $\mu = 0.05$

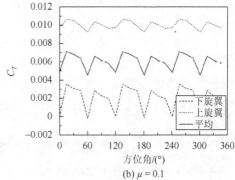

(b) $\mu = 0.1$

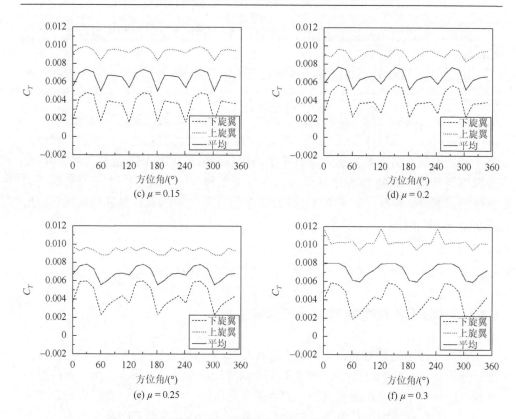

图 6.6　不同前进比时主旋翼拉力系数在其旋转一周内的变化

　　此外，在图 6.6 中，主旋翼载荷在各种前飞速度下都呈现出明显的规律性振动，这主要来源于上、下主旋翼间的气动干扰。注意到，上、下旋翼的载荷包含了 6Ω（或者说两种不同相位的，频率为 3Ω）的振动源（文献[112]也称为 6Ω 振动频率），这种振动频率主要来自于两幅主旋翼各自的三片桨叶在转动过程中对自身以及对方的气动干扰。应该指出，对 ABC 直升机气动干扰特性所进行的计算研究公开发表的文献很少，其中在英国格拉斯哥大学所进行的相关研究中[112]，采用了不同的 VTM 方法也计算得出了与本书结果类似的主旋翼载荷振动频率特性，如图 6.7 所示。由于采用了不同的计算方法、计算模型以及配平操纵量（文献[112]并未给出具体值），因此图 6.6 和图 6.7 的具体振动曲线并不完全相同，但是二者仍然呈现出了类似的振动频率特性。由此可见，虽然找不到直接的试验数据或计算结果用于与本书研究的对比，但文献[112]的结果也部分印证了本书的研究。

　　在图 6.6 中，对于上旋翼，载荷仅在前进比为 0.05 的低速前飞状态下呈现出强烈振动，而随着前飞速度的增加，上旋翼的载荷振动幅度迅速减小并一直维持

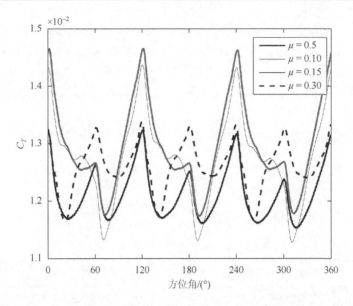

图 6.7　文献[112]中通过 VTM 方法计算得到的主旋翼拉力系数振动频率特性

在一个较低的振动水平上，该振动水平要低于下旋翼，这主要是由于上旋翼在结构布置上的优势，即不受到下旋翼下洗流的直接冲击。

另外，对于下旋翼，同样在前进比为 0.05 的低速前飞状态下载荷呈现出强烈振动特性，并当前进比 0.15 以下时，载荷振动呈现出随前飞速度的增加而减小的趋势。但是，当前进比大于 0.15 时，下旋翼的载荷振动呈现出随前飞速度的增加而逐步增加的趋势。具体地，由图 6.6（d）～（f）可以看出，振动的增加主要来自于 0°、120°和 240°附近的波峰，这刚好是一片桨叶划过桨盘正后方的时候，如方位角示意图 6.2 所示。

因此，下旋翼这种载荷振动随前飞速度的变化趋势与尾迹干扰结构（图 6.5）所示现象相吻合。下旋翼桨盘受上旋翼尾迹影响的区域随着前飞速度的增加而逐步减小并后移，可见，整体而言下旋翼载荷振动的幅度随着前进比的增加而减小。然而当前进比为 0.25 和 0.3 时，如图 6.5（e）、（f）所示，上旋翼尾迹仅影响下旋翼桨盘后侧较小区域，这正好是下旋翼的桨叶划过正后方附近时，载荷发生较为剧烈变化。

此处的分析结果说明一个重要问题，即下旋翼受上旋翼尾迹影响区域的减少并不一定意味着气动干扰造成其载荷振动水平的降低，当受影响区域收缩至桨盘后侧很小一范围内时，反而会造成载荷振动的增大。此外，上旋翼虽然不受到下旋翼尾迹的直接冲击，但在很低前飞速度时，仍然会受其诱导干扰作用而产生较大的载荷振动。另一个值得注意的现象是，在前进比为 0.25 和 0.3 时，随着下旋翼载荷在 0°、120°和 240°附近的波谷转变为波峰，之前较为明显的总拉力 6Ω 振动频率逐步演变为单独的一个 3Ω 的振动频率，如图 6.6（e）、（f）所示。

另外，图 6.8 给出了不同前进比时主旋翼功率系数在其旋转一周内的变化。在前进比为 0.05 的飞行状态下，主旋翼功率的消耗很高。之后随着前进比的增加，

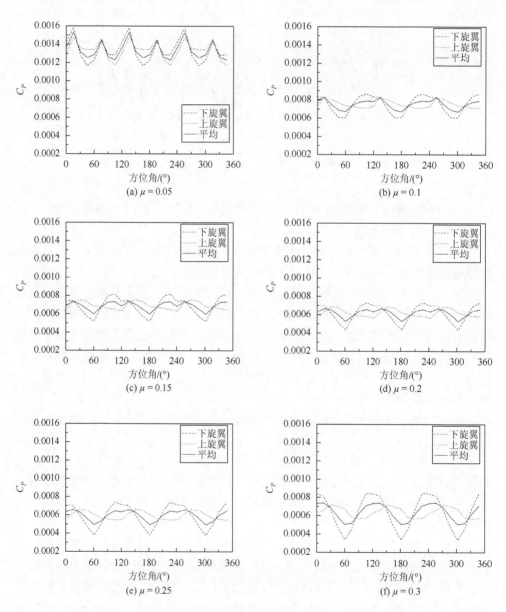

图 6.8　不同前进比时主旋翼功率系数在其旋转一周内的变化

功率消耗有了明显的下降并大致维持在一定水平。此外，功率的振动仅在前进比为 0.1～0.2 时较小，所计算的其他前进比情况下都有振动提升的现象。与主旋翼载荷振动频率的变化类似，功率的振动频率同样随着前飞速度的提升而从 6Ω 演变为 3Ω。需要指出的是，采用 VTM 方法进行计算的文献[112]，也得出了主旋翼功率的这种振动频率变化特性。

进一步，图 6.9 和图 6.10 分别给出了不同前进比时，下旋翼与上旋翼拉力系数在桨盘平面上的分布图，其中深色代表数值更大的区域。在图中可以清楚地辨认出桨盘平面上的最大升力中心位置。在低前进比 0.05 时，下旋翼的最大升力中心分布在桨盘正后方靠右侧的位置，而上旋翼的最大升力中心则分布在桨盘正前方靠左侧的位置，如图 6.9（a）和图 6.10（a）所示。这主要是由于在这组基础配平状态下，上旋翼桨盘平面前部的入流更小些（见后面的图 6.12），这增加了桨叶有效迎角，因此前部的升力要相对高于桨盘平面后部，如图 6.10（a）所示。此外前行侧的升力要高于后行侧，因此桨盘左侧的升力要高于右侧。反观下旋翼，为了平衡平尾和上旋翼所产生的低头力矩，其最大升力中心需在桨盘后侧，从而产生足够的抬头力矩来保持直升机俯仰力矩平衡。此外，由于上旋翼的升力中心在桨盘左侧已经产生了一定的负滚转力矩，因此下旋翼的升力中心需在右侧产

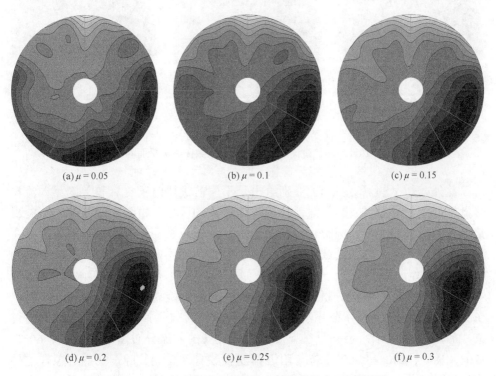

(a) $\mu = 0.05$　　　　　　　(b) $\mu = 0.1$　　　　　　　(c) $\mu = 0.15$

(d) $\mu = 0.2$　　　　　　　(e) $\mu = 0.25$　　　　　　　(f) $\mu = 0.3$

图 6.9　不同前进比时下旋翼拉力系数在桨盘平面的分布

生相应的正滚转力矩。随着前飞速度的提高，上旋翼的最大升力中心逐渐从正前方移动至正左方附近，这主要是由于来流速度的增大使前行侧桨叶的升力优势体现得更明显，如图 6.10 所示。相应地，对于下旋翼，随着前飞速度的提高，下旋翼的最大升力中心也逐渐从正后方移动至正右方附近，从而使直升机各个方向的力矩达到平衡，如图 6.9 所示。

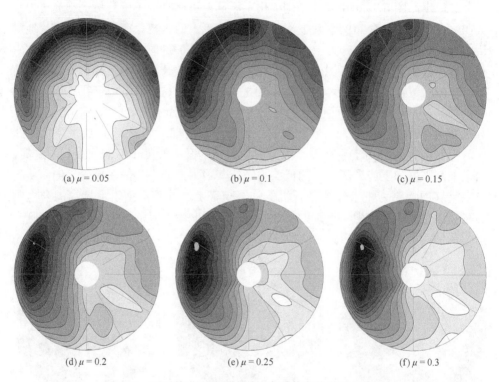

(a) $\mu = 0.05$　　　　　　(b) $\mu = 0.1$　　　　　　(c) $\mu = 0.15$

(d) $\mu = 0.2$　　　　　　(e) $\mu = 0.25$　　　　　　(f) $\mu = 0.3$

图 6.10　不同前进比时上旋翼拉力系数在桨盘平面的分布

　　此外，图 6.11 和图 6.12 分别给出了不同前进比时下旋翼和上旋翼入流在桨盘平面上的分布图，其中深色标识数值更大的区域。如图 6.11 所示，下旋翼桨盘入流最大的区域，同时也是受上旋翼下洗流直接影响的区域，主要分布在桨盘后方。并且，这些区域随着前飞速度的提高而不断向后移，直至前进比为 0.3 时仅占桨盘后端很少一部分面积，如图 6.11（f）所示。这种结果与 6.4 节中对主旋翼的尾迹结构分析相吻合。与此相比，上旋翼的入流最大区域主要也在桨盘后侧，但整体分布并没有呈现出明显的随前飞速度的提高而后移的迹象，如图 6.12 所示。另外，在上旋翼和下旋翼的入流分布图中，在 0°、60°、120°、180°、240°和 300°方位角附近都能大致看到受到桨叶干扰的迹象，这种干扰也是前面旋翼载荷振动分析中 6Ω 振动频率的来源。这些干扰既有来自于

旋翼自身的桨叶转动,也有来自于另一旋翼的桨叶干扰。其中,如图 6.11 和图 6.12
所示,在上、下旋翼的后行侧,即下旋翼的桨盘右侧和上旋翼的桨盘左侧,这
种干扰更为明显。这种现象产生的原因是,上、下旋翼反向交叉旋转,每幅旋
翼后行侧的干扰主要是来源于另一幅旋翼升力较大的前行侧桨叶,因而受到更
强烈的影响。

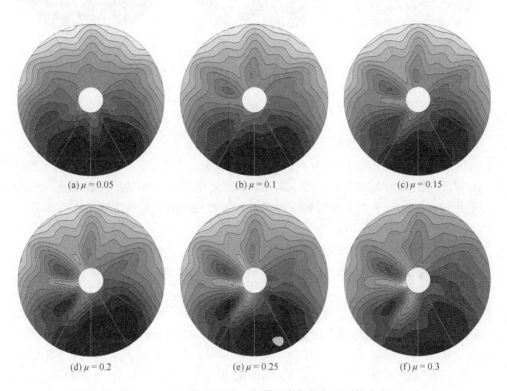

图 6.11　不同前进比时下旋翼入流在桨盘平面的分布

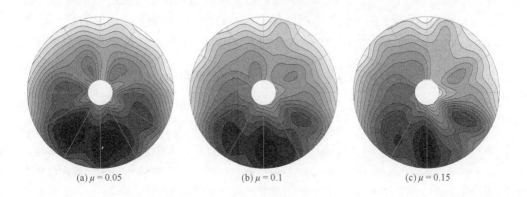

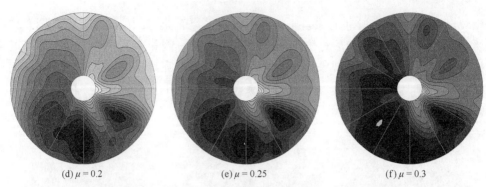

(d) $\mu = 0.2$ (e) $\mu = 0.25$ (f) $\mu = 0.3$

图 6.12 不同前进比时上旋翼入流在桨盘平面的分布

6.5.2 主旋翼垂向间距的气动干扰影响

对于具有多个主旋翼构型的直升机（共轴式、纵列式等），其各个主旋翼之间的相对位置与气动特性的关系一直是一个较为复杂的问题。鉴于对共轴形式的 ABC 直升机的此项研究开展较少，本书尝试通过调整计算模型的主旋翼垂向间距并重新进行配平计算，进而研究主旋翼垂向间距的改变对于各个气动部件上的气动干扰特性将产生的影响。

本书针对前进比为 0.2 时的飞行状态，选择另外三种不同的主旋翼垂向间距，分别为 $gZ2 = 0.35\text{m}$、$gZ2 = 1.5\text{m}$ 和 $gZ2 = 3\text{m}$。其中，0.35m 的间距要小于 6.5.1 节计算的基准距离，而 1.5m 与 3m 都要大于基准距离。在这些新的主旋翼垂向间距条件下，重新进行配平计算，得到的直升机操纵量结果见表 6.5，其中作为对比，还给出了基准距离 $gZ2 = 0.7645\text{m}$ 时的结果。在表 6.5 中，各组配平结果自左至右按主旋翼垂向间距增大的方向排列。除了作为预先设定量 $A1_U$ 与 $A2_U$ 外，其他所有直升机操纵量的值都随主旋翼垂向间距的增大而减小。主旋翼桨距操纵量的减少，预示着其旋转阻力的降低，同时预示着主旋翼消耗功率与主旋翼所产生的前飞阻力降低。此外，推进旋翼总距 $A0_P$ 的降低意味着直升机对推进功率需求的降低，这进一步表明了由主旋翼所产生的前飞阻力随着主旋翼垂向间距的增大而减小。在下面的详细计算中，还将进一步验证上述推论。

表 6.5 主旋翼不同垂向间距时的配平结果 （$\mu = 0.2$）

垂向间距	$A0_L$	$A0_U$	$A1_L$	$A1_U$（预设）	$A2_L$	$A2_U$（预设）	$A0_P$
$gZ2 = 0.35\text{m}$	0.057 91	0.094 33	0.091 3	0	0.024 4	0	0.312 74
$gZ2 = 0.7645\text{m}$（基准）	0.055 67	0.082 55	0.072 79	0	0.018 42	0	0.306 69
$gZ2 = 1.5\text{m}$	0.054 77	0.078 76	0.065 92	0	0.017 61	0	0.302 87
$gZ2 = 3\text{m}$	0.053 56	0.074 37	0.057 04	0	0.016 29	0	0.298 96

1. 主旋翼不同垂向间距时尾迹结构的分析

图6.13给出了主旋翼不同垂向间距时计算的尾迹几何形状侧视图，以平尾作为参考点，尽管下旋翼的空间位置并没有变动，但下旋翼的尾迹随着主旋翼垂向间距的增加而发生少许上移。反观上旋翼尾迹，随着上旋翼相对位置的抬高，其尾迹也随之发生明显上移。由图6.13（a）可见，当主旋翼垂向间距较近时，上、下旋翼的尾迹几乎重合，上旋翼的尾迹也扫过了下旋翼的大部分区域。当主旋翼垂向间距增大后，上旋翼尾迹已几乎不对平尾产生直接的冲击影响，在$gZ2 = 1.5\text{m}$时仅对推进旋翼桨盘的上端一小部分产生冲击干扰，而在$gZ2 = 3\text{m}$时上旋翼尾迹已经离直升机尾部安置的气动部件有一定距离。

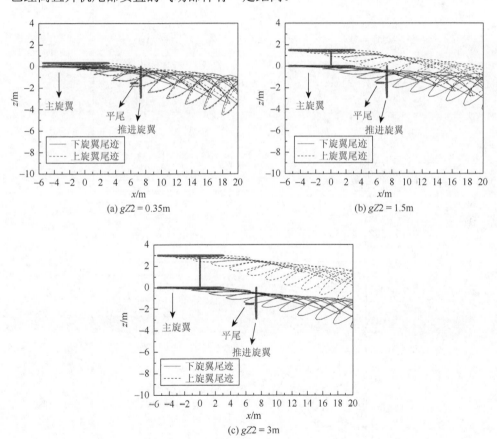

图6.13 主旋翼不同垂向间距时的尾迹侧视图

2. 主旋翼不同垂向间距对其气动特性的影响

具体地，图6.14～图6.19分别示出了不同垂向间距时，主旋翼旋转一周内的拉力系数和功率系数。首先，对比图 6.15、图 6.17 和图 6.19，主旋翼所消耗的功率随着主旋翼垂向间距的增加而小幅度减小，这与上面关于配平操纵量（表 6.5）的推断相符合。此外，主旋翼功率系数在主旋翼旋转一周内的振动幅度也随着主旋翼垂向间距的增大而减小，且其振动频率从 $gZ2 = 0.35\text{m}$ 时的近似 6Ω，演变为 $gZ2 = 1.5\text{m}$ 和 $gZ2 = 3\text{m}$ 时的 3Ω。这种振动频率的演变原因与上面分析的类似，即与上下旋翼间气动干扰程度的降低有直接的联系。另外，观察图 6.14、图 6.16 和图 6.18，主旋翼拉力的变化特征与功率系数相类似，即随着垂向间距的增大，主旋翼拉力的振动幅度由于上下旋翼间气动干扰程度的降低而大幅降低，并且振动的频率逐渐从 6Ω 演变为 3Ω。

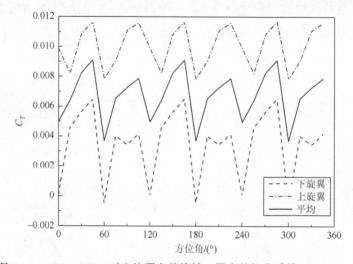

图 6.14　　$gZ2 = 0.35\text{m}$ 时主旋翼在其旋转一周内的拉力系数（$\mu = 0.2$）

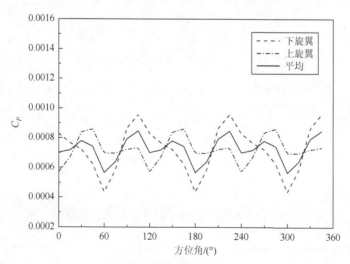

图 6.15　　$gZ2 = 0.35\text{m}$ 时主旋翼在其旋转一周内的功率系数（$\mu = 0.2$）

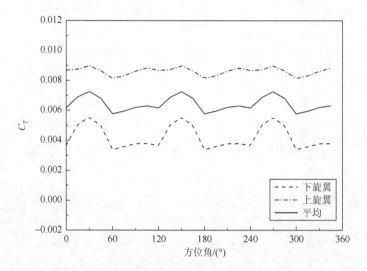

图 6.16　$gZ2 = 1.5\text{m}$ 时主旋翼在其旋转一周内的拉力系数（$\mu = 0.2$）

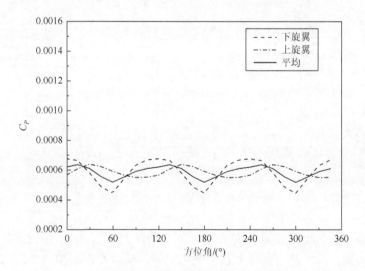

图 6.17　$gZ2 = 1.5\text{m}$ 时主旋翼在其旋转一周内的功率系数（$\mu = 0.2$）

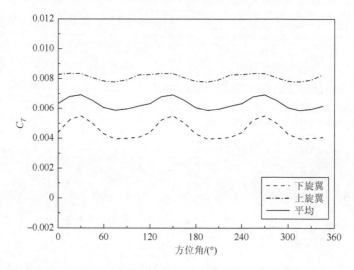

图 6.18　$gZ2=3\mathrm{m}$ 时主旋翼在其旋转一周内的拉力系数（$\mu=0.2$）

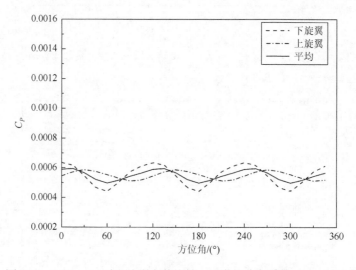

图 6.19　$gZ2=3\mathrm{m}$ 时主旋翼在其旋转一周内的功率系数（$\mu=0.2$）

　　进一步，图 6.20 和图 6.21 给出了不同垂向间距时，上、下主旋翼拉力在桨盘平面的分布图，其中深色标识数值更大的区域。桨盘平面上黑色的区域标识着数值最大的升力中心，下旋翼的升力中心在右后方，而上旋翼的在左上方，这与基准主旋翼垂向距离下的结果较为接近。当主旋翼垂向间距过近时，桨盘平面上的拉力分布较为混乱，明显受到来自另一幅主旋翼的强烈气动干扰，如图 6.20（a）和图 6.21（a）所示。这种干扰在它们各自的后行侧尤其明显，即下旋翼的左侧和上旋翼的右侧，这是由于后行侧要受到来自另一幅主旋翼前行侧的气动干扰。

当主旋翼间垂向距离较大时，桨盘平面上的拉力分布越来越平滑，逐渐过渡到甚至已不能明显看出受到来自另一幅主旋翼的气动干扰，如图 6.20（b）、（c）和图 6.21（b）、（c）所示。由此也印证了已分析的载荷振动幅度随主旋翼垂向间距的增大而减小的结果。

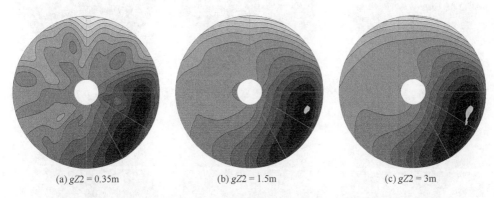

(a) $gZ2 = 0.35\text{m}$　　　　　(b) $gZ2 = 1.5\text{m}$　　　　　(c) $gZ2 = 3\text{m}$

图 6.20　不同主旋翼垂向间距时下旋翼拉力在桨盘平面的分布（$\mu = 0.2$）

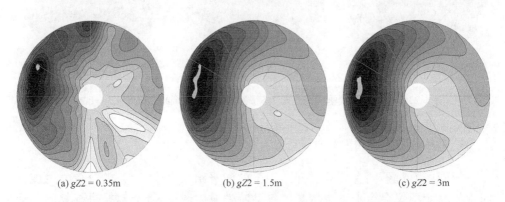

(a) $gZ2 = 0.35\text{m}$　　　　　(b) $gZ2 = 1.5\text{m}$　　　　　(c) $gZ2 = 3\text{m}$

图 6.21　不同主旋翼垂向间距时上旋翼拉力在桨盘平面的分布（$\mu = 0.2$）

此外，图 6.22 和图 6.23 还给出了不同主旋翼垂向间距时，上下旋翼入流在桨盘平面的分布图，其中深色标识数值更大的区域。当主旋翼垂向间距过近时，桨盘平面上的入流分布较为凌乱，明显受到来自另一幅主旋翼的强烈气动干扰，如图 6.22（a）和图 6.23（a）所示。这种干扰在它们各自的后行侧尤其明显，即下旋翼的左侧和上旋翼的右侧，这是由于后行侧要受到来自另一幅主旋翼前行侧的气动干扰。当主旋翼间垂向距离较大时，如图 6.22（b）、（c）和图 6.23（b）、（c）所示，桨盘平面上的入流分布越来越平滑，过渡到甚至已不能明显看出受到来自另一幅主旋翼的气动干扰。

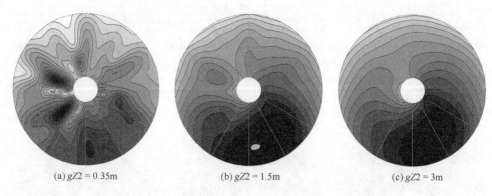

(a) $gZ2 = 0.35m$ (b) $gZ2 = 1.5m$ (c) $gZ2 = 3m$

图 6.22   不同主旋翼垂向间距时下旋翼入流在桨盘平面的分布（ $\mu = 0.2$ ）

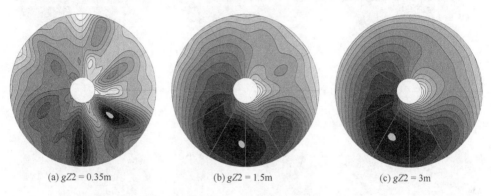

(a) $gZ2 = 0.35m$ (b) $gZ2 = 1.5m$ (c) $gZ2 = 3m$

图 6.23   不同主旋翼垂向间距时上旋翼入流在桨盘平面的分布（ $\mu = 0.2$ ）

3. 主旋翼不同垂向间距对推进旋翼气动特性的影响

如同之前对不同主旋翼垂向间距下的配平结果（表 6.5）的分析，主旋翼间距的改变不仅会令上下主旋翼的气动特性发生改变，还会对推进旋翼的气动特性产生直接影响。为此，图 6.24 和图 6.25 分别给出了不同主旋翼垂向间距时，推进旋翼在主旋翼旋转一周内的推力系数和功率系数。从图中明显看到，随着主旋翼垂向间距的增大，推进旋翼所产生的水平推力和消耗的功率都有明显降低，这主要得益于主旋翼所产生的前飞阻力的减小。此外更重要的是，推进旋翼所产生的作用力振动幅度也随着主旋翼垂向间距的增大而明显降低，相应地，其功率的振动水平也显著下降。这主要是由于上旋翼被抬高后，其尾迹对推进旋翼产生的直接冲击作用大幅降低，此时推进旋翼仅与来自下旋翼的尾迹直接接触，如图 6.13（b）、（c）所示，因此其水平推进力的振动水平明显降低。

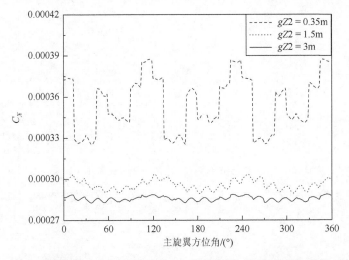

图 6.24　不同主旋翼垂向间距时推进旋翼在主旋翼旋转一周内的推力系数（ $\mu = 0.2$ ）

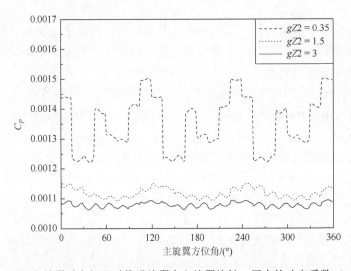

图 6.25　不同主旋翼垂向间距时推进旋翼在主旋翼旋转一周内的功率系数（ $\mu = 0.2$ ）

4. 主旋翼不同垂向间距对平尾气动特性的影响

作为另一个直升机尾部安装的气动部件，平尾也受到了主旋翼垂向间距改变的直接影响。图 6.26 计算给出了不同主旋翼垂向间距时，平尾在主旋翼旋转一周内的作用力系数（ C_z ）。随着主旋翼垂向间距的增大，平尾上的作用力大小以及振动幅度都出现了一定程度的下降，并且作用力振动的频率也从 6Ω 下降为 3Ω 。这主要是由于在大距离的主旋翼垂向间距时，上旋翼的尾迹对平尾的直接冲击作用大幅度降低，如图 6.13（b）、（c）所示。

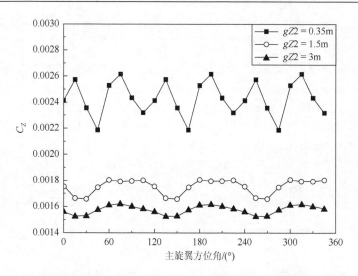

图 6.26　不同主旋翼垂向间距时平尾在主旋翼旋转一周内的作用力系数

经过上面的分析可知，从气动干扰的角度而言，增大上下主旋翼间的垂向间距具有有益的方面，包括降低主旋翼前飞阻力、降低平尾上的作用力振动水平、降低主旋翼和推进旋翼的载荷振动水平与功率消耗等，但对于实际直升机总体设计而言，当然必须考虑诸多其他因素，包括桨毂阻力、桨叶刚度及工艺水平、柔性挥舞所造成的打桨现象（历史上曾出现过[151]）、传动系统的安置和重量等问题[109]。然而通过改变主旋翼垂向间距，从而深入考虑其气动干扰特性的多方面综合影响仍会为直升机总体设计带来有益的视角和思路。

6.5.3　主旋翼操纵量对其气动特性的影响

主旋翼升力中心的横向控制是 ABC 旋翼的核心内容，它能控制前、后行侧桨叶的升力分配，从而达到优化的飞行效率。升力中心过于偏向前行侧桨叶会导致过高的桨根应力和大幅的弹性挥舞，从而引起过高的振动以及上下旋翼打桨的高风险[151]；反之，升力中心过于偏向后行侧桨叶，则又会导致弱势的后行侧桨叶承担更多负荷，主旋翼升阻特性降低[112]。由此可见，上、下主旋翼升力中心位置的选择会对主旋翼气动特性造成重要影响。而这些操控主要需通过主旋翼的横向周期变距来调整，现有文献中只考虑单一的配平状态不足以计算分析上述问题。

此外，对于 ABC 直升机，利用上下主旋翼不同操纵量来控制和降低其载荷振动并改善旋翼性能，是一种具有较大研究价值的技术[113, 151, 152, 188, 189]。然而，由于多解配平计算分析的复杂性等，尚未有文献对该技术进行详细、深入的计算分析及讨论。

为此，现有计算研究 ABC 直升机的文献，上下主旋翼强制采用相同周期变距[110-112, 150]的配平处理方式不同，本书通过 6.3 节中建立的更为完整的配平模型，对 ABC 直升机不同配平状态下的气动干扰特性、气动力振动水平以及功率消耗等问题进行了研究。表 6.6 给出了前进比为 0.3 时，8 种不同的配平状态操纵量结果，其中，上旋翼的纵、横向周期变距 $A1_U$ 和 $A2_U$ 为预设值，通过预设这两个量，其余的操纵量就可以通过前述直升机配平方程逐步计算并达到最终配平值。换句话说，通过控制这两个预设值，就可以达到控制 ABC 直升机的主旋翼升力中心的目的。

表 6.6　多种配平状态下的直升机操纵量（$\mu = 0.3$）

配平状态	$A0_L$	$A0_U$	$A1_L$	$A1_U$（预设）	$A2_L$	$A2_U$（预设）	$A0_P$
配平状态 1	0.07336	0.07387	0.03647	0.04	0.00366	0	0.44455
配平状态 2	0.10524	0.10477	0.03545	0.04	−0.05821	−0.06	0.4309
配平状态 3	0.15602	0.16084	0.0493	0.04	−0.14298	−0.15	0.41474
配平状态 4	0.23973	0.24515	0.08195	0.04	−0.23921	−0.25	0.39867
配平状态 5	0.04457	0.04479	0.05354	0.055	0.08852	0.08	0.48077
配平状态 6	−0.00484	0.09013	0.12977	0.01	0.16728	0.08	0.55107
配平状态 7	0.09298	5.83E-5	−0.00892	0.15	0.0889	0.15	0.5527
配平状态 8	0.04481	0.03261	0.05091	0.08	0.11962	0.12	0.52316

在这 8 个配平状态中，大致可以分为两组，其中配平状态 1～5 为一组。在这组配平状态中，上下主旋翼的周期变距都大致相等，即操纵规律为

$$A1_L \approx A1_U, A2_L \approx A2_U \qquad (6.8)$$

对应这组配平状态，图 6.27、图 6.30、图 6.33、图 6.36 和图 6.39 则分别给出了配平状态 1～5 时主旋翼旋转一周内的拉力系数变化。由于上下旋翼反向旋转，上述这种升力分布镜像特性将直接导致上下主旋翼的拉力在旋翼旋转周期内的振动相位完全相同，即波峰与波峰相叠加，波谷与波谷相叠加，这种旋翼载荷振动相位重合的特性势必将导致上下旋翼的总载荷振动水平被放大。图 6.28、图 6.31、图 6.34、图 6.37 和图 6.40 分别给出了配平状态 1～5 时主旋翼旋转一周内的功率系数变化。由图可见，相应地，在这组 5 个配平状态中，其主旋翼所消耗的功率也呈现出振动相位重合的特性。图中上下主旋翼所消耗功率相同的结果，也表明它们的反扭矩是平衡的。图 6.29、图 6.32、

图 6.35、图 6.38 和图 6.41 分别给出了主旋翼拉力在桨盘平面上的分布图，深色标识数值更大的区域。在这组 5 个配平状态中，上下旋翼的桨盘载荷分布情况大致呈镜面对称，每幅主旋翼的升力中心位置（图中颜色最深区域）也基本对称。

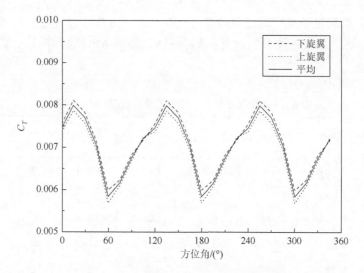

图 6.27　配平状态 1 时主旋翼旋转一周内的拉力系数变化（ $\mu = 0.3$ ）

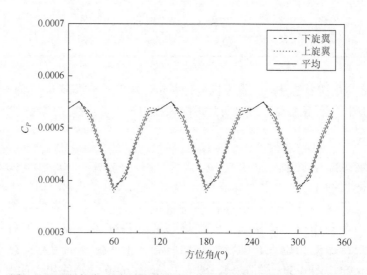

图 6.28　配平状态 1 时主旋翼旋转一周内的功率系数变化（ $\mu = 0.3$ ）

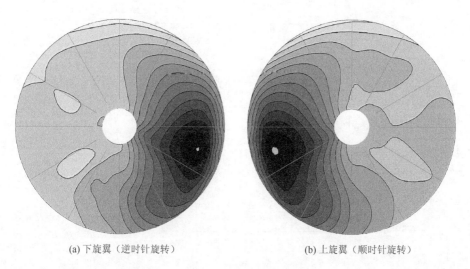

(a) 下旋翼（逆时针旋转）　　　　　　(b) 上旋翼（顺时针旋转）

图 6.29　配平状态 1 时主旋翼拉力在桨盘平面的分布图（ $\mu=0.3$ ）

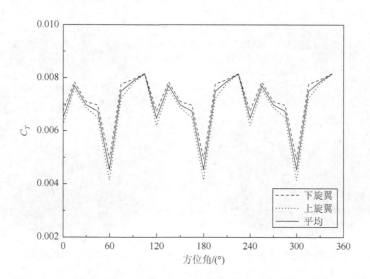

图 6.30　配平状态 2 时主旋翼旋转一周内的拉力系数变化（ $\mu=0.3$ ）

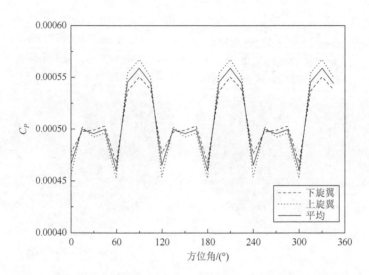

图 6.31　配平状态 2 时主旋翼旋转一周内的功率系数变化（ $\mu = 0.3$ ）

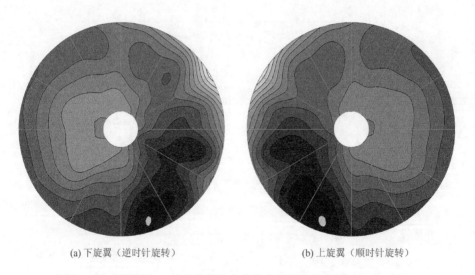

(a) 下旋翼（逆时针旋转）　　　　　　　　(b) 上旋翼（顺时针旋转）

图 6.32　配平状态 2 时主旋翼拉力在桨盘平面的分布图（ $\mu = 0.3$ ）

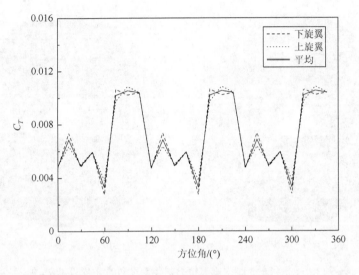

图 6.33　配平状态 3 时主旋翼旋转一周内的拉力系数变化（$\mu = 0.3$）

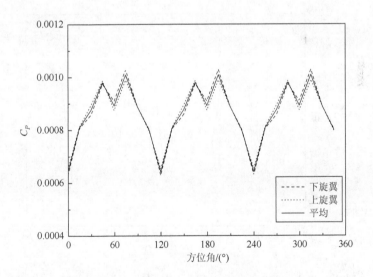

图 6.34　配平状态 3 时主旋翼旋转一周内的功率系数变化（$\mu = 0.3$）

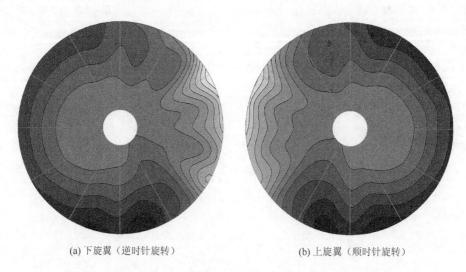

(a) 下旋翼（逆时针旋转）　　　　　　　　(b) 上旋翼（顺时针旋转）

图 6.35　配平状态 3 时主旋翼拉力在桨盘平面的分布图（$\mu = 0.3$）

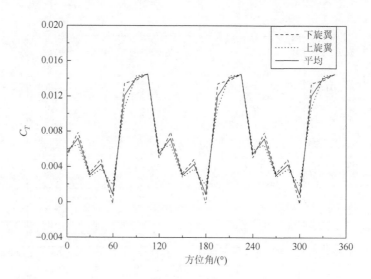

图 6.36　配平状态 4 时主旋翼旋转一周内的拉力系数变化（$\mu = 0.3$）

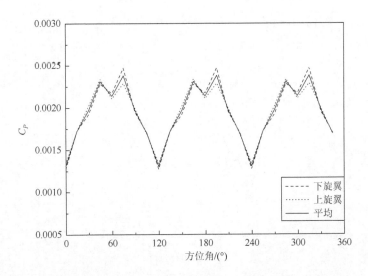

图 6.37　配平状态 4 时主旋翼旋转一周内的功率系数变化（$\mu = 0.3$）

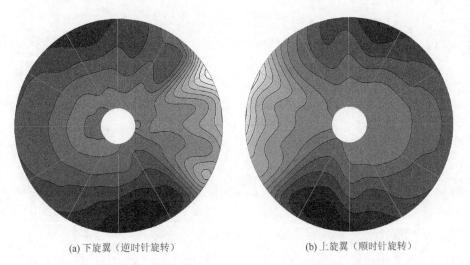

(a) 下旋翼（逆时针旋转）　　　　　　　　(b) 上旋翼（顺时针旋转）

图 6.38　配平状态 4 时主旋翼拉力在桨盘平面的分布图（$\mu = 0.3$）

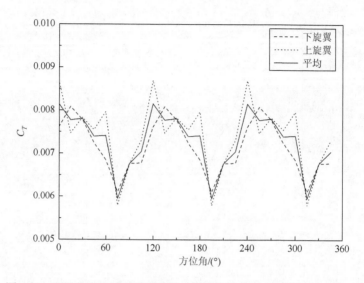

图 6.39 配平状态 5 时主旋翼旋转一周内的拉力系数变化（$\mu = 0.3$）

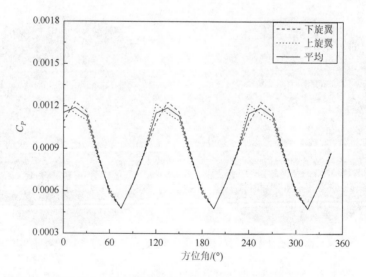

图 6.40 配平状态 5 时主旋翼旋转一周内的功率系数变化（$\mu = 0.3$）

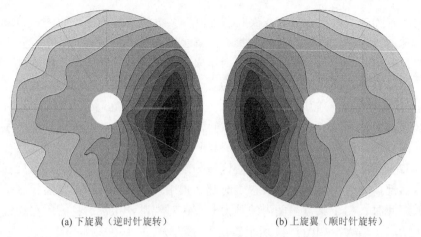

(a) 下旋翼（逆时针旋转）　　　　　　　　(b) 上旋翼（顺时针旋转）

图 6.41　配平状态 5 时主旋翼拉力在桨盘平面的分布图（$\mu = 0.3$）

进一步，图 6.42 给出了不同配平状态时，上、下主旋翼平均拉力系数在其旋转 1/3 周期内的变化对比。由于前述的振动相位重合特点，配平状态 1～5 的旋翼拉力总振动幅度都相对较大。在这 5 个配平状态中，配平状态 4 的振幅最大，配平状态 1 和配平状态 5 相对最小，而配平状态 2、3 介于中间。

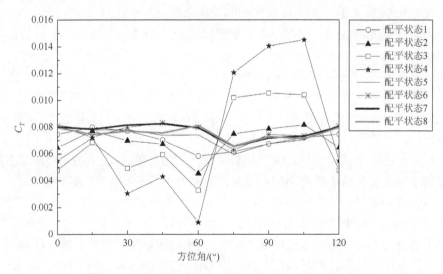

图 6.42　不同配平状态时上下主旋翼平均拉力系数在其旋转 1/3 周期内的变化对比（$\mu = 0.3$）

这种情形与上下主旋翼的横向周期变距系数 $A2$ 有直接关系，如表 6.6 所示。具体地，对于配平状态 1，两幅旋翼的横向变距系数 $A2$ 在 0 附近，即没有额外的横向周期变距操纵，该配平状态可看作后面配平状态的初始状态。此时上下主旋翼桨盘的升力中心都大致分布在桨叶前行侧偏桨盘后部的位置，如图 6.29 所示，颜色最深的升力中心区域相对较为集中，其余区域内升力较小。其中，升力中心偏向桨盘后侧是为了产生足够的低头力矩来平衡平尾等部件所产生的抬头力矩。此时，由于桨盘平面内的升力分布较为规则平滑，主旋翼拉力的振动幅度在配平状态 1～5 中比较小，如图 6.42 所示。

而在配平状态 2 时，两幅旋翼的横向变距系数 $A2$ 在 -0.06 附近，即产生一定的负横向周期变距操纵，引起上下主旋翼桨盘上的升力中心更靠近桨盘后行侧。如图 6.32 所示，颜色最深的升力中心区域与配平状态 1 相比更靠近桨盘后行侧以及桨盘后部，同时不再像配平状态 1 时那么集中，而是向整个桨盘后行侧桨尖区域分散。此时，由于桨盘平面内的升力分布相对混乱，主旋翼拉力的振动幅度也比配平状态 1 略大，如图 6.42 所示。

在配平状态 3 时，两幅旋翼的横向变距系数 $A2$ 在 -0.15 附近，即产生更大的负横向周期变距操纵，引起上下主旋翼桨盘上的升力中心进一步靠向后行侧，此时颜色最深的升力中心区域已不再明显，而是以分散的形式覆盖整个桨盘后行侧桨尖区域，同时桨盘前行侧一定范围内升力较小，如图 6.35 所示。此时，由于桨盘平面内的升力分布进一步混乱，主旋翼拉力的振动幅度也比配平状态 2 更大些，如图 6.42 所示。

在配平状态 4 时，两幅旋翼的横向变距系数 $A2$ 在 -0.25 附近，即产生很大的负横向周期变距操纵，引起上下主旋翼桨盘上的升力中心进一步靠向后行侧，此时颜色最深的升力中心区域已分割为两部分，较大的一部分在桨盘后侧，较小的一部分在桨盘前侧，同时桨盘前行侧大片范围内升力很小，如图 6.38 所示。此时，桨盘平面内的升力分布最为凌乱，不如之前几个配平状态下升力分布那样规则平滑，所产生的主旋翼拉力的振动幅度在配平状态 1～5 中最大，如图 6.42 所示。

最后，在配平状态 5 时，两幅旋翼的横向变距系数 $A2$ 在 0.08 附近，此时的情况与之前的配平状态稍有不同，主旋翼的升力中心不再向桨叶后行侧移动，而是产生一定的正横向周期变距操纵，引起上下主旋翼桨盘上的升力中心在零横向操纵的初始配平状态 1 的基础上再稍微向桨盘前行侧移动。这时，上下主旋翼桨盘平面的升力中心的分布也比较规则平滑，大致与初始配平状态 1 相当，如图 6.46 所示。稍显不同的是，颜色最深的升力中心区域更加集中，面积更小，其余区域内升力较小。此时主旋翼拉力的振动幅度在配平状态 1～5 中也比较小，与初始配平状态 1 相当，如图 6.42 所示。

综上可见，在同一飞行状态下，当上下主旋翼采用相同的变距操纵策略（$A1_L \approx A1_U, A2_L \approx A2_U$）时，升力中心越靠近桨盘后行侧，即给出负值越大的横向周期变距，主旋翼拉力的振动幅度就越大。相对而言，升力中心越靠近桨盘前行侧，即给出零或正值的横向周期变距，主旋翼拉力的总振动幅度就越小。此外，对于普通的单旋翼带尾桨直升机或传统的共轴式直升机，正常前飞无配平无操控的主旋翼，其升力中心会自然分布在气动力较大的桨盘前行侧[163]。因此，为了配平或避免打桨，必须给出一定的负值横向周期变距，从而令旋翼升力中心大致分布在桨盘中心以消除滚转力矩[190]。这种情况类似于本书的配平状态 2～4，其旋翼拉力振动水平也会由此而升高。由此可见，与普通的单旋翼直升机或传统的共轴式直升机相比，升力中心可一定程度偏向于桨盘前行侧的 ABC 直升机，在消除主旋翼垂向气动力振动水平的问题上占有明显的优势。

需要指出的是，对于主旋翼升力中心的控制，并非越偏向前行侧桨叶就越好。图 6.43 给出了不同配平状态时，上下主旋翼平均功率系数在主旋翼旋转一周内的变化。配平状态 1～4 时的主旋翼总消耗功率依次升高，其中主旋翼在零横向周期变距控制的配平状态 1 时消耗功率最小，而升力中心最靠近桨盘后行侧的配平状态 4 时的主旋翼所消耗的功率最多。这印证了文献[151]之前的研究，即升力中心过于偏向后行侧桨叶，则会导致弱势的后行侧桨叶承担更多负荷，主旋翼升阻特性降低，从而严重降低主旋翼效率。然而，由图 6.43 可见，被给予一定正值横向周期变距的配平状态 5，其主旋翼总消耗功率明显大于零或小量负值横向控制的配平状态 1 和 2 所对应的功率，而是大致与横向变距系数 $A2$ 在−0.15 附近的配平状态 3 相当。这说明，对于当前飞行状态（$\mu = 0.3$）下，配平状态 1 和 2 最为高效（消耗功率最少），即给予主旋翼零或小量负值横向周期变距控制为效率最优策略。因此，对于主旋翼升力中心的控制，并非越偏向桨盘前行侧越有利于效率提高，而应结合具体的直升机以及实际的飞行状态。

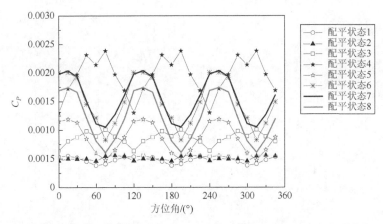

图 6.43　不同配平状态时上下主旋翼平均功率系数在其旋转一周内的变化对比（$\mu = 0.3$）

另外，在这 8 个配平状态中，配平状态 6～8 也可被大致分成一组，在这 3

个配平状态中，上下旋翼的周期变距都存在不同程度的差异，即

$$A1_L \neq A1_U \text{ 或 } A2_L \neq A2_U \qquad (6.9)$$

在这组配平状态中，图 6.44、图 6.47 和图 6.50 分别给出了配平状态 6～8 时主旋翼旋转一周内的拉力系数变化。由于上下旋翼转向相反，在这 3 个特殊的配平状态下，这种"恰当的"非对称升力分布特性（注："恰当的"是指调整操纵量刚好使上下旋翼的拉力振动出现波峰-波谷互补现象）将直接导致：上下主旋翼的拉力振动在主旋翼旋转周期内出现了相位差，即波峰与波谷相叠加。这种上下主旋翼载荷振动的相位差，将引起上下旋翼的总载荷振动水平相对减小。图 6.45、图 6.48 和图 6.51 分别给出了配平状态 6～8 时主旋翼旋转一周内的功率系数变化。在这组 3 个配平状态中，上下主旋翼功率振动的相位特性与载荷振动的相位特性并不再完全相同，这与前 5 个配平状态的情况是不一样的。配平状态 6 和 7 时，上下主旋翼功率系数振动的相位差不足以让二者的波峰与波谷像载荷振动那样互补。而在配平状态 8 时，上下主旋翼拉力振动的相位差并未在功率系数振动中反映出来，仍然呈现波峰-波峰和波谷-波谷重合的情况。图 6.46、图 6.49 和图 6.52 分别给出了配平状态 6～8 时的主旋翼拉力在桨盘平面的分布图，深色标识数值更大的区域。在这组 3 个配平状态中，由于采取了不同的控制策略，上下主旋翼的桨盘载荷不再呈现镜面对称分布，每幅主旋翼的升力中心位置（图中颜色最深区域）也呈现非对称分布。

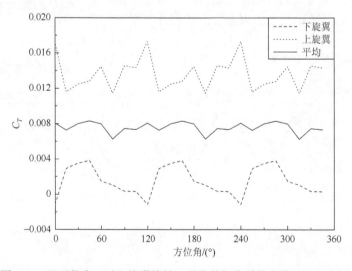

图 6.44　配平状态 6 时主旋翼旋转一周内的拉力系数变化（ $\mu = 0.3$ ）

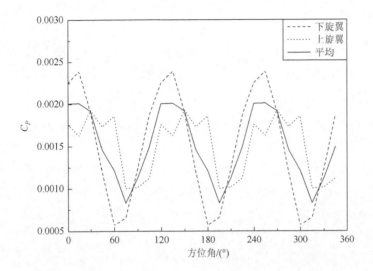

图 6.45　配平状态 6 时主旋翼旋转一周内的功率系数变化（ $\mu = 0.3$ ）

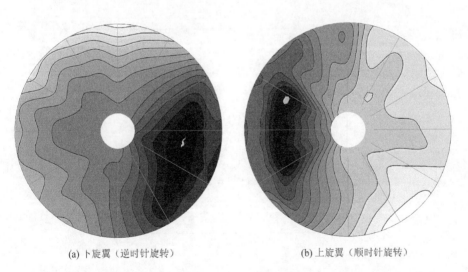

(a) 下旋翼（逆时针旋转）　　　　　　　(b) 上旋翼（顺时针旋转）

图 6.46　配平状态 6 时主旋翼拉力在桨盘平面的分布图（ $\mu = 0.3$ ）

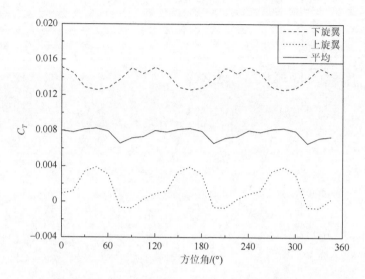

图 6.47　配平状态 7 时主旋翼旋转一周内的拉力系数变化（$\mu = 0.3$）

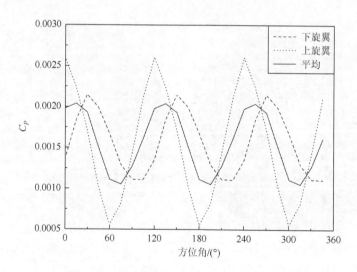

图 6.48　配平状态 7 时主旋翼旋转一周内的功率系数变化（$\mu = 0.3$）

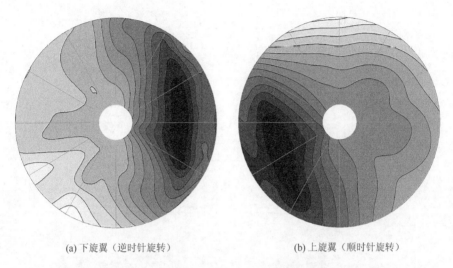

(a) 下旋翼（逆时针旋转）　　　　　　　　(b) 上旋翼（顺时针旋转）

图 6.49　配平状态 7 时主旋翼拉力在桨盘平面的分布图（$\mu = 0.3$）

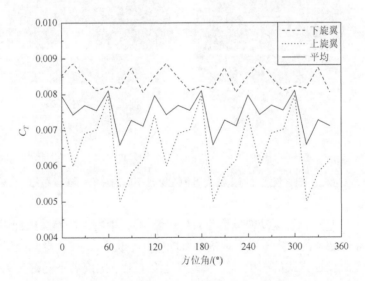

图 6.50　配平状态 8 时主旋翼旋转一周内的拉力系数变化（$\mu = 0.3$）

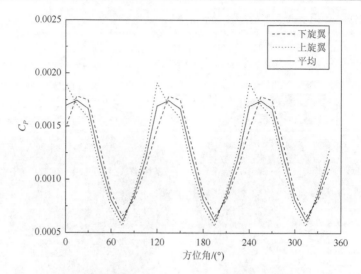

图 6.51　配平状态 8 时主旋翼旋转一周内的功率系数变化（$\mu = 0.3$）

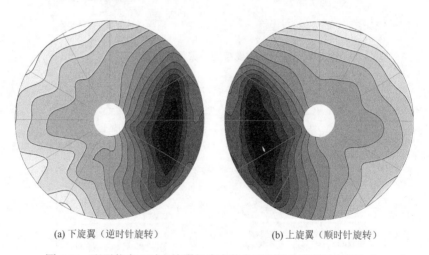

(a) 下旋翼（逆时针旋转）　　　　　　　　　(b) 上旋翼（顺时针旋转）

图 6.52　配平状态 8 时主旋翼拉力在桨盘平面的分布图（$\mu = 0.3$）

　　如图 6.42 所示，就振动幅度而言，具有峰-谷抵消特性的第二组配平状态 6～8 都要不同程度地小于第一组不具备此特性的配平状态 1～5。由此确认了这种主旋翼周期变距操控方式的积极作用，即通过给予上下主旋翼不同的变距控制，改变上、下旋翼桨盘内的载荷分布情况，可以令二者的振动周期内存在恰当的相位差。这种控制方式可以在一定程度内降低主旋翼最终的总振动水平。

　　对于配平状态 6，下旋翼的纵、横向周期变距系数均大于上旋翼（表 6.6），说明下旋翼提供了直升机低头力矩中的主要部分，因此下旋翼的升力中心区域更靠近桨盘后方，如图 6.46 所示。此时采用相对大一些周期变距控制的下旋翼所产生旋转阻力也会更大，从而会导致更高的反扭转力矩。因此，为了能配平直升机的偏航力矩，即上、下主旋翼各自所产生的反扭矩大小相同，上旋翼必须采用更大的总距以产生足够大的反扭矩，如表 6.6 所示。在这种配平情况下，采用较小周期变距控制的上旋翼担负了主旋翼的大部分升力，如图 6.44 所示。由于反扭矩大致相同，二者的功率消耗水平亦大致相当，如图 6.45 所示。

　　而在配平状态 7 时，上旋翼的纵、横向周期变距系数均大于下旋翼（表 6.6），说明上旋翼提供了直升机低头力矩中的主要部分，因此上旋翼的升力中心区域更靠近桨盘后方，如图 6.49 所示。配平状态 7 所产生的结果与配平状态 5 刚好相反，采用较小周期变距控制的下旋翼担负了主旋翼的大部分升力，如图 6.47 所示。由于反扭矩相同，二者的功率消耗水平也大致相当，如图 6.48 所示。

　　对于配平状态 8，其上旋翼的纵、横向周期变距系数与下旋翼相对较为接近，虽然两幅旋翼的控制量差别较小，但仍存在一定的差别，能够使上、下主旋翼的拉力振动产生峰-谷抵消的特性，如图 6.50 所示，因此，该配平状态仍与配平状态 1~5 的配平方式存在区别。在这种配平状态下两幅旋翼桨盘平面的升力中心接近镜面对称，但又有所差别，如图 6.52 所示。

　　此外，值得注意的是，尽管具有峰-谷抵消特性的配平状态 6~8 的旋翼总拉力振动水平与不具备这种特性的配平状态 1~5 相比，均有不同程度的降低。但由于这三种配平状态均具有一定的正值横向周期变距，因此它们的主旋翼总功率消耗水平较高，仅小于横向控制值最大的配平状态 4，如图 6.43 所示。这进一步说明，对于主旋翼升力中心的控制，并非越偏向前行侧桨叶越好，应结合具体的直升机以及实际的飞行状态。但是功率消耗水平也不是唯一的评判指标，还需要综合考虑主旋翼的载荷振动水平等多个因素。

6.6　主旋翼尾迹对推进旋翼的气动干扰

　　在不同前飞速度下，主旋翼尾迹会对推进旋翼产生不同程度的气动干扰，如图 6.5 所示。本节将具体研究这些气动干扰对推进旋翼的效率、振动水平等方面的影响。此外，由于上文模型仅考虑了尾部布置推进旋翼的正常构型，本节还将计算分析推进旋翼在机鼻布置时的气动特性。

6.6.1　推进旋翼的载荷振动

　　具体地，图 6.53 和图 6.54 分别给出了不同前进比时，推进旋翼水平推力系数以及功率系数在主旋翼旋转一周内的变化。随着前飞速度的提高，推进旋翼所提供的推力也随之增大，相应地，功率消耗也与推力一起增加。值得注意的是，推力和功率在主旋翼旋转的一个周期内都呈现出了两种振动频率：一种是波长较大的3Ω频率（文献[112]也称为3Ω振动频率）；一种是可近似认为波长较小的频率为20Ω左右的高频振动（若纵坐标放大，可更清晰，见图6.59等）。其中，3Ω频率的振动源主要来自于主旋翼尾迹的干扰，而20Ω的高频振动源则主要来自于推进旋翼自身的旋转。这是由于推进旋翼有5片桨叶，且转速为主旋翼的4倍，见表6.2、表6.3，因此当推进旋翼桨盘平面载荷分布不均时，在主旋翼旋转的一周内，推进旋翼可产生频率大致为主旋翼旋转频率20倍的高频振动，即20Ω。

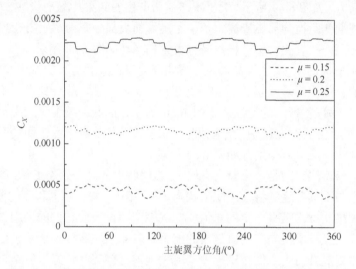

图6.53　不同前进比时推进旋翼推力系数在主旋翼旋转一周内的变化

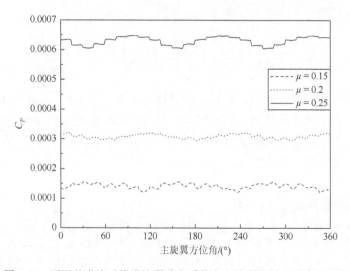

图6.54　不同前进比时推进旋翼功率系数在主旋翼旋转一周内的变化

必须指出，采用不同的 VTM 方法进行计算的文献[112]，也得到了与本书结果类似的推进旋翼推力振动频率特性，如图 6.55 所示。由于采用了不同的计算方法、计算模型以及配平操纵量（但文献[112]并未具体给出其值），因而本书的图 6.53 和文献中的具体振动曲线（图 6.55）并不完全相同，尽管如此，二者同样呈现出了类似的振动频率特性，即一种低频 3Ω 和一种高频大致 20Ω 的耦合振动。由此可见，虽然至目前尚找不到直接的试验数据或计算结果用于与本书研究的对比，但文献[112]采用不同方法的结果也部分验证了本书研究的有效性。

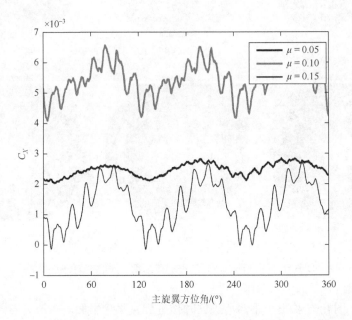

图 6.55   文献[112]中通过 VTM 方法计算得到的推进旋翼推力系数的振动频率特性

进一步，图 6.56 给出了不同前进比时推进旋翼桨盘平面的推力分布图，其中深色标识数值更大的区域。由于下洗流的作用，推进旋翼的旋转平面会产生所谓的"上行侧"和"下行侧"的区分。在"上行侧"，推进旋翼的桨叶迎着下洗流而上，其剖面来流速度更高，由此所产生的推力也要高于顺着下洗流方向而向下旋转的"下行侧"桨叶。在图 6.56 中还可以清楚地看到，由于推进旋翼逆时针旋转，因此桨盘右侧是"上行侧"，而左侧是"下行侧"。这种效应类似于主旋翼在前飞过程中"前行侧/后行侧"桨叶的区分。但对于推进旋翼而言，由于下洗流速度相对于其旋翼转速很低，所以"上行侧"和"下行侧"桨叶所产生的推力差距较小。此外，如图 6.56 所示，随着前飞速度的增加，主旋翼下洗流随之增强，因此推进旋翼"上行侧/下行侧"区别效应也逐渐增强。

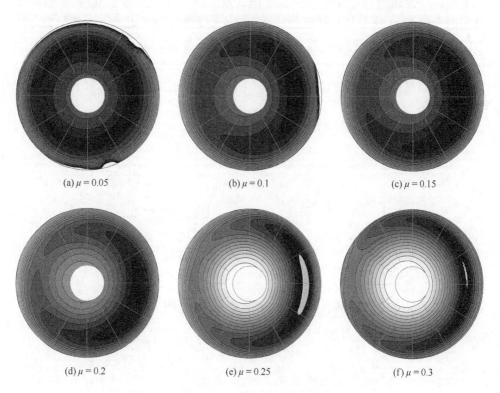

(a) $\mu = 0.05$　　　　(b) $\mu = 0.1$　　　　(c) $\mu = 0.15$

(d) $\mu = 0.2$　　　　(e) $\mu = 0.25$　　　　(f) $\mu = 0.3$

图 6.56　不同前进比时推进旋翼桨盘平面的推力分布图

此外，图 6.57 给出了不同前进比时推进旋翼桨盘平面的入流分布图，其中深色标识数值更大的区域。注意到，除了前进比为 0.05 的低速飞行状态，在其余的飞行状态下，其入流都大致呈现水平带状层次分布，而仅在前进比为 0.05 时的入流呈中心发散状分布。这主要是由于在前进比为 0.05 的低速飞行时，主旋翼尾迹对推进旋翼并没有直接气动干扰，刚好从推进旋翼下缘掠过，而在其余的飞行状态下，主旋翼尾迹都不同程度地对推进旋翼施加了直接冲击，如图 6.5 所示。在这种直接冲击作用下，推进旋翼的入流基本呈现水平带状层次分布。其中，受到主旋翼尾迹影响最剧烈的区域出现入流增大的现象，见图 6.57 中颜色最深的区域。注意到，随着前飞速度的提高，这些入流最大区域在推进旋翼的桨盘平面逐步上移，如图 6.57（b）～（d）所示。这种情形基本印证了 6.4 节中关于主旋翼尾迹结构的分析，即前飞速度越高，主旋翼尾迹对推进旋翼桨盘平面施加直接冲击作用的区域就越靠近上部。

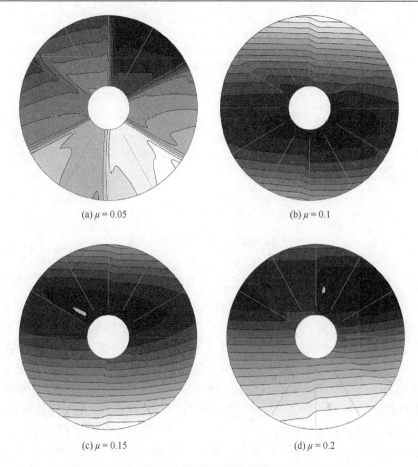

(a) $\mu = 0.05$　　　　　　　　　　　　　　(b) $\mu = 0.1$

(c) $\mu = 0.15$　　　　　　　　　　　　　　(d) $\mu = 0.2$

图 6.57　不同前进比时推进旋翼桨盘平面的入流分布图

6.6.2　推进旋翼的安装位置对其气动特性的影响

常见的 ABC 直升机的推进旋翼装置都是后置,如 X2、S-97,但考虑到后置的推进旋翼在大多数前飞状态下都会受到来自主旋翼尾迹的直接干扰,因此,本书对推进旋翼前置时其气动干扰特性进行计算研究,并与后置时的气动干扰结果进行对比,以便为复合推力式直升机的推进旋翼安装位置设计提供参考。

图 6.58 给出了推进旋翼前置时的构型示意图,假设推进旋翼安置在机鼻上(即前置),机身长度为 $2R$,则可大致给定推进旋翼桨盘平面至主旋翼轴的水平距离为 $0.82R$。推进旋翼轴至下旋翼桨盘平面的垂向距离为 $gZ4$,其余气动部件间相对位置与图 6.1 相同。如果推进旋翼安置在机尾上(即后置),示意图已在图 6.1中给出。

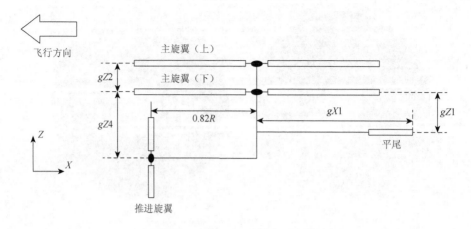

图 6.58　推进旋翼前置构型示意图

首先，令 $gZ4 = 0.56R$，对新的直升机系统进行配平计算。图 6.59、图 6.61、图 6.63 和图 6.65 分别计算给出了前进比为 0.15、0.2、0.25 和 0.3 时的推进旋翼前置和后置时的推力系数在主旋翼旋转一周内的变化。整体而言，不论是前置还是后置构型的直升机，因为其前飞阻力是基本相当的，而前置与后置构型的推进旋翼仅在产生俯仰力矩时的力臂稍有不同，所以在各个前进比下，仍要求前置与后置推进旋翼所产生的推力大小也相当。图中两种构型所对应的推力由于或者受到主旋翼尾迹的冲击，或者受到主旋翼桨叶的气动干扰影响，产生不同的振动幅度，但它们的平均值是基本相等的。

如图 6.59 和图 6.61 所示，对于前置推进旋翼的构型，在前进比 0.15 和 0.2 时，尽管它不受到主旋翼尾迹的直接冲击作用，但仍要受到主旋翼桨叶的气动干扰影响，所产生的推力振动水平仍然很大，仅比后置时的构型稍小。而由图 6.63 和图 6.65 可见，当前进比提高到 0.25 和 0.3 时，前置推进旋翼所产生的推力振动幅度显著小于正常后置时的值。由此说明，就减小推进旋翼推力振动幅度而言，前置推进旋翼的优势在高速时更加明显。

同时，图 6.60、图 6.62、图 6.64 和图 6.66 分别给出了前进比为 0.15、0.2、0.25 和 0.3 时的推进旋翼前置和后置时的功率系数在主旋翼旋转一周内的变化。在前进比为 0.15 时，前置推进旋翼所消耗的功率要明显高于后置时；而当前进比为 0.2 时，前置构型的功率消耗已经略低于后置构型；进而当前进比提高到 0.25 和 0.3 时，前置构型的功率消耗已显著低于后置构型时的值。由此说明，就降低推进旋翼的功率消耗（相当于提高推进旋翼的效率）而言，前置推进旋翼的优势同样在较高速度时更加明显，但在前进比较低时，前置推进旋翼也存在一定的劣势。

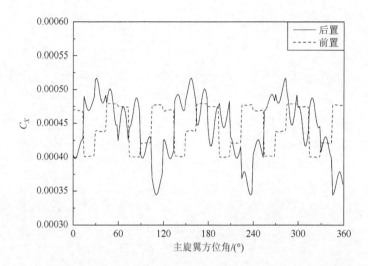

图 6.59　推进旋翼前置和后置时其推力系数在主旋翼旋转一周内的变化
（ $\mu = 0.15$ ， $gZ4 = 0.56R$ ）

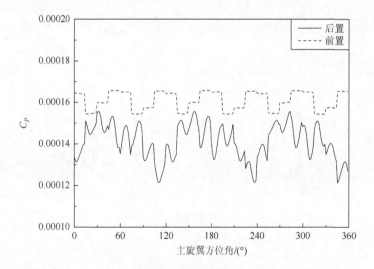

图 6.60　推进旋翼前置和后置时其功率系数在主旋翼旋转一周内的变化
（ $\mu = 0.15$ ， $gZ4 = 0.56R$ ）

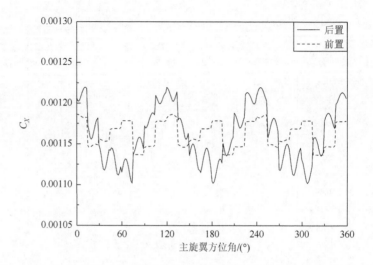

图 6.61　推进旋翼前置和后置时其推力系数在主旋翼旋转一周内的变化
（ $\mu = 0.2$ ， $gZ4 = 0.56R$ ）

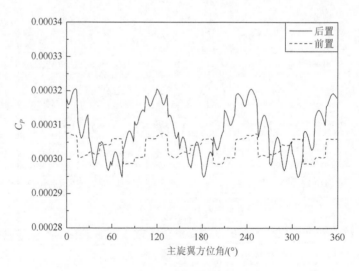

图 6.62　推进旋翼前置和后置时其功率系数在主旋翼旋转一周内的变化
（ $\mu = 0.2$ ， $gZ4 = 0.56R$ ）

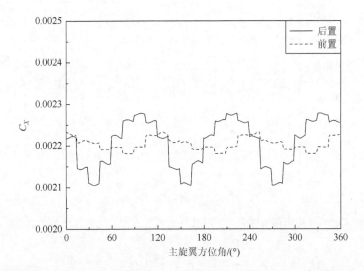

图 6.63　推进旋翼前置和后置时其推力系数在主旋翼旋转一周内的变化
（ $\mu = 0.25$ ， $gZ4 = 0.56R$ ）

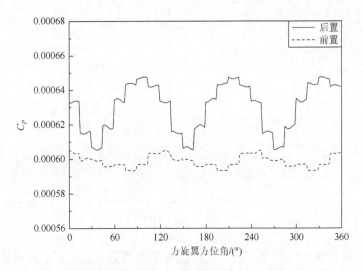

图 6.64　推进旋翼前置和后置时其功率系数在主旋翼旋转一周内的变化
（ $\mu = 0.25$ ， $gZ4 = 0.56R$ ）

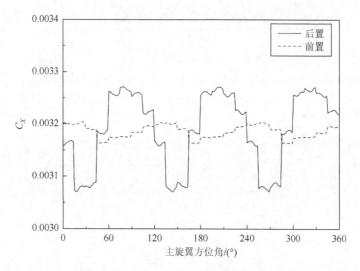

图 6.65　推进旋翼前置和后置时其推力系数在主旋翼旋转一周内的变化
（ $\mu = 0.3$ ， $gZ4 = 0.56R$ ）

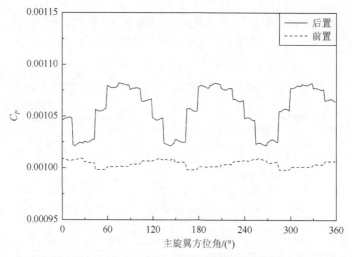

图 6.66　推进旋翼前置和后置时其功率系数在主旋翼旋转一周内的变化
（ $\mu = 0.3$ ， $gZ4 = 0.56R$ ）

此外，在各种前飞速度下，后置推进旋翼的推力与功率在主旋翼旋转周期内的振动频率都主要包含 3Ω 和大致 20Ω 两种。这种情况在推进旋翼前置时稍有不同，在前进比为 0.15 和 0.2 时，前置旋翼推力和功率的振动频率主要包含 6Ω 和大致 20Ω 两种，如图 6.59～图 6.62 所示。而当前进比提高到 0.25 和 0.3 时，前置旋翼推力和功率的振动频率才演变为 3Ω 和大致 20Ω 两种的耦合。

进一步，为了更好地理解前置推进旋翼在前飞速度较高时消耗功率更低的优势，图 6.67 给出了不同前进比时前置推进旋翼桨盘平面入流分布图，其中深色标识数值更大的区域。前置推进旋翼的入流分布与后置时的入流分布（图 6.57）存在明显差别。此时，桨盘上半部分由于受到其顶部上下主旋翼桨叶的近距离强烈诱导影响，呈现出左右不对称的中心放射状分布，而桨盘下半部分依然呈现水平带状层次分布。在图中各个飞行速度下，前置推进旋翼桨盘上的入流最大区域都出现在桨盘下端，而受到主旋翼桨叶气动影响较大的桨盘上端则入流相对较小。换句话说，前置推进旋翼所受到的气动干扰具有一个重要的特征，即入流减小。而在推进旋翼相同桨距的条件下，入流的减小可以增加桨叶剖面的有效迎角，从而间接改善推进旋翼的气动特性。反观正常后置推进旋翼，则主要受到来自主旋翼尾迹的气动干扰甚至直接冲击，桨盘部分区域呈现出入流增加的特性（图 6.57），桨叶剖面的有效迎角被减小从而可能降低推进旋翼的气动特性。综上可见，"主旋翼桨叶对前置推进旋翼施加了入流减小的气动干扰作用"是前面计算结果显示"前置推进旋翼在较高前飞速度状态下比正常后置时消耗功率更少"的主要原因之一。

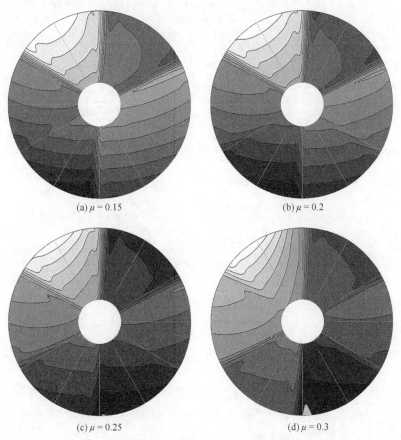

(a) $\mu = 0.15$　　　　(b) $\mu = 0.2$

(c) $\mu = 0.25$　　　　(d) $\mu = 0.3$

图 6.67　不同前进比时前置推进旋翼桨盘平面的入流分布图

为了进一步理解前置推进旋翼所受到的来自主旋翼桨叶的气动干扰，取前进比为 0.3 的飞行状态为例，调整推进旋翼桨毂与下主旋翼桨盘平面垂向距离 $gZ4$，再对多种相应的构型展开计算分析，包括比之前距离更近的 $gZ4 = 0.31R$、$gZ4 = 0.36R$，以及距离非常大的 $gZ4 = 3.6R$。此处暂不考虑这个过大垂向距离在结构上是否合理，仅把它作为一个用于对比的理论上的参考构型，该构型所对应的推进旋翼由于距离主旋翼垂向距离很大，因此基本不受干扰影响。图 6.68 和图 6.69 分别给出了 $\mu = 0.3$ 时，推进旋翼不同安装位置时其推力系数在主旋翼旋转一周内的变化。

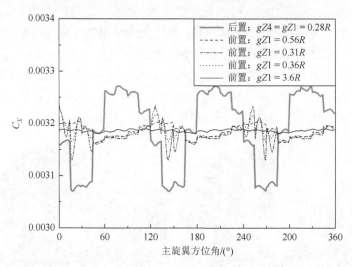

图 6.68　推进旋翼不同安装位置时其推力系数在主旋翼旋转一周内的变化（$\mu = 0.3$）

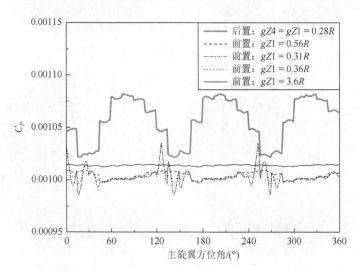

图 6.69　推进旋翼不同安装位置时其功率系数在主旋翼旋转一周内的变化（$\mu = 0.3$）

如图 6.68 所示，在更近的垂向距离 $gZ4 = 0.31R$ 和 $gZ4 = 0.36R$ 时，前置推进旋翼明显受到了来自主旋翼桨叶更强的气动干扰（诱导作用），在 0°、120° 和 240° 附近产生了剧烈的推力振动，而这三个方位角刚好是下主旋翼三片桨叶划过推进旋翼正上方时的方位。并且，距离主旋翼最近的 $gZ4 = 0.31R$ 构型，其推力振动幅度要比其余前置构型更高，但仍小于后置推进旋翼。距离主旋翼最远的 $gZ4 = 0.36R$ 构型，其推进旋翼的推力振动幅度相对最低。这说明，尽管前置推进旋翼回避了主旋翼尾迹可能的直接冲击所造成的推力振动，但仍然要受到来自主旋翼桨叶的气动干扰，过于靠近主旋翼仍会造成相应方位角上的推力剧烈振动。此外，在同一前飞速度下，所有构型所产生的推力平均大小大致相当。

另外，如图 6.69 所示，所有构型的功率振动情况与其推力相似，同样在 0°、120° 和 240° 附近产生了较为剧烈的振动。其中，正常后置推进旋翼所消耗的功率高于所有其他前置构型。在前置推进旋翼构型中，$gZ4 = 0.31R$、$gZ4 = 0.36R$ 和 $gZ4 = 0.56R$ 三者所消耗的功率水平大致相当。这里，值得注意的是，与距离主旋翼最远的 $gZ4 = 3.6R$ 参考构型相比较，其余距离主旋翼更近的前置构型其功率消耗都要低于该参考构型的结果，而传统后置构型的功率消耗却明显高于该参考构型的值。这个现象进一步印证了本节之前的分析，即在本书讨论的一定速度条件下，主旋翼，尤其是下旋翼的桨叶对前置推进旋翼所施加的气动干扰，具有一定程度降低推进旋翼功率消耗的积极作用。若前置推进旋翼离主旋翼垂向距离越远，则该气动干扰作用就越弱，如图 6.69 所示。对比主旋翼尾迹对正常后置推进旋翼所施加的气动干扰或冲击，则具有一定程度增加推进旋翼功率消耗的负面作用，如图 6.69 所示。

必须指出的是，本节的讨论没有考虑机身的存在，仅从上下主旋翼和推进旋翼之间的气动干扰来进行分析。但是本书的计算分析对 ABC 直升机的总体布置仍是有积极的借鉴意义的。

6.7　主旋翼尾迹对平尾的气动干扰

直升机的主旋翼尾迹会对其平尾施加诱导干扰或直接冲击，从而可导致平尾上的气动力振动[194, 195]，这种气动力振动对直升机的飞行和操控都会带来负面影响，值得详细研究。而对于 ABC 直升机也不例外，如前所述，在不同前飞速度下，主旋翼的尾迹会对直升机平尾产生不同程度的气动干扰作用，如图 6.5 所示。假设平尾固定安装在机身上，无襟翼等额外操纵，图 6.70 计算给出了不同前进比时平尾的垂向气动力系数在主旋翼旋转一周内的变化。其中，低前进比为 0.05、0.1 时，平尾的垂向气动力振动频率基本呈现 6Ω，而随着前进比的提高，其振动频率逐渐演变为 3Ω。

由图 6.70 可看出，总体而言，平尾的垂向气动力大小随着前飞速度的提高而逐步增大，作用力的振动幅度也基本随着前飞速度的提升而逐步提高。其中，前进比为 0.1 时的平尾垂向气动力却要明显小于前进比为 0.05 时的结果，这种不符合上述整体趋势的非规则现象显然是由于主旋翼尾迹的干扰。从图 6.5 可以看出，当前进比为 0.05 时，接近圆柱体的主旋翼的尾迹后缘刚好沿平尾的前沿掠过，没有产生直接的气动冲击作用。而在前进比为 0.1 时，高度畸变的主旋翼的尾迹完全覆盖了平尾，对平尾施加了直接的尾迹冲击作用。

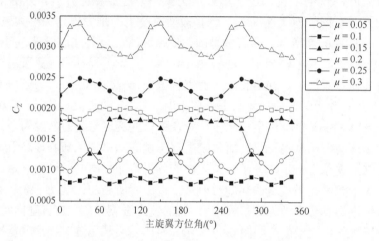

图 6.70　不同前进比时平尾的垂向气动力系数在主旋翼旋转一周内的变化

此外，如图 6.70 所示，另一个非规则现象是，前进比为 0.15 时的平尾垂向气动力的振动水平，相比于与其临近的前进比为 0.2 和 0.1 时的结果，显得更为剧烈。这种相对大些的气动力振动也同样来自于主旋翼尾迹的气动干扰。由图 6.5 可知，当前进比为 0.2 时，近似水平向后拖曳的主旋翼尾迹的下缘刚好沿平尾的上表面掠过，直接的气动冲击作用相对较小。而在前进比为 0.15 时，高度畸变的主旋翼尾迹完全覆盖了平尾，对平尾施加了直接的气动冲击，由此产生了令平尾垂向气动力振动增强的气动干扰现象。

综上可见，平尾气动力的非规则现象全部发生在受到主旋翼尾迹强烈气动冲击的前飞状态下。在主旋翼尾迹对平尾气动干扰最强烈的前飞速度区间内，即前进比为 0.1～0.15 时，将平尾完全包围的主旋翼尾迹可对其产生较为复杂的气动干扰，如导致平尾垂向气动力减小或振动水平增强。因此，在平尾受到尾迹高度干扰的飞行速度区间内，这些气动干扰会给 ABC 直升机的飞行和操控带来一些负面影响。

6.8　ABC 旋翼复合推力式直升机的性能分析

图 6.71 计算给出了主旋翼与推进旋翼沿直升机前进方向的作用力系数随前进比的变化，其中正值为推力，鱼值为阻力。其直升机模型为推进旋翼后置的标准构型，各前飞速度下的基础配平参数如表 6.4 所示。

从图中可看到，直升机在其前进方向上的合力大小随着前飞速度的提高，近似以二次方速度增长。由于该合力主要是为了平衡直升机的前飞阻力，因此，其增长特性实际上反映了该计算模型直升机前飞时气动阻力随前飞速度的增长，如表 6.3 所示。

对主旋翼而言，它沿直升机前进方向的作用力包含两个分量，即主旋翼拉力和后向力在该方向上的投影之和[196]。那么，如图 6.71 所示，在前飞速度很低时，由于主旋翼的轴倾角为零，其拉力在前进（速度）方向上没有贡献，仅主旋翼后向力在该方向上的投影产生了一定的气动阻力。而随着前进比的增大（从 0.15 开始），由于主旋翼具有了 4° 的轴倾角，其拉力在前进（速度）方向上投影产生了一定的推力，此时，主旋翼在前进方向上的总作用力开始向正值转变。随着前飞速度的进一步提高，主旋翼的后向力随之增加，投影到前进方向上则产生更大的阻力。而此时主旋翼的轴倾角仍然保持为 4°，其拉力在前进方向上贡献的推力并没有增加，因此主旋翼在前进方向上所产生的总作用力逐渐变为较大阻力，如图 6.71 所示。

另外，推进旋翼的水平推力整体上随前进比的提高而逐步增大，只是在前进比为 0.15 时出现负增长，这主要是由于前进比为 0.15 时轴倾角为 4°，此时主旋翼拉力在前进方向上贡献了一部分推力，从而在一定程度上可为推进旋翼卸载。

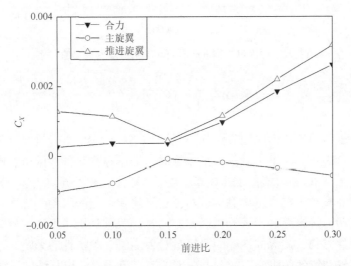

图 6.71　主旋翼与推进旋翼沿直升机前进方向的作用力系数随前进比的变化

图 6.72 给出了主旋翼与推进旋翼的功率系数随前进比的变化。推进旋翼的功率消耗比较规律,基本上随前进比的增加而逐步提高。主旋翼的功率消耗则大致呈现出与其相反的趋势,即在计算的速度范围内随前进比的增加而逐步减少,这符合物理实际[190]。这种性能特性正说明了复合推力式直升机的特点,即在飞行速度稍大时,推进装置为主旋翼分担了大部分的水平推力,而主旋翼基本只需负责提供升力,从而可以在一定程度上为主旋翼卸载,进一步提升高速飞行的能力。此外,由图 6.72 可见,直升机的功率总消耗仅在前进比 0.15 之后才呈现出随前进比的增加而逐步提高的趋势。而在过渡飞行状态(前进比 0.05、0.1)下,直升机的功率消耗较高,这是与物理实际相一致的[190]。显然,此时的功率消耗主要来自于主旋翼的诱导功率。

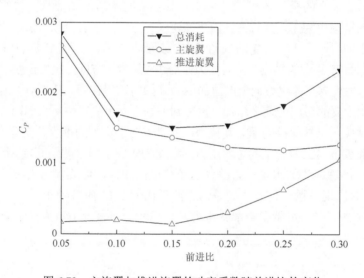

图 6.72　主旋翼与推进旋翼的功率系数随前进比的变化

6.9　本 章 小 结

本章基于前面的自由尾迹方法,建立了一个用于 ABC 直升机气动干扰计算的模型,综合考虑了其上下主旋翼、推进旋翼、平尾等气动部件的干扰影响,并构建了一个用于 ABC 直升机的配平模型。在此基础上,在不同前飞速度下,针对上下主旋翼间的气动干扰、主旋翼尾迹对推进旋翼和平尾的气动干扰、主旋翼和推进旋翼的气动力等方面进行了计算研究。同时,着重分析了不同主旋翼垂向间距对气动干扰的影响、旋翼周期变距操纵量对主旋翼气动特性的影响、推进旋翼安装位置对其气动特性的影响。在本书研究的速度范围内,可总结结论如下。

（1）本书所建立的 5 维配平方程加 2 维预设值的 ABC 直升机配平模型，没有强加上下旋翼变距相等的限制条件。经算例表明，可以使直升机达到平衡状态并得到相应的配平操纵量，适合于 ABC 直升机气动特性的计算分析。

（2）在前飞速度较低（前进比 0.05）时，主旋翼尾迹呈近似圆柱体几何形状，且对平尾和推进旋翼没有直接的气动冲击。而在前进比为 0.1～0.15 时，主旋翼尾迹严重畸变，完全覆盖了平尾和推进旋翼，从而施加了直接气动冲击。随着前进比的进一步提高，主旋翼尾迹高速向后拖曳，对尾部气动部件的直接气动冲击区域逐步上移，直至脱离。

（3）就气动干扰而论，增大上下旋翼间的垂向间距一方面降低了主旋翼之间的直接气动干扰，另一方面抬高了上旋翼的尾迹，相比于间距较小的情况具有一定的优势，包括可降低主旋翼前飞阻力、降低平尾上的作用力振动水平、降低主旋翼和推进旋翼的载荷振动幅度与功率消耗等。

（4）在同一飞行状态下，当上下主旋翼采用相同的变距控制策略时，升力中心越靠近桨盘后行侧，升力较小的后行侧桨叶就负担越重，同时也会导致主旋翼拉力的振动幅度更大，从而降低主旋翼的效率。

（5）通过给予上下主旋翼不同的变距操纵，改变主旋翼桨盘内的载荷分布，可以使二者在振动周期内存在恰当的相位差，从而可实现上下旋翼拉力振动"峰-谷抵消"，在一定程度上降低主旋翼拉力的振动幅度。

（6）在主旋翼下洗流的干扰影响下，推进旋翼存在"上行侧/下行侧"推力差异的特点，"上行侧"所产生的推力更大，且这种效应随着前飞速度的提高而逐步增强。对于前置推进旋翼，主旋翼的桨叶对其所施加的气动干扰，可一定程度减小其功率消耗和推力振动幅度；对于后置推进旋翼，主旋翼尾迹对其所施加的气动冲击，则会一定程度提高其功率消耗和推力振动幅度。

（7）在主旋翼尾迹对平尾气动干扰强烈的前飞速度区间内，即前进比为 0.1～0.15，将平尾完全包围的主旋翼尾迹会对其产生较为严重的气动干扰，可导致平尾垂向气动力减小或振动水平增强。从而会给 ABC 直升机的飞行和操控带来一些负面影响。

（8）建立了一个新的适用于 ABC 直升机气动干扰计算的方法，该方法将自由尾迹模型和 ABC 直升机的配平模型相结合，计算得到的载荷振动频率特性与英国格拉斯哥大学采用 VTM 方法所进行的相关研究结果相符。

第 7 章 总 结

本书的工作涉及悬停及前飞状态下拉格朗日形式旋翼尾迹系统稳定性分析，轴向飞行状态欧拉形式旋翼尾迹动力学系统的建立及其稳定性分析方法的发展，时间步进方法的数值精度、稳定性及高阶半离散格式的研究，旋翼非定常气动载荷、桨叶瞬态响应的计算和 ABC 直升机气动干扰特性的研究。主要工作及结论如下。

7.1 本书研究工作的总结

（1）推导了旋翼尾迹涡线上的任意扰动量在离散成一组傅里叶级数时各阶谐波波长的取值范围，发展了一种利用伪涡核进行畸变修正以提高尾迹稳定性分析精度的新方法，从而将现有稳定性分析方法推广应用于尾迹高度畸变的前飞状态，给出了一个具有更普遍适用性的旋翼尾迹稳定性分析的方法。旋翼尾迹的稳定性计算结果表明：

在悬停状态下，尾迹涡线上的任意扰动量被离散成一组傅里叶级数时，各阶谐波波长可取 $[4\pi/n_a, +\infty)$ 内的任意实数，而波数 k_m 的区间则为 $(0, n_a/2]$。旋翼尾迹的发散率系数的上界值与当地涡核的大小成反比。受涡线下洗拉伸影响，靠近桨盘处的旋翼尾迹的不稳定性减小；而旋翼尾迹的后半段受涡线畸变影响，其不稳定性增大。

在前飞状态下，涡环算例表明，伪涡核的引入可以有效地克服严重畸变情况下由于涡线过近所得出的尾迹稳定性不合理结果。规则的尾迹向后飘移将使尾迹几何形状不再呈现轴对称特征，使发散率系数随寿命角发生准周期振荡，涡核的增大会在一定程度上减小旋翼尾迹的不稳定性，但并不改变其本质不稳定特点，而前飞速度的提高亦不会明显减弱旋翼尾迹的不稳定性。

（2）构建了适用于轴向飞行状态的欧拉形式旋翼尾迹动力学系统。在此基础上，基于李雅普诺夫稳定性定理，给出了其变分形式主控方程的雅可比矩阵，发展了一个适用于轴向飞行状态下欧拉形式旋翼尾迹动力学系统平衡解稳定特性分析的方法。基于该方法，计算了涡线离散密度对平衡解动力学特性的影响，并对尾迹动力学系统进行了光滑度修正。针对旋翼尾迹系统中各个参数对平衡解稳定特性的影响进行了详细的分析，从而给出了平衡解的不稳定区域。可总结如下。

以本书稳定性分析方法所计算得到的平衡解不稳定区域与自由尾迹时间步进求解方法在实际计算中所遭遇到的"尾迹不收敛"区域吻合,表明所提出的旋翼尾迹系统稳定性分析方法可有效分析欧拉形式旋翼尾迹系统平衡解的稳定特性,并准确预测该系统在实际数值计算中的稳定性表现。

对于一个有限寿命角长度的欧拉形式旋翼尾迹动力学系统,初始涡核半径越大、尾迹涡强越小、旋翼转速越大,则平衡解越稳定。反之,平衡解则越不稳定。且光滑度修正对于正确分析涡线离散密度对系统平衡解动力学特性的影响具有重要作用。

（3）对旋翼自由尾迹时间步进求解方法的不同离散形式进行了研究。针对非拉格朗日类方法,分析了尾迹不同积分方向上,解的光滑度差异,提出了通过选取恰当步长比以提高数值精度的方法。建立了一种针对旋翼尾迹系统半离散格式新的非线性数值稳定性分析方法,并针对预测-校正格式,分析了显式预测步对数值方法稳定性的破坏影响,探讨了旋翼尾迹系统非拉格朗日类预测-校正算法所具有的"部分真隐式"特性及对数值稳定性的积极作用。同时,研究了高阶双 BDF 半离散格式求解旋翼尾迹系统时所具有的固有不稳定性,提出了两种稳定的高阶隐式半离散格式,针对其中的 3 阶 3-upwind-BDF 格式,构建了一个完整的预测-校正旋翼尾迹求解算法。可归纳结论如下。

在旋翼尾迹系统三个不同的积分方向上,时间 t 方向解的光滑度要远高于另二者（方位角 ψ 和寿命角 ζ）。对于非拉格朗日类数值方法,采用最佳步长比可以令尾迹计算的总截断误差恰好落在最光滑的时间 t 积分方向,从而可使得在不显著增加离散密度和计算量的前提下,提高计算精度。PC2B 格式的最佳步长比是 1/2,而非目前常用的 1。

对于高度非线性的旋翼尾迹系统,算例表明,本书建立的半离散格式非线性数值稳定性分析方法,相对于传统的傅里叶线性稳定性分析方法,结果更为可靠。

旋翼尾迹系统非拉格朗日类预测-校正算法所具有的"部分真隐式"特性会对稳定性产生正面的作用,其影响大小与尾迹系统的"伪隐系数"值密切相关,而在旋翼尾迹系统的预测-校正算法中,显式预测步又会对其稳定域产生明显的破坏作用。

当在寿命角方向采用高阶 BDF 格式离散偏导数时,所得到的旋翼尾迹半离散系统具有固有不稳定性,不能进一步构造稳定的自由尾迹半离散数值方法。当在寿命角方向采用 4 点 3 阶或 5 点 4 阶逆风差分格式离散偏导数时,则不存在固有不稳定性问题。算例表明,本书提出的 3-upwind-BDF 格式相比于常用的 PC2B 格式,具有更高的计算效率。

（4）在时间步进旋翼自由尾迹方法的基础上,结合桨叶挥舞模型和旋翼配平模型,建立了一个用于旋翼非定常气动特性计算的方法。通过前飞条件下的旋翼气动载荷以及悬停状态下总距突增时旋翼瞬态气动响应的计算与分析,结果表明:

具备耦合分析能力的旋翼尾迹、配平和挥舞模型对于准确计算前飞状态下旋翼非定常载荷是很有必要的。本书的自由尾迹计算模型可以正确捕捉到总距突增过程中的旋翼气动响应特性以及不同前飞状态下桨叶气动载荷变化特征。

（5）建立了一个用于 ABC 直升机气动干扰计算的模型，综合考虑了其上下主旋翼、推进旋翼、平尾等气动部件的干扰影响，并构建了一个用于 ABC 直升机的多解配平模型。在此基础上，在不同前飞速度下，针对上下主旋翼间的气动干扰、主旋翼尾迹对推进旋翼和平尾的气动干扰、主旋翼和推进旋翼的气动力等方面进行了计算研究。同时，着重分析了不同主旋翼垂向间距对气动干扰的影响、旋翼周期变距操纵对主旋翼气动特性的影响、推进旋翼安装位置对其气动特性的影响。在本书研究的速度范围内，得到如下结论。

算例表明,本书建立的 5 维配平方程加 2 维预设值的 ABC 直升机多解配平模型，没有强加上下旋翼变距相等的限制条件，可以使直升机达到平衡状态并得到相应的配平操纵量，适合于 ABC 直升机气动特性的计算分析。

就气动干扰而论，增大上下旋翼间的垂向间距不仅降低了主旋翼之间的直接气动干扰，而且抬高了上旋翼的尾迹，可降低旋翼前飞阻力、减小平尾气动力振动水平、降低主旋翼和推进旋翼的载荷振动幅度与功率消耗等。

对于同一飞行状态，当上下主旋翼采用相同的变距策略时，桨盘升力中心越靠近后行侧则会导致主旋翼拉力的振动幅度增大，并降低主旋翼效率。通过给予上下主旋翼不同的变距操纵，可以使二者在振动周期内存在恰当的相位差，从而实现上下旋翼拉力振动"峰-谷抵消"，在一定程度上降低主旋翼拉力的振动幅度。

对于前置推进旋翼，主旋翼桨叶对其所施加的气动干扰，可一定程度减小其功率消耗和推力振动幅度。而对于后置推进旋翼，主旋翼尾迹对其所施加的气动冲击，则会一定程度提高其功率消耗和推力振动幅度。

在主旋翼尾迹对平尾干扰强烈的前飞速度区间内，旋翼尾迹会对其产生较为严重的气动干扰，可导致平尾垂向气动力减小或振动水平增强。

7.2　本书的创新工作

本书的创新工作和特色之处主要体现在以下方面。

（1）首次建立了欧拉形式的旋翼尾迹动力学系统及其平衡解稳定性分析方法。应用李雅普诺夫稳定性定理，对轴向飞行状态下的旋翼尾迹系统进行了稳定性分析，得到了一些重要的新结论。计算得出了欧拉形式旋翼尾迹系统平衡解的不稳定区域，与时间步进方法计算中所遇到的不收敛区域相符，对于理解区分旋翼尾迹系统物理和数值不稳定性具有一定指导作用。

（2）首次分析了旋翼尾迹不同积分方向上，解的光滑度差异，针对非拉格朗日类时间步进方法，提出了"最佳步长比"的概念及使用恰当步长比以提高数值精度的方法。指出 PC2B 格式的最佳步长比是 1/2，而非目前常用的 1。并提出了一种针对旋翼尾迹系统半离散格式的非线性数值稳定性分析方法，能准确考虑旋翼尾迹主控方程中非线性诱导速度项的影响。指出了旋翼尾迹系统中非拉格朗日类预测-校正算法存在"部分真隐式"特性，分析了它对数值稳定性具有的积极作用，并指出了旋翼尾迹预测-校正格式的显式预测步对数值稳定性具有破坏影响。

（3）分析了高阶双 BDF 半离散格式求解旋翼尾迹系统时存在的固有不稳定性，发展了两种新的稳定的高阶隐式半离散格式，针对其中的 3 阶 3-upwind-BDF 格式，构建了一个在计算效率和精度方面优于 PC2B 格式的预测-校正旋翼尾迹求解算法。

（4）建立了一个新的用于 ABC 直升机气动干扰计算的模型，综合考虑了其上下主旋翼、推进旋翼、平尾等气动部件的干扰影响。与前人工作不同，本书给出了一种用于 ABC 直升机的多解配平模型，并分析了不同旋翼垂向间距对气动干扰的影响、旋翼周期变距操纵量对其气动特性的影响、推进旋翼安装位置对其气动特性的影响，获得了一些对设计有指导意义的结论。

（5）推导了旋翼尾迹涡线上的任意扰动量被离散成一组傅里叶级数时的各阶谐波波长取值范围，提出了一种利用伪涡核进行畸变修正以提高尾迹稳定性分析精度的方法，从而将现有稳定性方法从悬停推广应用于尾迹高度畸变的前飞状态。

参 考 文 献

[1]   ORMISTON R A. Revitalizing advanced rotorcraft research—and the compound helicopter: 35th ahs alexander a nikolsky honorary lecture[J]. Journal of the American helicopter society, 2016, 61（1）: 1-23.

[2]   ROBB R L. Hybrid helicopters: Compounding the quest for speed[J]. Vertiflite, 2006, 52（2）: 7-16.

[3]   BURGESS R K. The ABC rotor: A historical perspective[C]. The 60th annual forum of the American helicopter society, Baltimore, 2004.

[4]   LEISHMAN J G. Principles of helicopter aerodynamics[M]. New York: Cambridge University Press, 2006.

[5]   CONLISK A T. Modern helicopter rotor aerodynamics[J]. Progress in aerospace sciences, 2001, 37（5）: 419-476.

[6]   BHAGWAT M J, LEISHMAN G. Correlation of helicopter rotor tip vortex measurements[J]. AIAA journal, 2000, 38（2）: 301-308.

[7]   ZHAO J, HE C. A finite state dynamic wake model enhanced with vortex particle method-derived modeling parameters for coaxial rotor simulation and analysis[J]. Journal of the American helicopter society, 2016, 61（2）: 1-9.

[8]   EGOLF T A, LANDGREBE A J. Generalized wake geometry for a helicopter rotor in forward flight and effect of wake deformation on airloads[C]. The 40th annual forum of the American helicopter society, Arlington, Va, USA, 1984.

[9]   LEISHMAN J G, BAGAI A. Challenges in understanding the vortex dynamics of helicopter rotor wakes[J]. AIAA journal, 1998, 36（7）: 1130-1140.

[10] 王适存, 徐国华. 直升机旋翼空气动力学的发展[J]. 南京航空航天大学学报, 2001, 33(3): 203-211.

[11] LYU W L, XU G H. New-trim-method-based investigation on the cyclic-pitch-effected advancing-blade-concept helicopter aerodynamics[J]. Journal of aircraft, 2015, 52（4）: 1365-1371.

[12] GOVINDARAJAN B M, LEISHMAN J G. Curvature corrections to improve the accuracy of free-vortex methods[J]. Journal of aircraft, 2016, 53（2）: 378-386.

[13] JI X, RENLIANG C, PAN L. Time-stepping free-wake methodology for rotor flow field simulation in ground effect[J]. Aircraft engineering and aerospace technology, 2015, 87（5）: 418-426.

[14] BHAGWAT M J, LEISHMAN J G. Stability, consistency and convergence of time-marching free-vortex rotor wake algorithms[J]. Journal of the American helicopter society, 2001, 46（1）: 59-71.

[15] WIDNALL S E. The stability of a helical vortex filament[J]. Journal of fluid mechanics, 1972, 54 (4): 641-663.

[16] GUPTA B, LOEWY R G. Theoretical analysis of the aerodynamic stability of multiple, interdigitated helical vortices[J]. AIAA journal, 1974, 12 (10): 1381-1387.

[17] BHAGWAT M J, LEISHMAN J G. Stability analysis of helicopter rotor wakes in axial flight[J]. Journal of the American helicopter society, 2000, 45 (3): 165-178.

[18] LEISHMAN J G, BHAGWAT M J, BAGAI A. Free-vortex filament methods for the analysis of helicopter rotor wakes[J]. Journal of aircraft, 2002, 39 (5): 759-775.

[19] BAGAI A, LEISHMAN J G. Adaptive grid sequencing and interpolation schemes for helicopter rotor wake analyses[J]. AIAA journal, 1998, 36 (9): 1593-1602.

[20] BAGAI A, LEISHMAN J G. Rotor free-wake modeling using a pseudoimplicit relaxation algorithm[J]. Journal of aircraft, 1995, 32 (6): 1276-1285.

[21] GUPTA S, LEISHMAN J G. Accuracy of the induced velocity from helicoidal vortices using straight-line segmentation[J]. AIAA journal, 2005, 43 (1): 29-40.

[22] BHAGWAT M J, LEISHMAN J G. Accuracy of straight-line segmentation applied to curvilinear vortex filaments[J]. Journal of the American helicopter society, 2001, 46 (2): 166-169.

[23] POMIN H, WAGNER S. Navier-Stokes analysis of helicopter rotor aerodynamics in hover and forward flight[J]. Journal of aircraft, 2002, 39 (5): 813-821.

[24] 杨爱明, 乔志德. 基于运动嵌套网格的前飞旋翼绕流 N-S 方程数值计算[J]. 航空学报, 2001, 22 (5): 434-436.

[25] ZHAO Q J, XU G H, ZHAO J G. Numerical simulations of the unsteady flowfield of helicopter rotors on moving embedded grids[J]. Aerospace science and technology, 2005, 9(2): 117-124.

[26] KANG H J, KWON O J. Unstructured mesh Navier-Stokes calculations of the flow field of a helicopter rotor in hover[J]. Journal of the American helicopter society, 2002, 47 (2): 90-99.

[27] PARK Y M, KWON O J. Simulation of unsteady rotor flow field using unstructured adaptive sliding meshes[J]. Journal of the American helicopter society, 2004, 49 (4): 391-400.

[28] 许和勇, 叶正寅, 王刚, 等. 基于非结构运动对接网格的旋翼前飞流场数值模拟[J]. 空气动力学学报, 2007, 25 (3): 325-329.

[29] 宋文萍, 韩忠华, 王立群, 等. 旋翼桨尖几何形状对旋翼气动噪声影响的定量计算分析[J]. 计算物理, 2001, 18 (6): 569-572.

[30] SHI Y J, ZHAO Q J, FAN F, et al. A new single-blade based hybrid CFD method for hovering and forward-flight rotor computation[J]. Chinese journal of aeronautics, 2011, 24(2): 127-135.

[31] SHI Y J, ZHAO Q J, XU G H. An analytical study of parametric effects on rotor-vortex interaction noise[J]. Proceedings of the institution of mechanical engineers part g-journal of aerospace engineering, 2011, 225 (G3): 259-268.

[32] ZHAO Q J, XU G H, ZHAO J G. New hybrid method for predicting the flowlields of helicopter rotors[J]. Journal of aircraft, 2006, 43 (2): 372-380.

[33] ZHAO Q J, XU G H. A study on aerodynamic and acoustic characteristics of advanced tip-shape rotors[J]. Journal of the American helicopter society, 2007, 52 (3): 201-213.

[34] 韩忠华，宋文萍，乔志德. 基于 FW-H 方程的旋翼气动声学计算研究[J]. 航空学报，2003，24（5）：400-404.

[35] KOMERATH N M，SMITH M J，TUNG C. A review of rotor wake physics and modeling[J]. Journal of the American helicopter society，2011，56（2）：1-19.

[36] BHAGWAT M J. Effect of blade number on induced power in hover[J]. Journal of the American helicopter society，2011，56（2）：8.

[37] LEISHMAN J G. Rotorcraft aeromechanics: Getting through the dip[J]. Journal of the American helicopter society，2010，55（1）：24.

[38] KIM C-J，PARK S H，SUNG S K，et al. Dynamic modeling and analysis of vortex filament motion using a novel curve-fitting method[J]. Chinese journal of aeronautics，2016，29（1）：53-65.

[39] BARON A，BOFFADOSI M. Unsteady free wake analysis of closely interfering helicopter rotors[C]. The 19th European rotorcraft forum，Cernobbio，Italy，1993.

[40] LEE D J，NA S U. Predictions of airloads and wake geometry for slowly starting rotor blades in hovering flight by using time marching free vortex blob method[C]. The 52nd annual forum of the American helicopter society，Washington，D. C.，1996.

[41] JAIN R，CONLISK A T. Interaction of tip-vortices in the wake of a two bladed rotor in axial flight[J]. Journal of the American helicopter society，2000，45（3）：157-164.

[42] CRIMI P. Theoretical prediction of the flow in the wake of a helicopter rotor[R]. Cornell aeronautical laboratory Report BB-1994-5-1，1965.

[43] SCULLY M P. A Method of computing helicopter vortex wake distortion[R]. Massachusetts institute of technology Report No. ASRL TR 138-1，1967.

[44] LANDGREBE A J. An analytical method for predicting rotor wake geometry[J]. Journal of American helicopter society，1969，14（4）：20-32.

[45] LANDGREBE A J. An analytical and experimental investigation of helicopter rotor hover performance and wake geometry characteristics[R]. USAA-MRDL TR 71-24，1971.

[46] LANDGREBE A J. Prediction of helicopter induced flow velocities using the rotorcraft wake analysis[C]. The 32nd annual forum of the American helicopter society，Washington，D. C.，1976.

[47] SADLER S G. Mian rotor free wake geometry effects on blade air loads and response for helicopter in steady maneuvers，Vol. 1-theoretical formulation and analysis of results[R]. NASA-CR-2110，1972.

[48] SADLER S G. A method for predicting helicopter wake geometry，wake-induced inflow and wake effects on blade airloads[C]. The 27th annual national V/STOL forum of the American helicopter society，Washington，D. C.，1971.

[49] CLARK D R，LEIPER A C. Free wake analysis: A method for the prediction of helicopter rotor hovering performance[J]. Journal of the American helicopter society，1970，15（1）：3-11.

[50] SCULLY M P. Computation of helicopter rotor wake geometry and its influence on rotor harmonic airloads[R]. Massachusetts institute of technology Report No. ASRL TR 178-1，1975.

[51] JOHNSON W. Airloads and wake models for a comprehensive helicopter analysis[J]. Vertica，1990，14（3）：22-35.

[52] JOHNSON W. A comprehensive analytical model of rotorcraft aerodynamics and dynamics, Part I: Analytical development[R]. NASA-TM-81182, 1980.

[53] JOHNSON W. Wake model for helicopter rotors in high speed flight[R]. NASA-CR-1177507, 1988.

[54] BIR G S, CHOPRA I. University of Maryland advanced rotorcraft code (UMARC) theory manual[R]. UM-AERO Report 94-18, 1990.

[55] RUKOWAKI M J, RUZICKA G C, ORMISTON R A, et al. Comprehensive aeromechanics analysis of complex rotorcraft using 2GCHAS[C]. The aeromechanics specialists conference of the American helicopter society, San Francisco, California, 1994.

[56] JOHNSON W. A general free wake geometry calculation for wings and rotors[C]. The 51st annual forum of the American helicopter society, Fort Worth, Texas, USA, 1995.

[57] MILLER R H. A simplified approach to the free wake analysis of a hovering rotor[J]. Vertica, 1982, 6 (1): 89-95.

[58] MILLER R H. A simplified approach to the free wake analysis of a hovering rotor[C]. The 7th European rotorcraft forum, 1981.

[59] BLISS D B, QUACKENBUSH T R, BILANIN A. A new methodology for helicopter free-wake analysis[C]. The 39th annual forum of the American helicopter society, St. Louis, M. O., 1983.

[60] BLISS D B, WASHSPRESS D A, QUACKENBUSH T R. A new approach to the free wake problem for hovering rotor[C]. The 41th annual forum of the American helicopter society, Fort Worth, Texas, 1985.

[61] QUACKENBUSH T R, BLISS D B, WSHSPRESS D A, et al. Free wake analysis of hover performance using a new influence coefficient method[R]. NASA-CR-4309, 1990.

[62] MILLER W O, BLISS D B. Direct periodic solutions of rotor free wake calculations[J]. Journal of the American helicopter society, 1993, 38 (2): 53-60.

[63] MILLER W O. A fast adaptive resolution method for efficient free wake calculations[C]. The 49th annual forum of the American helicopter society, St. Louis, M. O., 1993.

[64] CROUSE J G L, LEISHMAN J G. A new method for improved rotor freewake convergence[R]. AIAA-93072, 1993.

[65] BAGAI A, LEISHMAN J G. Free-wake analysis of tandem, tilt-rotor and coaxial rotor configurations[J]. Journal of the American helicopter society, 1996, 41 (3): 196-207.

[66] BAGAI A, LEISHMAN J G, PARK J. Aerodynamic analysis of a helicopter in steady maneuvering flight using a free-vortex rotor wake model[J]. Journal of the American helicopter society, 1999, 44 (2): 109-120.

[67] BLISS D B, DADONE L, WACHSPRESS D A. Rotor wake modeling for high speed applications[C]. The 43rd annual forum of the American helicopter society, St. Louis, M.O., USA, 1987.

[68] BLISS D B, TESKE M E, Quachenbush T R. A new methodology for free wake analysis using curved vortex elements[R]. NASA-CR-3958, 1990.

[69] EGOLF T A. Helicopter free wake prediction of complex wake structures under blade-vortex interaction operating conditions[C]. The 44th annual forum of the American helicopter society,

Washington，D. C.，1988.

[70] SOLIMAN M M. A "force-free" rotor wake model for advanced research applications[C]. The 22nd European rotorcraft forum，Brighton，U. K.，1996.

[71] BHAGWAT M J，LEISHMAN J G. Transient rotor inflow using a time-accurate free-vortex wake mode[R]. AIAA-CP 2001-0993，2001.

[72] BHAGWAT M J，LEISHMAN J G. Rotor aerodynamics during maneuvering flight using a time-accurate free-vortex wake[J]. Journal of the American helicopter society，2003，48（3）：143-158.

[73] LEISHMAN J G，BHAGWAT M J，ANANTHAN S. The vortex ring state as a spatially and temporally developing wake instability[J]. Journal of the American helicopter society，2004，49（2）：160-175.

[74] ANANTHAN S，LEISHMAN J G. Rotor wake aerodynamics in large amplitude maneuvering flight[J]. Journal of the American helicopter society，2006，51（3）：225-243.

[75] XU G H，ZHAO Q J，PENG Y H. Study on the induced velocity and noise characteristics of a scissors rotor[J]. Journal of aircraft，2007，44（3）：806-811.

[76] XU G H，WANG S C. Effects of the shroud on aerodynamic performance in helicopter shrouded tail rotor system[J]. Aircraft engineering and aerospace technology，2001，73（6）：568-572.

[77] 徐国华，王适存. 悬停旋翼的自由尾迹计算[J]. 南京航空航天大学学报，1998，30（2）：126-131.

[78] 曹义华. 旋翼涡尾流与下洗流场的计算方法[J]. 北京航空航天大学学报，2000，26（2）：174-177.

[79] 尹坚平，胡章伟. 旋翼表面非定常压力脉动计算的三维自由尾迹非定常面元法[J]. 空气动力学学报，1997，15（2）：185-191.

[80] 刘祥件，沈锌康，薛正中. 直升机旋翼桨叶自由尾迹的计算[J]. 航空学报，1996，17（2）：213-217.

[81] 唐正飞. 旋翼/旋翼和旋翼/平尾气动干扰流场的实验和计算[D]. 南京：南京航空航天大学，1998.

[82] 曾洪江，胡继忠. 一种新的自由涡尾迹计算方法[J]. 航空学报，2004，25（6）：546-550.

[83] XU G H，ZHAO Q J，GAO Z，et al. Prediction of aerodynamic interactions of helicopter rotor on its fuselage[J]. Chinese journal of aeronautics，2002，15（1）：12-17.

[84] 楼武疆. 旋翼尾迹描述新法及计算[D]. 南京：南京航空学院，1990.

[85] XU G H，WANG S C. An Improved model of curved vortex element for rotor wake analysis[J]. Transactions of Nanjing unisersity of aeronautics & astrpnautics，1995，12（2）：149-154.

[86] 徐国华，王适存. 前飞状态直升机旋翼的自由尾迹计算[J]. 南京航空航天大学学报，1997，29（6）：648-653.

[87] XU G H，NEWMAN S J. A full-span free-wake model using circular-arc vortex elements and incorporating rotor trim analysis[J]. Proceedings of the institution of mechanical engineers part g-journal of aerospace engineering，2006，220（G2）：145-153.

[88] 徐国华. 应用自由尾迹分析的新型桨尖旋翼气动特性研究[D]. 南京：南京航空航天大学，1996.

[89] 赵景根，徐国华，王适存. 前飞状态直升机/机身非定常气动干扰的分析[J]. 流体力学实验与测量，2000，14（3）：18-24.

[90] 李春华. 时间准确自由尾迹方法建模及（倾转）旋翼气动特性分析[D]. 南京：南京航空航天大学，2007.

[91] 李攀，陈仁良. 旋翼桨尖涡模型及其参数确定方法研究[J]. 空气动力学学报，2009，27（3）：296-302.

[92] 李攀，陈仁良. 旋翼桨尖涡模型及其在自由尾迹分析中的影响[J]. 航空学报，2010，31（8）：1517-1523.

[93] 黄水林. 纵列式直升机双旋翼气动干扰特性的理论与试验研究[D]. 南京：南京航空航天大学，2009.

[94] CELI R. State-space representation of vortex wakes by the method of lines[J]. Journal of the American helicopter society, 2005, 50 (2): 195-205.

[95] BHAGWAT M J. Transient dynamics of helicopter rotor wakes using a time-accurate free-vortex method[D]. Maryland: University of Maryland, 2001.

[96] EGOLF T A. Rotor wake modeling for high speed applications[C]. The 44th annual forum of the American helicopter society, Washington, D. C., 1988.

[97] BLISS D B, WASHSPRESS D A, QUACKENBUSH T R. A new approach to the free wake problem for hovering rotor[C]. The 41st annual forum of the American helicopter society, Fort Worth, T. X., 1985.

[98] SØRENSEN J N. Instability of helical tip vortices in rotor wakes[J]. Journal of fluid mechanics, 2011, 682: 1-4.

[99] LANDGREBE A J. The wake geometry of a hovering helicopter and its influence on rotor performance[J]. Journal of the American helicopter society, 1972, 17 (4): 3-15.

[100] CARADONNA E, HENDLEY E, SILVA M, et al. Performance measurement and wake characteristics of a model rotor in axial flight[J]. Journal of the American helicopter society, 1999, 44 (3): U5-U6.

[101] JAIN R, CONLISK A T. Interaction of tip-vortices in the wake of a two-bladed rotor in axial flight[J]. Journal of the American helicopter society, 2000, 45 (3): 157-164.

[102] FELLI M, CAMUSSI R, DI FELICE F. Mechanisms of evolution of the propeller wake in the transition and far fields[J]. Journal of fluid mechanics, 2011, 682: 5-53.

[103] OKULOV V L. On the stability of multiple helical vortices[J]. Journal of fluid mechanics, 2004, 521: 319-342.

[104] OKULOV V L, SORENSEN J N. Stability of helical tip vortices in a rotor far wake[J]. Journal of fluid mechanics, 2007, 576: 1-25.

[105] KINI S, CONLISK A T. Nature of locally steady rotor wakes[J]. Journal of aircraft, 2002, 39 (5): 750-758.

[106] 王海，徐国华. 基于特征值方法的旋翼尾迹稳定性分析[J]. 计算物理，2007，24（6）：705-710.

[107] 李春华，徐国华. 悬停和前飞状态倾转旋翼机的旋翼自由尾迹计算方法[J]. 空气动力学学报，2005，23（2）：152-156.

[108] 吕维梁，招启军，徐国华. 计入畸变修正的旋翼尾迹前飞状态稳定性分析[J]. 航空学报，2012，33（11）：1958-1966.

[109] 邓景辉. 高速直升机前行桨叶概念旋翼技术[J]. 航空科学技术，2012，3（1）：9-14.

[110] KIM H W, KENYON A R, BROWN R E, et al. Interactional aerodynamics and acoustics of a hingeless coaxial helicopter with an auxiliary propeller in forward flight[J]. Aeronautical journal, 2009, 113（1140）：65-78.

[111] KIM H W, KENYON A R, DURAISAMY K, et al. Interactional aerodynamics and acoustics of a hingeless coaxial helicopter with an auxiliary propeller in forward flight[C]. The international powered lift conference, London, U. K., 2008.

[112] KIM H W, KENYON A R, DURAISAMY K, et al. Interactional aerodynamics and acoustics of a propeller-augmented compound coaxial helicopter[C]. The American helicopter society specialists' conference on aeromechanics, San Francisco, California, 2008.

[113] CHENEY M C. The ABC helicopter[J]. Journal of the American helicopter society, 1969, 14（4）：10-19.

[114] BAGAI A. Aerodynamic design of the X2 technology demonstrator^{TM} main rotor blade[C]. The 64th annual forum of the American helicopter society, Montreal, Canada, 2008.

[115] COLEMAN C P. A survey of theoretical and experimental coaxial rotor aerodynamic research[C]. The 19th European rotorcraft forum, Cernobbio, Italy, 1993.

[116] KIM H W, BROWN R E. Modelling the aerodynamics of coaxial helicopters - from an isolated rotor to a complete aircraft[M]. Berlin: Springer-Verlag, 2008: 45-59.

[117] AKIMOV A I, BUTOV V P, BOURTSEV B N, et al. Flight investigation of coaxial rotor tip vortex structure[C]. The 50th annual forum of the American helicopter society, Washington, D. C., 1994.

[118] QUACHENBUSH T R, WACHSPRESS D A. Measurement and analysis of high advance ratio rotor performance[C]. The 64th annual forum of the American helicopter society, Montreal, Canada, 2008.

[119] QUACKENBUSH T R, BLISS D B, WACHSPRESS D A, et al. Computation of rotor aerodynamic loads in forward flight using a full-span free wake analysis[R]. NASA CR 177611, 1993.

[120] QUACKENBUSH T R, WACHSPRESS D A, et al. A comprehensive hierarchical aeromechanics rotorcraft model（CHARM）for general rotor/surface interaction[R]. CDI Report No. 99-03, 1999.

[121] QUACKENBUSH T R, WACHSPRESS D A, et al. Full vehicle flight simulation with real time free wake methods[C]. AHS technical specialists meeting, San Francisco, California, 2002.

[122] QUACKENBUSH T R, WACHSPRESS D A. Next generation modeling technology for high speed rotorcraft[R]. CDI Report No. 07-15, 2007.

[123] WACHSPRESS D A, QUACKENBUSH T R, BOSCHITSCH A H. Rotorcraft interactional aerodynamics calculations with fast vortex/fast panel methods[C]. The 56th annual forum of the American helicopter society, Virginia Beach, VA, 2000.

[124] WACHSPRESS D A, QUACKENBUSH T R. BVI noise predictions using a comprehensive

rotorcraft analysis[C]. The 57th annual forum of the American helicopter society, Washington, D. C., 2001.

[125] WACHSPRESS D A, QUACKENBUSH T R. Computation of coaxial and ducted fan rotor performance and noise using a lifting-surface method with a free wake code[R]. CDI Report No. 03-08; Illgen Technologies Inc. No. 2106-020, 2003.

[126] WACHSPRESS D A, WHITEHOUSE G R, BOSCHITSCH A H, et al. Advanced rotorcraft aerodynamic modules for flight testingsupport, simulation and analysis[R]. CDI Report No. 05-06; Navy contract N68335-04-C-0263, 2005.

[127] ANDREW W J. Coaxial rotor aerodynamic in hover[J]. Vertica, 1981, 5 (1): 163-172.

[128] SATIO S, AZUMA A. A numerical approach to coaxial rotor aerodynamics[J]. Vertica, 1982, 6 (1): 253-266.

[129] LAKSHMINARAYAN V K, BAEDER J D. High-resolution computational investigation of trimmed coaxial rotor aerodynamics in hover[J]. Journal of the American helicopter society, 2009, 54 (4): 1-21.

[130] LAKSHMINARAYAN V K, BAEDER J D. Computational investigation of microscale coaxial-rotor aerodynamics in hover[J]. Journal of aircraft, 2010, 47 (3): 940-955.

[131] LAKSHMINARAYAN V K, BAEDER J D. Computational investigation of micro hovering rotor aerodynamics[J]. Journal of the American helicopter society, 2010, 55 (2): 1-25.

[132] LAKSHMINARAYAN V K, BAEDER J D. Computational investigation of microscale shrouded rotor aerodynamics in hover[J]. Journal of the American helicopter society, 2011, 56 (4): 1-15.

[133] LAKSHMINARAYAN V K, BAEDER J D. Improved shroud design for rotary wing MAV applications based on computational analysis[J]. Journal of the American helicopter society, 2012, 57 (4): 1-5.

[134] KIM H W, DURAISAMY K, BROWN R E. Aeroacoustics of a coaxial rotor in level flight[C]. The 64th annual forum of the American helicopter society, Montreal, Canada, 2008.

[135] KIM H W, BROWN R E. A rational approach to comparing the performance of coaxial and conventional rotors[J]. Journal of the American helicopter society, 2010, 55 (1): 1-9.

[136] KIM H W, BROWN R E. A comparison of coaxial and conventional rotor performance[J]. Journal of the American helicopter society, 2010, 55 (1): 1-20.

[137] BROWN R E. Rotor wake modeling for flight dynamic simulation of helicopters[J]. AIAA journal, 2000, 38 (1): 57-63.

[138] BROWN R E, LINE A J. Efficient high-resolution wake modeling using the vorticity transport equation[J]. AIAA journal, 2005, 43 (7): 1434-1443.

[139] LIM J W, MCALISTER K W, JOHNSON W. Hover performance correlation for full-scale and model-scale coaxial rotors[J]. Journal of the American helicopter society, 2009, 54 (3): 1-14.

[140] 邓彦敏, 陶然, 胡继忠. 共轴式直升机上下旋翼之间气动干扰的风洞实验研究[J]. 航空学报, 2003, 24 (1): 10-14.

[141] 邓彦敏, 胡继忠, 陶然. 共轴式直升机旋翼气动干扰对航向操纵的影响[J]. 飞行力学, 2003, 21 (3): 21-24.

[142] 黄水林，李春华，徐国华. 基于自由尾迹和升力面法的双旋翼悬停气动干扰计算[J]. 空气动力学学报，2007，25（3）：390-395.

[143] 黄水林，徐国华，李春华. 基于自由尾迹方法的共轴式双旋翼流场分析[J]. 南京航空航天大学学报，2008，40（6）：721-726.

[144] 许和勇，叶正寅. 悬停共轴双旋翼干扰流动数值模拟[J]. 航空动力学报，2011，26（2）：453-457.

[145] 叶靓，徐国华. 共轴式双旋翼悬停流场和气动力的 CFD 计算[J]. 空气动力学学报，2012，30（4）：437-442.

[146] 徐冠峰，陈铭. 悬停状态下小型共轴直升机操纵响应特性分析[J]. 北京航空航天大学学报，2011，37（8）：918-922.

[147] 聂资，陈铭，徐冠峰. 总距突增时共轴直升机瞬态操纵响应分析[J]. 航空动力学报，2012，27（3）：521-527.

[148] ZHAO J G, HE C J. A Viscous vortex particle model for rotor wake and interference analysis[J]. Journal of the American helicopter society, 2010, 55（1）.

[149] 魏鹏，史勇杰，徐国华，等. 基于粘性涡模型的旋翼流场数值方法研究[J]. 航空学报，2012，33（5）：771-779.

[150] KIM H W, BROWN R E. Impact of trim strategy and rotor stiffness on coaxial rotor performance[C]. The 1st AHS/KSASS international forum on rotorcraft multidisciplinary technology, Seoul, Korea, 2007.

[151] BURGESS R K. The ABC™ rotor-a historical perspective[C]. The 60th annual forum of the American helicopter society, Baltimore, Maryland, 1971.

[152] BURGESS R K. Development of the ABC rotor[C]. The 27th annual forum of the American helicopter society, Washington, D. C., 1971.

[153] VATISTAS G H, KOZEL V, MIH W C. A simpler model for concentrated vortices[J]. Experiments in fluids, 1991, 11（1）：73-76.

[154] SQUIRE H B. The growth of a vortex in turbulent flow[J]. Aeronautical quarterly, 1965, 16（1）：302-306.

[155] SCHEIMAN J. A tabulation of helicopter rotor-blade differential pressures, stress and motions measured in flight[R]. NASA TM-X952, 1974.

[156] MARTIN P B, BHAGWAT M J, LEISHMAN J G. Strobed laser sheet visualization of a helicopter rotor wake[J]. Journal of flow visualization and image processing, 2002, 7（1）：31-50.

[157] ARNOL'D V I. Ordinary differential equations[M]. Cambridge：MIT Press，1973.

[158] 庞特里亚金. 常微分方程[M]. 6 版. 林武忠，倪明康，译. 北京：高等教育出版社，2006.

[159] BHAGWAT M J, LEISHMAN J G. Generalized viscous vortex core models for application to free-vortex wake and aeroacoustic calculations[C]. The 58th annual forum of the American helicopter society, 2002.

[160] 吴介之，马晖扬，周明德. 涡动力学引论[M]. 北京：高等教育出版社，1993.

[161] VATISTAS G H, KOZEL V, MIH W C. A simpler model for concentrated vortices[J]. Experiments in fluids, 1991, 11（3）：73-76.

[162] MILNE-THOMSON L M. Theoretical aerodynamics[M]. New York: Dover Publications, 1973: 168-170.

[163] JOHNSON W. Helicopter theory[M]. New Jersey: Princeton University Press, 1980.

[164] BAGAI A. Contributions to the mathematical modeling of rotor flow-fields using a pseudo-implicit free-wake analysis[D]. Maryland: University of Maryland, 1995.

[165] LEISHMAN J G. On the aperiodicity of helicopter rotor wakes[J]. Experiments in fluids, 1998, 25 (2): 352-361.

[166] 胡健伟, 汤怀民. 微分方程数值方法[M]. 北京: 科学出版社, 2007.

[167] ISERLES A. A first course in the numerical analysis of differential equations[M]. New York: Cambridge University Press, 1996.

[168] HAIRER E, NØRSETT S P, WANNER G. Solving ordinary differential equations I: Nonstiff problems[M]. Heidelberg; London: Springer, 2009.

[169] 李寿佛. 刚性常微分方程及刚性泛函微分方程数值分析[M]. 湘潭: 湘潭大学出版社, 2010.

[170] HAIRER E, WANNER G. Solving ordinary differential equations II: Stiff and diffferential-algebraic problems[M]. Heidelberg; London: Springer, 1996: 2-51.

[171] GEAR C W. Numerical initial value problems in ordinary differential equations[M]. Englewood Cliffs, New Jersey: Prentice-Hall, 1971.

[172] WILKINSON R. A description of a computer program to predict the performance of a helicopter rotor in steady forward flight[R]. WHL research paper, 1971.

[173] HANSFORD R E. A unified formulation of rotor load prediction methods[J]. Journal of the American helicopter society, 1986, 31 (2): 58-65.

[174] YOUNG C. The prediction of rotor blade stresses by the RAE/WHL coupled modes analysis[C]. The 13th European rotorcraft forum, Arles, France, 1987.

[175] BEDDOES T S. A synthesis of unsteady aerodynamic effects including stall hysteresis[J]. Vertica, 1976, 11 (2): 113-123.

[176] BEDDOES T S. Onset of leading edge separation effects under dynamic conditions and low mach number[C]. The 34th annual forum of the American helicopter society, Washington D. C., 1978.

[177] PITT D M, PETERS D A. Theoretical prediction of dynamic inflow derivatives[J]. Vertica, 1981, 5 (1): 21-34.

[178] HE C J. Development and application of a generalized dynamic wake theory for lifting rotors[D]. Atlanta: Georgia Institute of Technology, 1989.

[179] 王焕瑾, 高正. 直升机旋翼桨叶动态载荷计算方法[J]. 南京航空航天大学学报, 1999, 31 (1): 54-60.

[180] LANDGREBE A J, CHENEY M C. Rotor wakes—key to performance predictions[R]. AGARD, CP 111, 1972.

[181] BEDDOES T S. A wake model for high resolution airloads[C]. The International conference on rotorcraft basic research, Research Triangle Park, N. C., 1985.

[182] BEDDOES T S. Representation of airfoil behavior[J]. Vertica, 1983, 7 (2): 183-197.

[183] PADFIELD G D. Helicopter flight dynamics[M]. Oxford: Blackwell Science Ltd, 1996.

[184] LORBER P F, STAUTER R C, LANDGREBE A J. A comprehensive hover test of the airloads and airflow of an extensively instrumented model helicopter rotor[C]. The 45th annual forum of the American helicopter society, 1989.

[185] CAPENTER P J, FRIDOVICH B. Effect of a rapid blade-pitch increase on the thrust and induced-velocity response of a full-scale helicopter rotor[R]. NACA TN 3044, 1953.

[186] ORCHARD M, NEWMAN S. The fundamental configuration and design of the compound helicopter[J]. Proceedings of the institution of mechanical engineers part g-journal of aerospace engineering, 2003, 217（G6）: 297-315.

[187] WACHSPRESS D A, QUACKENBUSH T R, BOSCHITSCH A H. First-principles free-vortex wake analysis for helicopters and tiltrotors[C]. The 59th annual forum of the American helicopter society, Phoenix, A. Z., 2003.

[188] PAGLINO V M. Forward flight performance of a coaxial rigid rotor[C]. The 27th annual forum of the American helicopter society, Washington, D. C., 1971.

[189] HALLEY D H. ABC helicopter stability, control, and vibration evaluation on the princeton dynamic model track[C]. The 29th annual forum of the American helicopter society, Washington, D. C., 1973.

[190] 王适存. 直升机空气动力学[M]. 南京: 航空专业教材编审组, 1985.

[191] KIM H W, KENYON A R, DURAISAMY K, et al. Interactional aerodynamics and acoustics of a hingeless coaxial helicopter with an auxiliary propeller in forward flight[J]. The aeronautical journal, 2009, 113（1140）: 65-78.

[192] BAILEY V P. Status report on the advancing blade concept（ABC）technology demonstrator program[C]. Society of automative engineers, aerospace meeting, Los Angeles, CA, 1977.

[193] RUDDELL A J. Advancing blade concept（ABC^{TM}）development[C]. The 32nd annual forum of the American helicopter society, Washington, D. C., 1976.

[194] MOEDERSHEIM E, LEISHMAN J G. Investigation of aerodynamic interactions between a rotor and a t-tail empennage[C]. The American helicopter society international specialists' meeting, Stratford, Connecticut, 1995.

[195] FREDERICKSON K C, LAMB J R. Experimental investigation of main rotor wake induced empennage vibratory airloads for the RAH-66 comanche helicopter[C]. The 49th annual forum of the American helicopter society, St. Louis, Missouri, USA, 1993.

[196] 高正, 陈仁良. 直升机飞行动力学[M]. 北京: 科学出版社, 2003.